Tausch · von Wachtendonk

Qualifikationsphase

# Gefährdungsbeurteilungen zu den Versuchen

Bearbeitet von NICO MEUTER

C.C.BUCHNER

# CHEMIE 2000+

**Qualifikationsphase**

Herausgegeben von Claudia Bohrmann-Linde, Simone Krees,
Michael Tausch und Magdalene von Wachtendonk

Bearbeitet von
Claudia Bohrmann-Linde, Simone Krees,
Patrick Krollmann, Michael Tausch,
Magdalene von Wachtendonk und Judith Wambach-Laicher

### Gefährdungsbeurteilungen

Bearbeitet von Nico Meuter

1. Auflage, 1. Druck 2015
Alle Drucke dieser Auflage sind, weil untereinander unverändert, nebeneinander benutzbar.

Dieses Werk folgt der reformierten Rechtschreibung und Zeichensetzung. Ausnahmen bilden Texte, bei denen künstlerische, philologische und oder lizenzrechtliche Gründe einer Änderung entgegenstehen.

© 2015 C.C.Buchner Verlag, Bamberg
Das Werk und seine Teile sind urheberrechtlich geschützt.
Jede Nutzung in anderen als den gesetzlich zugelassenen Fällen bedarf deshalb der vorherigen schriftlichen Einwilligung des Verlages. Das gilt insbesondere auch für Vervielfältigungen, Übersetzungen und Mikroverfilmungen.
Hinweis zu § 52a UrhG: Weder das Werk noch seine Teile dürfen ohne eine solche Einwilligung eingescannt und in ein Netzwerk eingestellt werden. Dies gilt auch für Intranets von Schulen und sonstigen Bildungseinrichtungen.

Gesamtherstellung: creo Druck und Medienservice GmbH, Bamberg

www.ccbuchner.de

ISBN 978-3-7661-**3379**-3

# Allgemeine Informationen
*Gefährdungsbeurteilungen zu den Versuchen in* CHEMIE *2000+ Qualifikationsphase*

### Rechtliches
Grundlage für diese Gefährdungsbeurteilungen ist das *Einfache Maßnahmenkonzept Gefahrstoffe* der Bundesanstalt für Arbeitsschutz und Arbeitsmedizin. Als Datengrundlage dienten die im August 2014 verfügbaren Gefahrstoffdaten. Die hier vorgestellten Gefährdungsbeurteilungen wurden nach bestem Wissen und mit größter Sorgfalt erstellt. Dennoch sind Fehler nie ganz auszuschließen. Auch ist es möglich, dass sich die Einstufung von Gefahrstoffen im Laufe der Zeit verändert. Deshalb können weder der Verlag noch die Autoren Haftung für Folgen aus den hier beschriebenen Versuchen und dazu vorgeschlagenen Maßnahmen übernehmen. Mitteilungen über eventuelle Fehler und Vorschläge zur Verbesserung sind erwünscht und werden dankbar angenommen.
Die hier beschriebenen Gefährdungsbeurteilungen sind Vorschläge, da den Autoren keine Einzelheiten über die vorhandenen Geräte und Chemikalien der einzelnen Schulen bekannt sind und die vorhandenen Geräte und Chemikalien oft variieren. Auch kennen die Autoren keine Einzelheiten zur jeweiligen Lerngruppe. Der unterrichtende Lehrer bzw. die unterrichtende Lehrerin muss anhand der konkreten örtlichen Gegebenheiten im Einzelfall die Gefährdung beurteilen. Sollten Sie daher der Meinung sein, von den Vorschlägen abzuweichen, sollten Sie es bei dem jeweiligen Versuch notieren. Für Übernahme und Änderungen an den Beurteilungen ist jeder Lehrer selbst verantwortlich.

### Schüler- und Lehrerversuche
In den meisten Fällen stimmt die Kennzeichnung der Versuchsarten mit denen des Buches überein. Da diese Gefährdungsbeurteilungen jedoch auf aktuellerem Stand sind, kommt es vor, dass an einigen Stellen die Bezeichnungen geändert wurden. Auch hier gilt: Es handelt sich um Vorschläge. Sollten Sie der Meinung sein, dass Sie einen Schülerversuch als Lehrerversuch durchführen sollten, so können Sie dies ruhig tun. Achten Sie bei Änderungen von Lehrerversuch auf Schülerversuch jedoch darauf, dass die Schüler mit bestimmten Stoffen nicht arbeiten dürfen – auch wenn Sie jemanden zum Assistieren bestimmen sollten.

### Tätigkeit mit Gefahrstoffen
Eventuell werden Sie sich wundern, dass dieser Punkt bei einigen Versuchen mit Ja gekennzeichnet wurde, obwohl auf den ersten Blick nicht mit Gefahrstoffen gearbeitet wird. Dies folgt daraus, dass diese Stoffe aufgrund der Temperatur, bei der gearbeitet wird, zu einem Gefahrstoff werden (vgl. Gefahrstoff-verordnung § 7(1)). Wasser kann zu Verbrühungen führen oder flüssiger Stickstoff zu Verbrennungen.

### Chemikalienliste
Für jeden Versuch sind – soweit möglich – alle Chemikalien aufgeführt worden, die als Edukte und Produkte oder Zwischenprodukte an der Reaktion beteiligt sind. Es wurden der **Name** sowie die Beteiligung als Produkt, Edukt oder Zwischenprodukt (Produkt/Edukt) angegeben, außerdem die H-Sätze, P-Sätze, die Gefahrensymbole nach GHS und der AGW (Arbeitsplatzgrenzwert).

Beispiel:

**Schwefeldioxid**; Produkt/Edukt

AGW: 0,5 mg/m³    H331, H314, H280, EUH071
P260, P280, P304+P340+P315,
P303+P361+P353+P315, P405,
P305+P351+P338+P315, P403

GEFAHR

## Gefahren durch Einatmen etc.

Unter folgenden in der Schule häufig anzutreffenden Randbedingungen wurden die Gefahren durch Einatmen und Hautkontakt, die Brand- und Explosionsgefahr und sonstige Gefahren beurteilt:
Einsatz von kleinen Stoffportionen (Grammbereich), keine großflächige Anwendung, eventueller Hautkontakt nur kleinflächig (Spritzer) und von kurzer Dauer (weniger als 15 Minuten). Wenn diese Randbedingungen bei Ihnen nicht gegeben sind, müssen Sie die Gefährdungsbeurteilung neu erstellen.

## Substitutionsprüfung

Bei jedem der Versuche wurde überprüft, ob die Chemikalien durch weniger gefährliche Stoffe ersetzt werden können. Dort, wo es möglich war, wurden diese Ersetzungen bereits von den Autoren durchgeführt, andere Versuche wurden komplett entfernt, ersetzt oder als historischer Versuch beschrieben. Weitere Ersetzungen sind nicht möglich, da eventuelle Ersatzstoffe problematischer sind oder dadurch die didaktische Prägnanz verloren ginge.

## Abzug und geschlossenes System

Sollte Ihre Schule nur über eine der beiden Möglichkeiten verfügen, so können Sie im Notfall den Abzug durch ein geschlossenes System ersetzen oder umgekehrt.

## GHS - Informationen

Im Anhang finden sie eine kurze Beschreibung zum des GHS („Globally Harmonized System of Classification and Labelling of Chemicals") sowie die Bedeutungen der H- und P-Sätze.
*Wichtiger Hinweis*: Die Richtlinien zur Erstellung der Gefährdungsbeurteilungen beruhen auf der RISU NRW in der aktuellen Fassung vom August 2014.

## Abschließende Worte

Sollten Ihnen Ungereimtheiten oder Fehler auffallen, zögern Sie nicht, diese zu nennen, damit diese korrigiert werden können. Das Layout der Gefährdungsbeurteilungen wurde angelehnt an:
*Umsetzung der Gefahrstoffverordnung an Schulen (Teil 1) in der Reihe „Prävention in NRW" Heft 3*, Hrsg.: GUVV WESTFALEN-LIPPE, RHEINISCHER GUVV, LUK-NRW, MSW NRW

Mailadresse: mtausch@uni-wuppertal.de


September 2014
*Die Autoren*

# Gefährdungsbeurteilung
*Titration von Essig*

S. 20, V1

### Tätigkeitsbeschreibung
10 mL Essig werden in einen Erlenmeyerkolben gegeben und mit ca. 50 mL dest. Wasser verdünnt. Einige Tropfen einer Indikator-Lösung werden hinzugegeben. Mit Natronlauge, $c = 1{,}0$ mol/L, wird bis zum Farbumschlag titriert.

### Tätigkeit mit Gefahrstoffen: *Ja*

**Speiseessig**; Edukt
AGW: -

**Bromthymolblau-Lösung** oder **Phenolphthalein-Lösung**, $w < 1\ \%$
AGW: 960 mg/m³    H225
P210

**Natronlauge**, $c = 1$ mol/L; Edukt
AGW: -    H314, H290
P280, P301+P330+P331,
P305+P351+P338, P309+P310

**Natriumacetat-Lösung**; Produkt
AGW: -

| Gefahren durch Einatmen: Nein | Brandgefahr: Ja | Sonstige Gefahren: Nein |
|---|---|---|
| Gefahren durch Hautkontakt: Ja | Explosionsgefahr: Nein | |

**Substitution möglich:** *Nein* (Vgl. Begründung auf Seite 4.)

### Ergebnis der Gefährdungsbeurteilung
Folgende Schutzmaßnahmen sind zu beachten:

| Mindeststandards (TRGS 500) | Schutzbrille | Schutzhandschuhe | Abzug | geschlossenes System | Lüftungsmaßnahmen | Brandschutzmaßnahmen | Weitere Maßnahmen: keine |
|---|---|---|---|---|---|---|---|
| ☑ | ☑ | ☐ | ☐ | ☐ | ☐ | ☑ | ☐ |

Stand der Gefährdungsbeurteilung: September 2014

# Gefährdungsbeurteilung
*Titration von Fruchtsäften*         S. 20, V2

**Tätigkeitsbeschreibung**
10 mL frisch gepresster und filtrierter Zitronensaft bzw. Orangensaft werden in einen Erlenmeyerkolben gegeben und mit ca. 50 mL dest. Wasser verdünnt. Es werden einige Tropfen einer Indikator-Lösung hinzugegeben, dann wird mit Natronlauge, $c$ = 1,0 mol/L, bis zum Farbumschlag titriert.

**Tätigkeit mit Gefahrstoffen:** *Ja*

**Zitronensaft** *bzw.* **Orangensaft**; Edukt
    AGW: -

**Bromthymolblau-Lösung** oder **Phenolphthalein-Lösung**, $w$ < 1 %
    AGW: 960 mg/m³    H225
                             P210

**Natronlauge**, $c$ = 1 mol/L; Edukt
    AGW: -      H314, H290
                  P280, P301+P330+P331,
                  P305+P351+P338, P309+P310

**Natriumcitrat-Lösung** mit Salzen weiterer Fruchtsäuren; Produkt
    AGW: -

| Gefahren durch Einatmen: Nein<br>Gefahren durch Hautkontakt: Ja | Brandgefahr: Ja<br>Explosionsgefahr: Nein | Sonstige Gefahren: Nein |
|---|---|---|

**Substitution möglich:** *Nein* (Vgl. Begründung auf Seite 4.)

**Ergebnis der Gefährdungsbeurteilung**
Folgende Schutzmaßnahmen sind zu beachten:

| Mindest-standards (TRGS 500) | Schutzbrille | Schutz-handschuhe | Abzug | geschlossenes System | Lüftungs-maßnahmen | Brandschutz-maßnahmen | Weitere Maßnahmen: keine |
|---|---|---|---|---|---|---|---|
| ☑ | ☑ | ☐ | ☐ | ☐ | ☐ | ☑ | ☐ |

Stand der Gefährdungsbeurteilung: September 2014

# Gefährdungsbeurteilung
*Reaktion von Citronensäure- mit Speisenatron-Lösung*   S. 22, V1

**Tätigkeitsbeschreibung**
Ein wenig Citronensäure und Natriumhydrogencarbonat werden in je einem Reagenzglas in wenigen mL Wasser gelöst. Die Lösungen werden anschließend in einem Reagenzglas vereinigt.

**Tätigkeit mit Gefahrstoffen:** *Ja*

**Natriumhydrogencarbonat**; Edukt   *Speisenatron*
AGW: -

**Citronensäure**; Edukt
AGW: -   H318
P305+P351+P338, P311

GEFAHR

**Kohlenstoffdioxid**; Produkt
AGW: 9100 mg/m³

**Natriumcitrat-Lösung**; Produkt
AGW: -

| Gefahren durch Einatmen: *Nein* | Brandgefahr: *Nein* | Sonstige Gefahren: *Nein* |
| Gefahren durch Hautkontakt: *Nein* | Explosionsgefahr: *Nein* | |

**Substitution möglich:** *Nein* (Vgl. Begründung auf Seite 4.)

## Ergebnis der Gefährdungsbeurteilung
Folgende Schutzmaßnahmen sind zu beachten:

| Mindest-standards (TRGS 500) | Schutzbrille | Schutz-handschuhe | Abzug | geschlossenes System | Lüftungs-maßnahmen | Brandschutz-maßnahmen | Weitere Maßnahmen: keine |
|---|---|---|---|---|---|---|---|
| ✓ | ✓ | ☐ | ☐ | ☐ | ☐ | ☐ | ☐ |

Stand der Gefährdungsbeurteilung: September 2014

# Gefährdungsbeurteilung
*Reaktion von Citronensäure mit Speisenatron im Gefrierbeutel*  S. 22, V2

**Tätigkeitsbeschreibung**
In einen Gefrierbeutel werden je ein halbes Päckchen Speisenatron und Citronensäure gegeben. Es wird gut gemischt und beobachtet. Dann werden einige mL Wasser hinzugegeben und der Beutel wird sofort verschlossen.

**Tätigkeit mit Gefahrstoffen:** *Ja*

**Natriumhydrogencarbonat**; Edukt   *Speisenatron*
AGW: -

**Citronensäure**; Edukt
AGW: -   H318
P305+P351+P338, P311

**Kohlenstoffdioxid**; Produkt
AGW: 9100 mg/m³

**Natriumcitrat-Lösung**; Produkt
AGW: -

| Gefahren durch Einatmen: *Nein*<br>Gefahren durch Hautkontakt: *Nein* | Brandgefahr: *Nein*<br>Explosionsgefahr: *Nein* | Sonstige Gefahren: *Nein* |
|---|---|---|

**Substitution möglich:** *Nein* (Vgl. Begründung auf Seite 4.)

**Ergebnis der Gefährdungsbeurteilung**
Folgende Schutzmaßnahmen sind zu beachten:

| Mindeststandards (TRGS 500) | Schutzbrille | Schutzhandschuhe | Abzug | geschlossenes System | Lüftungsmaßnahmen | Brandschutzmaßnahmen | Weitere Maßnahmen: keine |
|---|---|---|---|---|---|---|---|
| ☑ | ☑ | ☐ | ☐ | ☐ | ☐ | ☐ | ☐ |

Stand der Gefährdungsbeurteilung: September 2014

# Gefährdungsbeurteilung
*Leitfähigkeit von Citronensäure in Aceton und in Wasser*  S. 22, V3

**Tätigkeitsbeschreibung**
In je einem Reagenzglas wird etwas Citronensäure in Aceton bzw. Wasser gelöst. Die Leitfähigkeit der Lösungen bei Wechselspannung $U = 6$ V wird geprüft.

**Tätigkeit mit Gefahrstoffen:** *Ja*

### Aceton
AGW: 1200 mg/m³  H225, H319, H336, EUH066
P210, P233, P305+P351+P338

   GEFAHR

### Citronensäure
AGW: -  H318
P305+P351+P338, P311

  GEFAHR

| Gefahren durch Einatmen: *Ja*<br>Gefahren durch Hautkontakt: *Nein* | Brandgefahr: *Ja*<br>Explosionsgefahr: *Nein* | Sonstige Gefahren: *Nein* |

**Substitution möglich:** *Nein* (Vgl. Begründung auf Seite 4.)

---

**Ergebnis der Gefährdungsbeurteilung**
Folgende Schutzmaßnahmen sind zu beachten:

| Mindeststandards (TRGS 500) | Schutzbrille | Schutzhandschuhe | Abzug | geschlossenes System | Lüftungsmaßnahmen | Brandschutzmaßnahmen | Weitere Maßnahmen: keine |
|---|---|---|---|---|---|---|---|
| ☑ | ☑ | ☐ | ☐ | ☐ | ☑ | ☑ | ☐ |

Stand der Gefährdungsbeurteilung: September 2014

# Gefährdungsbeurteilung
*Leitfähigkeit von Chlorwasserstoff in Xylol und in Wasser*      S. 22, LV4

**Tätigkeitsbeschreibung**

Etwas Kochsalz wird in einem Erlenmeyerkolben mit seitlichem Ansatz und Schliff vorgelegt. Der seitliche Ansatz wird so mit einem Glasrohr verbunden, dass dieses entweder in Xylol taucht oder mit einem Trichter auf Wasser leitet. Aus einem Tropftrichter mit Druckausgleich und Stopfen wird konz. Schwefelsäure auf das Kochsalz getropft. Das entstehende Chlorwasserstoff-Gas wird in Xylol oder auf Wasser geleitet. Beide Lösungen werden mit Wechselspannung $U = 6$ V auf Leitfähigkeit geprüft.

In das Becherglas mit Xylol-Lösung wird anschließend 2 cm hoch dest. Wasser gefüllt. Es wird umgerührt und die Leitfähigkeit beider Phasen getestet.

**Tätigkeit mit Gefahrstoffen:** *Ja*

**Natriumchlorid**; Edukt      *Kochsalz*
     AGW: -

**Schwefelsäure, konz.**; Edukt

| AGW: - | H314, H290<br>P280, P301+P330+P331, P309+P310,<br>P305+P351+P338 |  GEFAHR |
|---|---|---|

**Chlorwasserstoff**; Produkt/Edukt

| AGW: - | H314, H331, EUH071<br>P260, P280, P304+P340,<br>P303+P361+P353, P305+P351+P338,<br>P315 |  GEFAHR |
|---|---|---|

**Xylol, Isomerengemisch**

| AGW: - | H226, H312, H332, H315<br>P260, P280, P304+P340, P302+P352 |   ACHTUNG |
|---|---|---|

**Salzsäure**; Produkt

| AGW: - | H314, H335, H290<br>P260, P305+P351+P338,<br>P303+P361+P353, P304+P340,<br>P309+P311 |   GEFAHR |
|---|---|---|

| Gefahren durch Einatmen: *Ja*<br>Gefahren durch Hautkontakt: *Ja* | Brandgefahr: *Ja*<br>Explosionsgefahr: *Nein* | Sonstige Gefahren: *Nein* |
|---|---|---|

**Substitution möglich:** *Nein* (Vgl. Begründung auf Seite 4.)

**Ergebnis der Gefährdungsbeurteilung**

Folgende Schutzmaßnahmen sind zu beachten:

| Mindest-<br>standards<br>(TRGS 500) | Schutzbrille | Schutz-<br>handschuhe | Abzug | geschlossenes<br>System | Lüftungs-<br>maßnahmen | Brandschutz-<br>maßnahmen | Weitere Maßnahmen:<br>keine |
|---|---|---|---|---|---|---|---|
| ☑ | ☑ | ☐ | ☑ | ☐ | ☐ | ☑ | ☐ |

Stand der Gefährdungsbeurteilung: September 2014

# Gefährdungsbeurteilung
*pH-Wert-Bestimmung verschiedener Salzlösungen*  S. 24, V1

**Tätigkeitsbeschreibung**
Lösungen von je einer Spatelspitze der Salze Natriumchlorid, Natriumacetat, Ammoniumchlorid, Kaliumcarbonat und Natriumhydrogensulfat in 15 mL Wasser werden mit einigen Tropfen Bromthymolblau-Lösung versetzt.

**Tätigkeit mit Gefahrstoffen:** *Ja*

### Natriumchlorid, Natriumacetat
AGW: -

### Ammoniumchlorid
AGW: -   H302, H319
P305+P351+P338

 ACHTUNG

### Kaliumcarbonat
AGW: -   H315, H319, H335
P302+P352, P305+P351+P338

 ACHTUNG

### Natriumhydrogensulfat
AGW: -   H318
P262, P305+P351+P338

 GEFAHR

### Bromthymolblau-Lösung
AGW: 960 mg/m³   H225
P210

 GEFAHR

| Gefahren durch Einatmen: **Nein**<br>Gefahren durch Hautkontakt: **Ja** | Brandgefahr: **Nein**<br>Explosionsgefahr: **Nein** | Sonstige Gefahren: **Nein** |
|---|---|---|

**Substitution möglich:** *Nein* (Vgl. Begründung auf Seite 4.)

### Ergebnis der Gefährdungsbeurteilung
Folgende Schutzmaßnahmen sind zu beachten:

| Mindeststandards (TRGS 500) | Schutzbrille | Schutzhandschuhe | Abzug | geschlossenes System | Lüftungsmaßnahmen | Brandschutzmaßnahmen | Weitere Maßnahmen: keine |
|---|---|---|---|---|---|---|---|
| ☑ | ☑ | ☐ | ☐ | ☐ | ☐ | ☐ | ☐ |

Stand der Gefährdungsbeurteilung: September 2014

## Gefährdungsbeurteilung
*pH-Wert-Bestimmung verschiedener Phosphatsalzlösungen*   S. 24, V2

**Tätigkeitsbeschreibung**
Es werden je zwei Lösungen je einer Spatelspitze der Salze Natriumphosphat, Dinatriumhydrogenphosphat und Natriumdihydrogenphosphat in 15 mL Wasser hergestellt. Jeweils eine der Salzlösungen wird mit Bromthymolblau-Lösung, die andere mit Universalindikator-Lösung versetzt.

**Tätigkeit mit Gefahrstoffen:** *Ja*

**Natriumphosphat**

| AGW: - | H314 |
|---|---|
| | P305+P351+P338, P310 |

**Dinatriumhydrogenphosphat, Natriumdihydrogenphosphat**

AGW: -

**Bromthymolblau-Lösung, Universalindikator-Lösung**

| AGW: 960 mg/m³ | H225 |
|---|---|
| | P210 |

| Gefahren durch Einatmen: *Nein* | Brandgefahr: *Nein* | Sonstige Gefahren: *Nein* |
|---|---|---|
| Gefahren durch Hautkontakt: *Ja* | Explosionsgefahr: *Nein* | |

**Substitution möglich:** *Nein* (Vgl. Begründung auf Seite 4.)

### Ergebnis der Gefährdungsbeurteilung
Folgende Schutzmaßnahmen sind zu beachten:

| Mindeststandards (TRGS 500) | Schutzbrille | Schutzhandschuhe | Abzug | geschlossenes System | Lüftungsmaßnahmen | Brandschutzmaßnahmen | Weitere Maßnahmen: keine |
|---|---|---|---|---|---|---|---|
| ☑ | ☑ | ☐ | ☐ | ☐ | ☐ | ☐ | ☐ |

Stand der Gefährdungsbeurteilung: September 2014

# Gefährdungsbeurteilung
*pH-Wert-Bestimmung von Fruchtsaft*

S. 24, V3

### Tätigkeitsbeschreibung
Der pH-Wert von Zitronen-, Orangen- oder Grapefruitsaft wird mit pH-Papier getestet. Es wird eine Portion Speisenatron hinzugegeben und der pH-Wert erneut getestet.

### Tätigkeit mit Gefahrstoffen: *Nein*

### Orangen-, Zitronen- oder Grapefruitsaft
AGW: -

### Natriumhydrogencarbonat *Speisenatron*
AGW: -

| | | |
|---|---|---|
| Gefahren durch Einatmen: *Nein* <br> Gefahren durch Hautkontakt: *Nein* | Brandgefahr: *Nein* <br> Explosionsgefahr: *Nein* | Sonstige Gefahren: *Nein* |

**Substitution möglich:** *Nein*

### Ergebnis der Gefährdungsbeurteilung
Keine Gefährdungsbeurteilung nötig

Stand der Gefährdungsbeurteilung: September 2014

## 14
# Gefährdungsbeurteilung
*Untersuchung von Gewässern: pH-Wert und Leitfähigkeit*  S. 26, V1

**Tätigkeitsbeschreibung**
Mit einer pH-Elektrode oder Spezialindikatorpapier wird der pH-Wert verschiedener Wasserproben getestet. Die Wasserproben werden außerdem auf ihre Leitfähigkeit hin überprüft.

**Tätigkeit mit Gefahrstoffen:** *Nein*

**Mineralwasser, Leitungswasser, destilliertes Wasser, vollentsalztes Wasser**
  AGW: -

**Wasserprobe aus einem Fluß, See oder Meer, Regenwasser**
  AGW: -

| | | |
|---|---|---|
| Gefahren durch Einatmen: *Nein*<br>Gefahren durch Hautkontakt: *Nein* | Brandgefahr: *Nein*<br>Explosionsgefahr: *Nein* | Sonstige Gefahren: *Nein* |

**Substitution möglich:** *Nein*

**Ergebnis der Gefährdungsbeurteilung**
Keine Gefährdungsbeurteilung nötig

Stand der Gefährdungsbeurteilung: September 2014

# Gefährdungsbeurteilung
*Untersuchung von Gewässern: Wasserhärte und Nitratgehalt*     S. 26, V2

### Tätigkeitsbeschreibung
Mit Hilfe von Schnelltestverfahren (Teststäbchen, Wasseruntersuchungskoffer) werden der Nitratgehalt sowie die Gesamt- und Carbonathärte verschiedener Wasserproben (aus V1) ermittelt. *Hinweis*: Beachten Sie mögliche SDB bei Verwendung eines Wasseruntersuchungskoffers. Eventuell ist die Gefährdungsbeurteilung neu zu erstellen.

**Tätigkeit mit Gefahrstoffen:** *Nein*

### Mineralwasser, Leitungswasser, destilliertes Wasser, vollentsalztes Wasser
AGW: -

### Wasserprobe aus einem Fluß, See oder Meer, Regenwasser
AGW: -

| | | |
|---|---|---|
| Gefahren durch Einatmen: *Nein*<br>Gefahren durch Hautkontakt: *Nein* | Brandgefahr: *Nein*<br>Explosionsgefahr: *Nein* | Sonstige Gefahren: *Nein* |

**Substitution möglich:** *Nein*

### Ergebnis der Gefährdungsbeurteilung
Keine Gefährdungsbeurteilung nötig

Stand der Gefährdungsbeurteilung: September 2014

## Gefährdungsbeurteilung
*Herstellung einer Salzsäure-Lösung mit c = 0,2 mol/L*  S. 28, V1a

**Tätigkeitsbeschreibung**
In einem 1-L-Messkolben werden 500 mL dest. Wasser vorgelegt und 16,8 mL konz. Salzsäure hinzugegeben. Nach gutem Vermischen und Abkühlen auf Raumtemperatur wird mit dest. Wasser auf 1 L aufgefüllt.

**Tätigkeit mit Gefahrstoffen:** *Ja*

**Salzsäure, konz.**; Edukt

| AGW: 3 mg/m³ | H314, H335, H290<br>P280, P301+P330+P331,<br>P305+P351+P338, P308+P310 |
|---|---|

 GEFAHR

**Wasser**; Edukt

AGW: -

**Salzsäure**, c = 0,2 mol/L; Produkt

AGW: -     H290

 ACHTUNG

| Gefahren durch Einatmen: *Ja*<br>Gefahren durch Hautkontakt: *Ja* | Brandgefahr: *Nein*<br>Explosionsgefahr: *Nein* | Sonstige Gefahren: *Nein* |

**Substitution möglich:** *Nein* (Vgl. Begründung auf Seite 4.)

**Ergebnis der Gefährdungsbeurteilung**
Folgende Schutzmaßnahmen sind zu beachten:

| Mindest-<br>standards<br>(TRGS 500) | Schutzbrille | Schutz-<br>handschuhe | Abzug | geschlossenes<br>System | Lüftungs-<br>maßnahmen | Brandschutz-<br>maßnahmen | Weitere Maßnahmen:<br>keine |
|---|---|---|---|---|---|---|---|
| ✓ | ✓ | ☐ | ✓ | ☐ | ☐ | ☐ | ☐ |

Stand der Gefährdungsbeurteilung: September 2014

# Gefährdungsbeurteilung
*Herstellung einer Natriumhydrogensulfat-Lösung mit c = 0,2 mol/L*   S. 28, V1b

## Tätigkeitsbeschreibung
In einem 1-L-Messkolben werden 500 mL dest. Wasser vorgelegt und 27,7 g Natriumhydrogensulfat-Dihydrat hinzugegeben. Nach gutem Vermischen und Abkühlen auf Raumtemperatur wird mit dest. Wasser auf 1 L aufgefüllt.

**Tätigkeit mit Gefahrstoffen:** *Ja*

**Natriumhydrogensulfat-Dihydrat**; Edukt

AGW: -    H318
          P262, P305+P351+P338

 GEFAHR

**Wasser**; Edukt

AGW: -

**Natriumhydrogensulfat-Lösung**, c = 0,2 mol/L, bzw. **Schwefelsäure**, c = 0,1 mol/L; Produkt

AGW: -    H290

 ACHTUNG

| Gefahren durch Einatmen: *Nein*  | Brandgefahr: *Nein*       | Sonstige Gefahren: *Nein* |
| Gefahren durch Hautkontakt: *Nein* | Explosionsgefahr: *Nein* | |

**Substitution möglich:** *Nein* (Vgl. Begründung auf Seite 4.)

## Ergebnis der Gefährdungsbeurteilung
Folgende Schutzmaßnahmen sind zu beachten:

| Mindeststandards (TRGS 500) | Schutzbrille | Schutzhandschuhe | Abzug | geschlossenes System | Lüftungsmaßnahmen | Brandschutzmaßnahmen | Weitere Maßnahmen: keine |
|---|---|---|---|---|---|---|---|
| ☑ | ☑ | ☐ | ☐ | ☐ | ☐ | ☐ | ☐ |

Stand der Gefährdungsbeurteilung: September 2014

## Gefährdungsbeurteilung
*Herstellung einer Essigsäure-Lösung mit c = 0,2 mol/L*  S. 28, V1c

**Tätigkeitsbeschreibung**
In einem 1-L-Messkolben werden 500 mL dest. Wasser vorgelegt und 11,4 mL reine Essigsäure hinzugegeben. Nach gutem Vermischen und Abkühlen auf Raumtemperatur wird mit dest. Wasser auf 1 L aufgefüllt.

**Tätigkeit mit Gefahrstoffen:** *Ja*

**Essigsäure**; Edukt  *Eisessig*

AGW: 25 mg/m³   H226, H314
P280, P301+P330+P331, P307+P310,
P305+P351+P338

  GEFAHR

**Wasser**; Edukt
AGW: -

**Essigsäure-Lösung**, c = 0,2 mol/L; Produkt
AGW: -

| Gefahren durch Einatmen: Nein | Brandgefahr: Ja | Sonstige Gefahren: Nein |
| Gefahren durch Hautkontakt: Ja | Explosionsgefahr: Nein | |

**Substitution möglich:** *Nein* (Vgl. Begründung auf Seite 4.)

**Ergebnis der Gefährdungsbeurteilung**
Folgende Schutzmaßnahmen sind zu beachten:

| Mindeststandards (TRGS 500) | Schutzbrille | Schutzhandschuhe | Abzug | geschlossenes System | Lüftungsmaßnahmen | Brandschutzmaßnahmen | Weitere Maßnahmen: keine |
|---|---|---|---|---|---|---|---|
| ☑ | ☑ | ☐ | ☐ | ☐ | ☐ | ☑ | ☐ |

Stand der Gefährdungsbeurteilung: September 2014

# Gefährdungsbeurteilung
*pH-Wert-Bestimmung von Säurelösungen*   S. 28, V2

### Tätigkeitsbeschreibung
Der pH-Wert einer Salzsäure-Lösung, Natriumhydrogensulfat-Lösung bzw. Essigsäure-Lösung, jeweils $c$ = 0,2 mol/L, wird mit Hilfe einer pH-Elektrode geprüft.

### Tätigkeit mit Gefahrstoffen: *Ja*

**Salzsäure**, $c$ = 0,2 mol/L
AGW: -   H290

 ACHTUNG

**Natriumhydrogensulfat-Lösung**, $c$ = 0,2 mol/L
AGW: -   H290

 ACHTUNG

**Essigsäure-Lösung**, $c$ = 0,2 mol/L
AGW: -

| Gefahren durch Einatmen: *Nein* | Brandgefahr: *Nein* | Sonstige Gefahren: *Nein* |
|---|---|---|
| Gefahren durch Hautkontakt: *Nein* | Explosionsgefahr: *Nein* | |

**Substitution möglich:** *Nein* (Vgl. Begründung auf Seite 4.)

### Ergebnis der Gefährdungsbeurteilung
Folgende Schutzmaßnahmen sind zu beachten:

| Mindeststandards (TRGS 500) | Schutzbrille | Schutzhandschuhe | Abzug | geschlossenes System | Lüftungsmaßnahmen | Brandschutzmaßnahmen | Weitere Maßnahmen: keine |
|---|---|---|---|---|---|---|---|
| ☑ | ☑ | ☐ | ☐ | ☐ | ☐ | ☐ | ☐ |

Stand der Gefährdungsbeurteilung: September 2014

# Gefährdungsbeurteilung
*Bestimmung der Reaktionsgeschwindigkeit verschiedener Säurelösungen*  S. 28, V3

**Tätigkeitsbeschreibung**
20 mL Salzsäure-, Natriumhydrogensulfat- und Essigsäure-Lösung, jeweils $c$ = 0,2 mol/L, werden in je ein Reagenzglas mit seitlichem Ansatz zu je 0,3 g Magnesiumpulver gegeben. Das entstehende Gas wird jeweils aufgefangen. Die Zeit, die vergeht, bis sich 5 mL eines Gases gebildet haben, wird gemessen.

**Tätigkeit mit Gefahrstoffen:** *Ja*

**Salzsäure**, $c$ = 0,2 mol/L, **Natriumhydrogensulfat-Lösung**, $c$ = 0,2 mol/L; Edukte

| AGW: - | H290 |
|---|---|

 ACHTUNG

**Essigsäure-Lösung**, $c$ = 0,2 mol/L; Edukt

| AGW: - | |
|---|---|

**Magnesium, Pulver**; Edukt

| AGW: - | H228, H261 |
|---|---|
| | P210, P231+P232, P422 |

 GEFAHR

**Wasserstoff**; Produkt

| AGW: - | H220 |
|---|---|
| | P210, P377, P381 |

 GEFAHR

**Magnesiumchlorid, Magnesiumsulfat, Magnesiumacetat**; Produkte

| AGW: - | |
|---|---|

| Gefahren durch Einatmen: Nein | Brandgefahr: Nein | Sonstige Gefahren: Nein |
|---|---|---|
| Gefahren durch Hautkontakt: Nein | Explosionsgefahr: Nein | |

**Substitution möglich:** *Nein* (Vgl. Begründung auf Seite 4.)

**Ergebnis der Gefährdungsbeurteilung**
Folgende Schutzmaßnahmen sind zu beachten:

| Mindeststandards (TRGS 500) | Schutzbrille | Schutzhandschuhe | Abzug | geschlossenes System | Lüftungsmaßnahmen | Brandschutzmaßnahmen | Weitere Maßnahmen: keine |
|---|---|---|---|---|---|---|---|
| ☑ | ☑ | ☐ | ☐ | ☐ | ☐ | ☐ | ☐ |

Stand der Gefährdungsbeurteilung: September 2014

# Gefährdungsbeurteilung
*Konzentrationsabhängigkeit der pH-Werte*  S. 28, V4

## Tätigkeitsbeschreibung
Aus Salzsäure-Lösung, Natriumhydrogensulfat-Lösung bzw. Essigsäure-Lösung, jeweils $c$ = 0,2 mol/L, werden Lösungen der Konzentration $c$ = 0,1 mol/L bzw. $c$ = 0,02 mol/L hergestellt. Die $p$H-Werte der hergestellten Lösungen werden mit einem $p$H-Meter gemessen.

**Tätigkeit mit Gefahrstoffen:** *Ja*

**Salzsäure**, $c$ = 0,2 mol/L, **Natriumhydrogensulfat-Lösung**, $c$ = 0,2 mol/L; Edukte
AGW: -        H290

**Essigsäure-Lösung**, $c$ = 0,2 mol/L; Edukt
AGW: -

**Salzsäure**, $c$ = 0,1 mol/L, **Natriumhydrogensulfat-Lösung**, $c$ = 0,1 mol/L; Produkte
AGW: -        H290

**Essigsäure-Lösung**, $c$ = 0,1 mol/L; Produkt
AGW: -

**Salzsäure**, $c$ = 0,02 mol/L, **Natriumhydrogensulfat-Lösung**, $c$ = 0,02 mol/L; Produkte
AGW: -

**Essigsäure-Lösung**, $c$ = 0,02 mol/L; Produkt
AGW: -

| Gefahren durch Einatmen: *Nein* | Brandgefahr: *Nein* | Sonstige Gefahren: *Nein* |
| Gefahren durch Hautkontakt: *Nein* | Explosionsgefahr: *Nein* | |

**Substitution möglich:** *Nein* (Vgl. Begründung auf Seite 4.)

## Ergebnis der Gefährdungsbeurteilung
Folgende Schutzmaßnahmen sind zu beachten:

| Mindeststandards (TRGS 500) | Schutzbrille | Schutzhandschuhe | Abzug | geschlossenes System | Lüftungsmaßnahmen | Brandschutzmaßnahmen | Weitere Maßnahmen: keine |
|---|---|---|---|---|---|---|---|
| ☑ | ☑ | ☐ | ☐ | ☐ | ☐ | ☐ | ☐ |

Stand der Gefährdungsbeurteilung: September 2014

# Gefährdungsbeurteilung
*Herstellung von Natronlauge mit c = 0,1 mol/L*  S. 30, V1a

**Tätigkeitsbeschreibung**
In einem 100-mL-Messkolben werden 50 mL dest. Wasser vorgelegt und 0,4 g Natriumhydroxid hinzugegeben. Nach gutem Vermischen und Abkühlen auf Raumtemperatur wird mit dest. Wasser auf 100 mL aufgefüllt.

**Tätigkeit mit Gefahrstoffen:** *Ja*

**Natriumhydroxid**; Edukt

| AGW: - | H314, H290  P280, P301+P330+P331, P305+P351+P338, P308+P310 |  |

**Wasser**; Edukt
AGW: -

**Natronlauge**, *c* = 0,1 mol/L; Produkt
AGW: -

| Gefahren durch Einatmen: **Nein**  Gefahren durch Hautkontakt: **Ja** | Brandgefahr: **Nein**  Explosionsgefahr: **Nein** | Sonstige Gefahren: **Nein** |

**Substitution möglich:** *Nein* (Vgl. Begründung auf Seite 4.)

## Ergebnis der Gefährdungsbeurteilung
Folgende Schutzmaßnahmen sind zu beachten:

| Mindeststandards (TRGS 500) | Schutzbrille | Schutzhandschuhe | Abzug | geschlossenes System | Lüftungsmaßnahmen | Brandschutzmaßnahmen | Weitere Maßnahmen: keine |
|---|---|---|---|---|---|---|---|
| ☑ | ☑ | ☐ | ☑ | ☐ | ☐ | ☐ | ☐ |

Stand der Gefährdungsbeurteilung: September 2014

# Gefährdungsbeurteilung
*Herstellung einer Natriumacetat-Lösung mit c = 0,1 mol/L*   S. 30, V1b

### Tätigkeitsbeschreibung
In einem 100-mL-Messkolben werden 50 mL dest. Wasser vorgelegt und 0,82 g Natriumacetat hinzugegeben. Nach gutem Vermischen und Abkühlen auf Raumtemperatur wird mit dest. Wasser auf 100 mL aufgefüllt.

### Tätigkeit mit Gefahrstoffen: *Nein*

**Natriumacetat**; Edukt
   AGW: -

**Wasser**; Edukt
   AGW: -

**Natriumacetat-Lösung**, $c$ = 0,1 mol/L; Produkt
   AGW: -

| Gefahren durch Einatmen: *Nein* | Brandgefahr: *Nein* | Sonstige Gefahren: *Nein* |
|---|---|---|
| Gefahren durch Hautkontakt: *Nein* | Explosionsgefahr: *Nein* | |

**Substitution möglich:** *Nein*

### Ergebnis der Gefährdungsbeurteilung
Keine Gefährdungsbeurteilung notwendig

Stand der Gefährdungsbeurteilung: September 2014

## 24
# Gefährdungsbeurteilung
*Herstellung einer Natriumphosphat-Lösung mit c = 0,1 mol/L*  S. 30, V1c

**Tätigkeitsbeschreibung**
In einem 100-mL-Messkolben werden 50 mL dest. Wasser vorgelegt und 1,64 g Natriumphosphat hinzugegeben. Nach gutem Vermischen und Abkühlen auf Raumtemperatur wird mit dest. Wasser auf 100 mL aufgefüllt.

**Tätigkeit mit Gefahrstoffen:** *Ja*

**Natriumphosphat**; Edukt

AGW: -      H314
            P305+P351+P338, P310

                                                                    GEFAHR

**Wasser**; Edukt
AGW: -

**Natriumphosphat-Lösung**, c = 0,1 mol/L; Produkt
AGW: -

| Gefahren durch Einatmen: *Nein* | Brandgefahr: *Nein* | Sonstige Gefahren: *Nein* |
| Gefahren durch Hautkontakt: *Ja* | Explosionsgefahr: *Nein* | |

**Substitution möglich:** *Nein* (Vgl. Begründung auf Seite 4.)

**Ergebnis der Gefährdungsbeurteilung**
Folgende Schutzmaßnahmen sind zu beachten:

| Mindeststandards (TRGS 500) | Schutzbrille | Schutzhandschuhe | Abzug | geschlossenes System | Lüftungsmaßnahmen | Brandschutzmaßnahmen | Weitere Maßnahmen: keine |
|---|---|---|---|---|---|---|---|
| ☑ | ☑ | ☐ | ☑ | ☐ | ☐ | ☐ | ☐ |

Stand der Gefährdungsbeurteilung: September 2014

# Gefährdungsbeurteilung
*Korrosion von Aluminium*

S. 30, V2

**Tätigkeitsbeschreibung**
Auf drei Uhrgläser mit gleich großen Stücken Alufolie werden gleichzeitig einige mL einer Natronlauge, Natriumacetat- bzw. Natriumphosphat-Lösung, jeweils $c = 0{,}1$ mol/L, gegeben. Über einen Zeitraum von 10 Minuten werden die Inhalte der Uhrgläser alle 2 Minuten beobachtet.

**Tätigkeit mit Gefahrstoffen:** *Nein*

**Aluminiumfolie**; Edukt
AGW: -

**Natriumacetat-Lösung**, $c = 0{,}1$ mol/L, **Natriumphosphat-Lösung**, $c = 0{,}1$ mol/L; Edukt
AGW: -

**Natronlauge**, $c = 0{,}1$ mol/L; Edukt
AGW: -

**Natriumaluminat-Lösung**, $c < 0{,}1$ mol/L; Produkt
AGW: -

| Gefahren durch Einatmen: *Nein* <br> Gefahren durch Hautkontakt: *Nein* | Brandgefahr: *Nein* <br> Explosionsgefahr: *Nein* | Sonstige Gefahren: *Nein* |
|---|---|---|

**Substitution möglich:** *Nein*

**Ergebnis der Gefährdungsbeurteilung**
Keine Gefährdungsbeurteilung notwendig

Stand der Gefährdungsbeurteilung: September 2014

# Gefährdungsbeurteilung
*Herstellung einer Methansäure-Lösung mit c = 0,1 mol/L* S. 34, V1a

**Tätigkeitsbeschreibung**
In einem 100-mL-Messkolben werden 50 mL dest. Wasser vorgelegt und 0,38 mL reine Methansäure hinzugegeben. Nach gutem Vermischen und Abkühlen auf Raumtemperatur wird mit dest. Wasser auf 100 mL aufgefüllt. Der pH-Wert der Lösung wird bestimmt.

**Tätigkeit mit Gefahrstoffen:** *Ja*

**Methansäure**; Edukt — *Ameisensäure*

AGW: 9,5 mg/m³  H226, H314, H290
P210, P280, P301+P330+P331,
P308+P310, P305+P351+P338

  GEFAHR

**Wasser**; Edukt
AGW: -

**Methansäure-Lösung**, c = 0,1 mol/L; Produkt
AGW: -

| Gefahren durch Einatmen: *Nein* <br> Gefahren durch Hautkontakt: *Ja* | Brandgefahr: *Ja* <br> Explosionsgefahr: *Nein* | Sonstige Gefahren: *Nein* |

**Substitution möglich:** *Nein* (Vgl. Begründung auf Seite 4.)

## Ergebnis der Gefährdungsbeurteilung
Folgende Schutzmaßnahmen sind zu beachten:

| Mindeststandards (TRGS 500) | Schutzbrille | Schutzhandschuhe | Abzug | geschlossenes System | Lüftungsmaßnahmen | Brandschutzmaßnahmen | Weitere Maßnahmen: keine |
|---|---|---|---|---|---|---|---|
| ✓ | ✓ | ☐ | ☐ | ☐ | ☐ | ✓ | ☐ |

Stand der Gefährdungsbeurteilung: September 2014

# Gefährdungsbeurteilung
*Herstellung einer Ethansäure-Lösung mit c = 0,1 mol/L*  S. 34, V1b

## Tätigkeitsbeschreibung
In einem 100-mL-Messkolben werden 50 mL dest. Wasser vorgelegt und 0,58 mL reine Ethansäure hinzugegeben. Nach gutem Vermischen und Abkühlen auf Raumtemperatur wird mit dest. Wasser auf 100 mL aufgefüllt. Der pH-Wert der Lösung wird bestimmt.

**Tätigkeit mit Gefahrstoffen:** *Ja*

**Ethansäure**; Edukt  *Essigsäure*

AGW: 25 mg/m³   H226, H314
P280, P301+P330+P331, P307+P310,
P305+P351+P338

   GEFAHR

**Wasser**; Edukt
AGW: -

**Ethansäure-Lösung**, c = 0,1 mol/L; Produkt
AGW: -

| Gefahren durch Einatmen: Nein | Brandgefahr: Ja | Sonstige Gefahren: Nein |
|---|---|---|
| Gefahren durch Hautkontakt: Ja | Explosionsgefahr: Nein | |

**Substitution möglich:** *Nein* (Vgl. Begründung auf Seite 4.)

## Ergebnis der Gefährdungsbeurteilung
Folgende Schutzmaßnahmen sind zu beachten:

| Mindest-standards (TRGS 500) | Schutzbrille | Schutz-handschuhe | Abzug | geschlossenes System | Lüftungs-maßnahmen | Brandschutz-maßnahmen | Weitere Maßnahmen: keine |
|---|---|---|---|---|---|---|---|
| ✓ | ✓ | ☐ | ☐ | ☐ | ☐ | ✓ | ☐ |

Stand der Gefährdungsbeurteilung: September 2014

# Gefährdungsbeurteilung
*Herstellung einer Propansäure-Lösung mit c = 0,1 mol/L*   S. 34, V1c

**Tätigkeitsbeschreibung**
In einem 100-mL-Messkolben werden 50 mL dest. Wasser vorgelegt und 0,75 mL reine Propansäure hinzugegeben. Nach gutem Vermischen und Abkühlen auf Raumtemperatur wird mit dest. Wasser auf 100 mL aufgefüllt. Der pH-Wert der Lösung wird bestimmt.

**Tätigkeit mit Gefahrstoffen:** *Ja*

**Propansäure**; Edukt

| AGW: 31 mg/m³ | H226, H314 P210, P280, P301+P330+P331, P309+P310, P305+P351+P338 |  |

**Wasser**; Edukt
AGW: -

**Propansäure-Lösung**, c = 0,1 mol/L; Produkt
AGW: -

| Gefahren durch Einatmen: Nein  Gefahren durch Hautkontakt: Ja | Brandgefahr: Ja  Explosionsgefahr: Nein | Sonstige Gefahren: Nein |

**Substitution möglich:** *Nein* (Vgl. Begründung auf Seite 4.)

**Ergebnis der Gefährdungsbeurteilung**
Folgende Schutzmaßnahmen sind zu beachten:

| Mindeststandards (TRGS 500) | Schutzbrille | Schutzhandschuhe | Abzug | geschlossenes System | Lüftungsmaßnahmen | Brandschutzmaßnahmen | Weitere Maßnahmen: keine |
|---|---|---|---|---|---|---|---|
| ✓ | ✓ | ☐ | ☐ | ☐ | ☐ | ✓ | ☐ |

Stand der Gefährdungsbeurteilung: September 2014

# Gefährdungsbeurteilung
*Herstellung einer Monochlorethansäure-Lösung mit c = 0,1 mol/L*  S. 34, V1d

### Tätigkeitsbeschreibung
In einem 100-mL-Messkolben werden 50 mL dest. Wasser vorgelegt und 0,95 g reine Chloressigsäure hinzugegeben. Nach gutem Vermischen und Abkühlen auf Raumtemperatur wird mit dest. Wasser auf 100 mL aufgefüllt. Der $p$H-Wert der Lösung wird bestimmt.

### Tätigkeit mit Gefahrstoffen: *Ja*

**Monochlorethansäure**; Edukt  *Chloressigsäure*

AGW: 4 mg/m³  H301, H311, H330, H314, H335, H400
P261, P273, P280, P301+P330+P331,
P302+P350, P304+P340,
P305+P351+P338

GEFAHR

**Wasser**; Edukt
AGW: -

**Monochlorethansäure-Lösung**, $c$ = 0,1 mol/L; Produkt
AGW: -

| Gefahren durch Einatmen: *Ja*  Gefahren durch Hautkontakt: *Ja* | Brandgefahr: *Nein*  Explosionsgefahr: *Nein* | Sonstige Gefahren: *Nein* |

**Substitution möglich:** *Nein* (Vgl. Begründung auf Seite 4.)

### Ergebnis der Gefährdungsbeurteilung
Folgende Schutzmaßnahmen sind zu beachten:

| Mindeststandards (TRGS 500) | Schutzbrille | Schutzhandschuhe | Abzug | geschlossenes System | Lüftungsmaßnahmen | Brandschutzmaßnahmen | Weitere Maßnahmen: keine |
|---|---|---|---|---|---|---|---|
| ✓ | ✓ | ✓ | ✓ | ☐ | ☐ | ☐ | ☐ |

Stand der Gefährdungsbeurteilung: September 2014

# Gefährdungsbeurteilung
*Herstellung einer Trichlorethansäure-Lösung mit c = 0,1 mol/L*   S. 34, V1e

**Tätigkeitsbeschreibung**
In einem 100-mL-Messkolben werden 50 mL dest. Wasser vorgelegt und 1,63 g reine Trichlorethansäure hinzugegeben. Nach gutem Vermischen und Abkühlen auf Raumtemperatur wird mit dest. Wasser auf 100 mL aufgefüllt. Der pH-Wert der Lösung wird bestimmt.

**Tätigkeit mit Gefahrstoffen:** *Ja*

**Trichlorethansäure**; Edukt                                              *Trichloressigsäure*

| AGW: - | H314, H335, H400 |
|        | P273, P280, P301+P330+P331, |
|        | P305+P351+P338, P309+P310 |

  GEFAHR

**Wasser**; Edukt
AGW: -

**Trichlorethansäure-Lösung**, *c* = 0,1 mol/L; Produkt
AGW: -

| Gefahren durch Einatmen: *Nein* | Brandgefahr: *Nein* | Sonstige Gefahren: *Nein* |
| Gefahren durch Hautkontakt: *Ja* | Explosionsgefahr: *Nein* | |

**Substitution möglich:** *Nein* (Vgl. Begründung auf Seite 4.)

**Ergebnis der Gefährdungsbeurteilung**
Folgende Schutzmaßnahmen sind zu beachten:

| Mindeststandards (TRGS 500) | Schutzbrille | Schutzhandschuhe | Abzug | geschlossenes System | Lüftungsmaßnahmen | Brandschutzmaßnahmen | Weitere Maßnahmen: keine |
|---|---|---|---|---|---|---|---|
| ☑ | ☑ | ☑ | ☐ | ☐ | ☐ | ☐ | ☐ |

Stand der Gefährdungsbeurteilung: September 2014

# Gefährdungsbeurteilung
*Herstellung einer 2-Hydroxypropansäure-Lösung mit c = 0,1 mol/L*  S. 34, V1f

## Tätigkeitsbeschreibung
In einem 100-mL-Messkolben werden 50 mL dest. Wasser vorgelegt und 1,12 mL Milchsäure hinzugegeben. Nach gutem Vermischen und Abkühlen auf Raumtemperatur wird mit dest. Wasser auf 100 mL aufgefüllt. Der pH-Wert der Lösung wird bestimmt.

**Tätigkeit mit Gefahrstoffen:** *Ja*

**2-Hydroxypropansäure**; Edukt  *Milchsäure*
AGW: -    H318, H315
         P280, P305+P351+P338, P313

GEFAHR

**Wasser**; Edukt
AGW: -

**2-Hydroxypropansäure-Lösung**, *c* = 0,1 mol/L; Produkt
AGW: -

| Gefahren durch Einatmen: *Nein* | Brandgefahr: *Nein* | Sonstige Gefahren: *Nein* |
| Gefahren durch Hautkontakt: *Ja* | Explosionsgefahr: *Nein* | |

**Substitution möglich:** *Nein* (Vgl. Begründung auf Seite 4.)

## Ergebnis der Gefährdungsbeurteilung
Folgende Schutzmaßnahmen sind zu beachten:

| Mindest-standards (TRGS 500) | Schutzbrille | Schutz-handschuhe | Abzug | geschlossenes System | Lüftungs-maßnahmen | Brandschutz-maßnahmen | Weitere Maßnahmen: keine |
|---|---|---|---|---|---|---|---|
| ☑ | ☑ | ☐ | ☐ | ☐ | ☐ | ☐ | ☐ |

Stand der Gefährdungsbeurteilung: September 2014

# Gefährdungsbeurteilung
*Herstellung einer Ethandisäure-Lösung mit c = 0,1 mol/L*    S. 34, V1g

**Tätigkeitsbeschreibung**
In einem 100-mL-Messkolben werden 50 mL dest. Wasser vorgelegt und 0,9 g Oxalsäure hinzugegeben. Nach gutem Vermischen und Abkühlen auf Raumtemperatur wird auf 100 mL aufgefüllt. Der pH-Wert der Lösung wird bestimmt.

**Tätigkeit mit Gefahrstoffen:** *Ja*

**Ethandisäure**; Edukt                                                                                         *Oxalsäure*

| AGW: - | H302, H312, H318 |
|        | P280, P264, P301+P312, |
|        | P305+P351+P338 |

GEFAHR

**Wasser**; Edukt
AGW: -

**Ethandisäure-Lösung**, c = 0,1 mol/L; Produkt
AGW: -

| Gefahren durch Einatmen: **Nein** | Brandgefahr: **Nein** | Sonstige Gefahren: **Nein** |
| Gefahren durch Hautkontakt: **Ja** | Explosionsgefahr: **Nein** | |

**Substitution möglich:** *Nein* (Vgl. Begründung auf Seite 4.)

## Ergebnis der Gefährdungsbeurteilung
Folgende Schutzmaßnahmen sind zu beachten:

| Mindeststandards (TRGS 500) | Schutzbrille | Schutzhandschuhe | Abzug | geschlossenes System | Lüftungsmaßnahmen | Brandschutzmaßnahmen | Weitere Maßnahmen: keine |
|---|---|---|---|---|---|---|---|
| ☑ | ☑ | ☐ | ☐ | ☐ | ☐ | ☐ | ☐ |

Stand der Gefährdungsbeurteilung: September 2014

# Gefährdungsbeurteilung
*Herstellung einer Propandisäure-Lösung mit c = 0,1 mol/L*  S. 34, V1h

**Tätigkeitsbeschreibung**
In einem 100-mL-Messkolben werden 50 mL dest. Wasser vorgelegt und 1,04 g Malonsäure hinzugegeben. Nach gutem Vermischen und Abkühlen auf Raumtemperatur wird auf 100 mL aufgefüllt. Der pH-Wert der Lösung wird bestimmt.

**Tätigkeit mit Gefahrstoffen:** *Ja*

**Propandisäure**; Edukt                                                                 *Malonsäure*
  AGW: -          H302, H318
                  P280, P305+P351+P338                                                   GEFAHR

**Wasser**; Edukt
  AGW: -

**Propandisäure-Lösung**, $c$ = 0,1 mol/L; Produkt
  AGW: -

| Gefahren durch Einatmen: **Nein** | Brandgefahr: **Nein** | Sonstige Gefahren: **Nein** |
| Gefahren durch Hautkontakt: **Nein** | Explosionsgefahr: **Nein** | |

**Substitution möglich:** *Nein* (Vgl. Begründung auf Seite 4.)

## Ergebnis der Gefährdungsbeurteilung
Folgende Schutzmaßnahmen sind zu beachten:

| Mindeststandards (TRGS 500) | Schutzbrille | Schutzhandschuhe | Abzug | geschlossenes System | Lüftungsmaßnahmen | Brandschutzmaßnahmen | Weitere Maßnahmen: keine |
|---|---|---|---|---|---|---|---|
| ☑ | ☑ | ☐ | ☐ | ☐ | ☐ | ☐ | ☐ |

Stand der Gefährdungsbeurteilung: September 2014

## Gefährdungsbeurteilung
*Herstellung einer Butandisäure-Lösung mit c = 0,1 mol/L*   S. 34, V1i

**Tätigkeitsbeschreibung**
In einem 100-mL-Messkolben werden 50 mL dest. Wasser vorgelegt und 1,18 g Bernsteinsäure hinzugegeben. Nach gutem Vermischen und Abkühlen auf Raumtemperatur wird mit dest. Wasser auf 100 mL aufgefüllt. Der pH-Wert der Lösung wird bestimmt.

**Tätigkeit mit Gefahrstoffen:** *Ja*

**Butandisäure**; Edukt                                                                 *Bernsteinsäure*
    AGW: -          H319
                    P305+P351+P338

                                                                                        ACHTUNG

**Wasser**; Edukt
    AGW: -

**Butandisäure-Lösung**, *c = 0,1 mol/L*; Produkt
    AGW: -

| Gefahren durch Einatmen: *Nein* | Brandgefahr: *Nein* | Sonstige Gefahren: *Nein* |
| Gefahren durch Hautkontakt: *Nein* | Explosionsgefahr: *Nein* | |

**Substitution möglich:** *Nein* (Vgl. Begründung auf Seite 4.)

**Ergebnis der Gefährdungsbeurteilung**
Folgende Schutzmaßnahmen sind zu beachten:

| Mindest-standards (TRGS 500) | Schutzbrille | Schutz-handschuhe | Abzug | geschlossenes System | Lüftungs-maßnahmen | Brandschutz-maßnahmen | Weitere Maßnahmen: keine |
|---|---|---|---|---|---|---|---|
| ☑ | ☑ | ☐ | ☐ | ☐ | ☐ | ☐ | ☐ |

Stand der Gefährdungsbeurteilung: September 2014

# Gefährdungsbeurteilung
*Herstellung einer Hexandisäure-Lösung mit c = 0,1 mol/L*  S. 34, V1j

**Tätigkeitsbeschreibung**
In einem 100-mL-Messkolben werden 50 mL dest. Wasser vorgelegt und 1,46 g Adipinsäure hinzugegeben. Nach gutem Vermischen und Abkühlen auf Raumtemperatur wird mit dest. Wasser auf 100 mL aufgefüllt. Der *p*H-Wert der Lösung wird bestimmt.

**Tätigkeit mit Gefahrstoffen:** *Ja*

**Hexandisäure**; Edukt    *Adipinsäure*
  AGW: -    H319
    P305+P351+P338

**Wasser**; Edukt
  AGW: -

**Hexandisäure-Lösung**, *c* = 0,1 mol/L; Produkt
  AGW: -

| Gefahren durch Einatmen: Nein | Brandgefahr: Nein | Sonstige Gefahren: Nein |
| Gefahren durch Hautkontakt: Nein | Explosionsgefahr: Nein | |

**Substitution möglich:** *Nein* (Vgl. Begründung auf Seite 4.)

**Ergebnis der Gefährdungsbeurteilung**
Folgende Schutzmaßnahmen sind zu beachten:

| Mindeststandards (TRGS 500) | Schutzbrille | Schutzhandschuhe | Abzug | geschlossenes System | Lüftungsmaßnahmen | Brandschutzmaßnahmen | Weitere Maßnahmen: keine |
|---|---|---|---|---|---|---|---|
| ☑ | ☑ | ☐ | ☐ | ☐ | ☐ | ☐ | ☐ |

Stand der Gefährdungsbeurteilung: September 2014

## Gefährdungsbeurteilung

*Herstellung einer 3-Carboxy-3-hydroxypentandisäure-Lösung mit c = 0,1 mol/L*  S. 34, V1k

**Tätigkeitsbeschreibung**
In einem 100-mL-Messkolben werden 50 mL dest. Wasser vorgelegt und 1,92 g Citronensäure hinzugegeben. Nach gutem Vermischen und Abkühlen auf Raumtemperatur wird mit dest. Wasser auf 100 mL aufgefüllt. Der pH-Wert der Lösung wird bestimmt.

**Tätigkeit mit Gefahrstoffen:** *Ja*

**3-Carboxy-3-hydroxypentandisäure**; Edukt  *Citronensäure*
AGW: -    H318
          P305+P351+P338, P311

GEFAHR

**Wasser**; Edukt
AGW: -

**3-Carboxy-3-hydroxypentandisäure-Lösung**, c = 0,1 mol/L; Produkt
AGW: -

| Gefahren durch Einatmen: *Nein* | Brandgefahr: *Nein* | Sonstige Gefahren: *Nein* |
| Gefahren durch Hautkontakt: *Nein* | Explosionsgefahr: *Nein* | |

**Substitution möglich:** *Nein* (Vgl. Begründung auf Seite 4.)

**Ergebnis der Gefährdungsbeurteilung**
Folgende Schutzmaßnahmen sind zu beachten:

| Mindeststandards (TRGS 500) | Schutzbrille | Schutzhandschuhe | Abzug | geschlossenes System | Lüftungsmaßnahmen | Brandschutzmaßnahmen | Weitere Maßnahmen: keine |
|---|---|---|---|---|---|---|---|
| ☑ | ☑ | ☐ | ☐ | ☐ | ☐ | ☐ | ☐ |

Stand der Gefährdungsbeurteilung: September 2014

# Gefährdungsbeurteilung
*Reaktionsgeschwindigkeiten diverser Säuren mit Magnesium*  S. 34, V2

**Tätigkeitsbeschreibung**
In je einem Reagenzglas wird zu 2 mL einer der Säurelösungen, $c$ = 0,1 mol/L, aus V1, S. 34, eine Spatelspitze Magnesium gegeben. Die Heftigkeit der jeweiligen Reaktion wird beobachtet.

**Tätigkeit mit Gefahrstoffen:** *Ja*

**Methansäure-** oder **Ethansäure-** oder **Propansäure-** oder **Monochlorethansäure-** oder **Trichlorethansäure-** oder **2-Hydroxypropansäure-** oder **Ethandisäure-** oder **Propansäure-** oder **Butandisäure-** oder **Hexandisäure-** oder **3-Carboxy-3-hydroxypentandisäure-Lösung**, $c$ = 0,1 mol/L; Edukt
  AGW: -

**Magnesium, Pulver**; Edukt
  AGW: -   H228, H261
           P210, P231+P232, P422                                    GEFAHR

**Wasserstoff**; Produkt
  AGW: -   H220
           P210, P377, P381                                         GEFAHR

**Magnesiumformiat-** oder **Magnesiumacetat-** oder **Magnesiumpropionat-** oder **Magnesiumchloracetat-** oder **Magnesiumtrichloracetat-** oder **Magnesiumlactat-** oder **Magnesiumoxalat-** oder **Magnesiummaloat-** oder **Magnesiumsuccinat-** oder **Magnesiumadipat-** oder **Magnesiumcitrat-Lösung**, $c \leq 0,1$ mol/L
  AGW: -

| Gefahren durch Einatmen: Nein | Brandgefahr: Ja | Sonstige Gefahren: Nein |
| Gefahren durch Hautkontakt: Nein | Explosionsgefahr: Nein | |

**Substitution möglich:** *Nein* (Vgl. Begründung auf Seite 4.)

## Ergebnis der Gefährdungsbeurteilung
Folgende Schutzmaßnahmen sind zu beachten:

| Mindeststandards (TRGS 500) | Schutzbrille | Schutzhandschuhe | Abzug | geschlossenes System | Lüftungsmaßnahmen | Brandschutzmaßnahmen | Weitere Maßnahmen: keine |
|---|---|---|---|---|---|---|---|
| ✓ | ✓ | ☐ | ☐ | ☐ | ☐ | ✓ | ☐ |

Stand der Gefährdungsbeurteilung: September 2014

# Gefährdungsbeurteilung
*Titration diverser Säuren mit Natronlauge*  S. 34, V3

**Tätigkeitsbeschreibung**
In je einem Becherglas wird zu 10 mL einer der Säurelösungen, $c$ = 0,1 mol/L, aus V1, S. 34, mit Wasser auf 50 mL verdünnt und die Lösung mit einem Tropfen Phenolphthalein-Lösung versetzt. Die Säuren werden mit Natronlauge, $c$ = 0,1 mol/L, bis zum Umschlag des Indikators titriert.

**Tätigkeit mit Gefahrstoffen:** *Ja*

**Methansäure-** oder **Ethansäure-** oder **Propansäure-** oder **Monochlorethansäure-** oder **Trichlorethansäure-** oder **2-Hydroxypropansäure-** oder **Ethandisäure-** oder **Propandisäure-** oder **Butandisäure-** oder **Hexandisäure-** oder **3-Carboxy-3-hydroxypentandisäure-Lösung**, $c$ = 0,1 mol/L; Edukt
AGW: -

**Natronlauge**, $c$ = 0,1 mol/L; Edukt
AGW: -

**Phenolphthalein-Lösung**, $w$ < 1%
AGW: -   H225
P210

GEFAHR

**Natriumformiat-** oder **Natriumacetat-** oder **Natriumpropionat-** oder **Natriumchloracetat-** oder **Natrtrichloracetat-** oder **Natrlactat-** oder **Natriumoxalat-** oder **Natriummaloat-** oder **Natriumsuccinat-** oder **Natriumadipat-** oder **Natriumcitrat-Lösung**, $c$ ≤ 0,1 mol/L
AGW: -

| Gefahren durch Einatmen: *Nein* | Brandgefahr: *Ja* | Sonstige Gefahren: *Nein* |
| Gefahren durch Hautkontakt: *Nein* | Explosionsgefahr: *Nein* | |

**Substitution möglich:** *Nein* (Vgl. Begründung auf Seite 4.)

**Ergebnis der Gefährdungsbeurteilung**
Folgende Schutzmaßnahmen sind zu beachten:

| Mindeststandards (TRGS 500) | Schutzbrille | Schutzhandschuhe | Abzug | geschlossenes System | Lüftungsmaßnahmen | Brandschutzmaßnahmen | Weitere Maßnahmen: keine |
|---|---|---|---|---|---|---|---|
| ✓ | ✓ | ☐ | ☐ | ☐ | ☐ | ✓ | ☐ |

Stand der Gefährdungsbeurteilung: September 2014

# Gefährdungsbeurteilung
*Herstellung von Pufferlösungen: Phosphatpuffer*　　　　　　　　　　　S. 36, V1P

**Tätigkeitsbeschreibung**
In einem 500-mL-Messkolben werden 300 mL dest. Wasser vorgelegt, 7,8 g Natriumdihydrogenphosphat-Dihydrat und 17,9 g Dinatriumhydrogenphosphat-Dodecahydrat werden hinzugegeben. Nach gutem Vermischen und Abkühlen auf Raumtemperatur wird mit dest. Wasser auf 500 mL aufgefüllt.

**Tätigkeit mit Gefahrstoffen:** *Nein*

**Natriumdihydrogenphosphat-Dihydrat**; Edukt
　　AGW: -

**Dinatriumhydrogenphosphat-Dodecahydrat**; Edukt
　　AGW: -

**Phosphatpuffer-Lösung**; Produkt
　　AGW: -

| Gefahren durch Einatmen: *Nein* <br> Gefahren durch Hautkontakt: *Nein* | Brandgefahr: *Nein* <br> Explosionsgefahr: *Nein* | Sonstige Gefahren: *Nein* |
|---|---|---|

**Substitution möglich:** *Nein*

**Ergebnis der Gefährdungsbeurteilung**
Keine Gefährdungsbeurteilung notwendig

Stand der Gefährdungsbeurteilung: September 2014

## Gefährdungsbeurteilung
*Herstellung von Pufferlösungen: Acetatpuffer*

S. 36, V1A

**Tätigkeitsbeschreibung**
In einem 500-mL-Messkolben werden 300 mL dest. Wasser vorgelegt, 2,9 mL reine Essigsäure und 6,8 g Natriumacetat-Trihydrat werden hinzugegeben. Nach gutem Vermischen und Abkühlen auf Raumtemperatur wird mit dest. Wasser auf 500 mL aufgefüllt.

**Tätigkeit mit Gefahrstoffen:** *Ja*

**Essigsäure**; Edukt *Eisessig*

AGW: 25 mg/m³ H226, H314
P280, P301+P330+P331, P307+P310,
P305+P351+P338

GEFAHR

**Natriumacetat-Trihydrat**; Edukt
AGW: -

**Acetatpuffer-Lösung**; Produkt
AGW: -

| Gefahren durch Einatmen: Nein | Brandgefahr: Ja | Sonstige Gefahren: Nein |
|---|---|---|
| Gefahren durch Hautkontakt: Ja | Explosionsgefahr: Nein | |

**Substitution möglich:** *Nein* (Vgl. Begründung auf Seite 4.)

**Ergebnis der Gefährdungsbeurteilung**
Folgende Schutzmaßnahmen sind zu beachten:

| Mindeststandards (TRGS 500) | Schutzbrille | Schutzhandschuhe | Abzug | geschlossenes System | Lüftungsmaßnahmen | Brandschutzmaßnahmen | Weitere Maßnahmen: keine |
|---|---|---|---|---|---|---|---|
| ✓ | ✓ | ☐ | ☐ | ☐ | ✓ | ✓ | ☐ |

Stand der Gefährdungsbeurteilung: September 2014

# Gefährdungsbeurteilung
*Herstellung von Pufferlösungen: Carbonatpuffer*  S. 36, V1C

## Tätigkeitsbeschreibung
In einem 500-mL-Messkolben werden 300 mL dest. Wasser vorgelegt, 4,2 g Natriumhydrogencarbonat und 14,3 g Natriumcarbonat-Decahydrat werden hinzugegeben. Nach gutem Vermischen und Abkühlen auf Raumtemperatur wird mit dest. Wasser auf 500 mL aufgefüllt.

**Tätigkeit mit Gefahrstoffen:** *Ja*

**Natriumhydrogencarbonat**; Edukt
   AGW: -

**Natriumcarbonat-Decahydrat**; Edukt
   AGW: -     H319
              P260, P305+P351+P338          ⚠ ACHTUNG

**Carbonatpuffer-Lösung**; Produkt
   AGW: -     H319
              P305+P351+P338                ⚠ ACHTUNG

| Gefahren durch Einatmen: Nein | Brandgefahr: Nein | Sonstige Gefahren: Nein |
| Gefahren durch Hautkontakt: Nein | Explosionsgefahr: Nein | |

**Substitution möglich:** *Nein* (Vgl. Begründung auf Seite 4.)

## Ergebnis der Gefährdungsbeurteilung
Folgende Schutzmaßnahmen sind zu beachten:

| Mindeststandards (TRGS 500) | Schutzbrille | Schutzhandschuhe | Abzug | geschlossenes System | Lüftungsmaßnahmen | Brandschutzmaßnahmen | Weitere Maßnahmen: keine |
|---|---|---|---|---|---|---|---|
| ☑ | ☑ | ☐ | ☐ | ☐ | ☐ | ☐ | ☐ |

Stand der Gefährdungsbeurteilung: September 2014

## 42
# Gefährdungsbeurteilung
*Pufferwirkung von Phosphat-, Acetat- bzw. Carbonatpuffer-Lösung*     S. 36, V2

**Tätigkeitsbeschreibung**
In drei Bechergläser werden jeweils 30 mL einer Phosphat-, Acetat- oder Carbonatpuffer-Lösung gegeben. Es werden 4 Tropfen Universalindikator-Lösung hinzugegeben. Eine Lösung dient dem Farbvergleich, die zweite Lösung wird mit 1 mL Salzsäure, $c$ = 0,2 mol/L, die dritte mit 1 mL Natronlauge, $c$ = 0,2 mol/L, versetzt. Die pH-Werte der Lösungen werden mit einem pH-Meter bestimmt.

**Tätigkeit mit Gefahrstoffen:** *Ja*

**Acetatpuffer-Lösung** oder **Phosphatpuffer-Lösung**

AGW: -

**oder Carbonatpuffer**

AGW: -     H319
               P305+P351+P338     ACHTUNG

**Universalindikator-Lösung**

AGW: -     H225
               P210     GEFAHR

**Natronlauge**, $c$ = 0,2 mol/L

AGW: -     H290, H315, H319
               P305+P351+P338, P302+P352     ACHTUNG

**Salzsäure**, $c$ = 0,2 mol/L

AGW: -     H290     ACHTUNG

| Gefahren durch Einatmen: Nein<br>Gefahren durch Hautkontakt: Ja | Brandgefahr: Ja<br>Explosionsgefahr: Nein | Sonstige Gefahren: Nein |
|---|---|---|

**Substitution möglich:** *Nein* (Vgl. Begründung auf Seite 4.)

**Ergebnis der Gefährdungsbeurteilung**
Folgende Schutzmaßnahmen sind zu beachten:

| Mindeststandards (TRGS 500) | Schutzbrille | Schutzhandschuhe | Abzug | geschlossenes System | Lüftungsmaßnahmen | Brandschutzmaßnahmen | Weitere Maßnahmen: keine |
|---|---|---|---|---|---|---|---|
| ☑ | ☑ | ☐ | ☐ | ☐ | ☐ | ☑ | ☐ |

Stand der Gefährdungsbeurteilung: September 2014

# Gefährdungsbeurteilung
*Herstellung eines Rotkohl-Indikators*

S. 38, V1-1

## Tätigkeitsbeschreibung
Etwa 40 g Rotkohlblätter werden klein geschnitten und mit etwas Sand und 20 mL Wasser zerrieben. Der Inhalt des Mörsers wird einige Minuten stehen gelassen und die Lösung abfiltriert.

**Tätigkeit mit Gefahrstoffen:** *Nein*

### Rotkohlblätter; Edukt
AGW: -

### Sand
AGW: -

### Wasser
AGW: -

### Rotkohl-Indikator; Produkt
AGW: -

| | | |
|---|---|---|
| Gefahren durch Einatmen: *Nein* <br> Gefahren durch Hautkontakt: *Nein* | Brandgefahr: *Nein* <br> Explosionsgefahr: *Nein* | Sonstige Gefahren: *Nein* |

**Substitution möglich:** *Nein* (Vgl. Begründung auf Seite 4.)

## Ergebnis der Gefährdungsbeurteilung
Keine Gefährdungsbeurteilung notwendig

Stand der Gefährdungsbeurteilung: September 2014

## Gefährdungsbeurteilung
*Rotkohlsaft als pH-Indikator*  S. 38, V1-2

**Tätigkeitsbeschreibung**
Zu wenigen mL einer Rotkohl-Indikator-Lösung werden in je einem Reagenzglas kleine Portionen der Stoffe Citronensäure, Natron bzw. Soda, Backpulver, Entkalker, Seifenlösung, Natronlauge, $c$ = 0,1 mol/L, und Salzsäure, $c$ = 0,1 mol/L, gegeben.
*Hinweis*: Je nach benutztem Entkalker ist die Gefährdungsbeurteilung neu zu erstellen.

**Tätigkeit mit Gefahrstoffen:** *Ja*

**Backpulver, Natron (Natriumhydrogencarbonat), Seifenlösung**
AGW: -

**Natronlauge**, $c$ = 0,1 mol/L, **Salzsäure**, $c$ = 0,1 mol/L
AGW: -

**Citronensäure, Entkalker (100% Citronensäure)**
AGW: -   H318
         P305,+P351+P338, P311   **GEFAHR**

**Soda**
AGW: -   H319
         P260, P305+P351+P338   **ACHTUNG**

| Gefahren durch Einatmen: *Nein* | Brandgefahr: *Nein* | Sonstige Gefahren: *Nein* |
| Gefahren durch Hautkontakt: *Nein* | Explosionsgefahr: *Nein* | |

**Substitution möglich:** *Nein* (Vgl. Begründung auf Seite 4.)

**Ergebnis der Gefährdungsbeurteilung**
Folgende Schutzmaßnahmen sind zu beachten:

| Mindeststandards (TRGS 500) | Schutzbrille | Schutzhandschuhe | Abzug | geschlossenes System | Lüftungsmaßnahmen | Brandschutzmaßnahmen | Weitere Maßnahmen: keine |
|---|---|---|---|---|---|---|---|
| ☑ | ☑ | ☐ | ☐ | ☐ | ☐ | ☐ | ☐ |

Stand der Gefährdungsbeurteilung: September 2014

# Gefährdungsbeurteilung
*Herstellung einer Verdünnungsreihe*

S. 38, V2-1

## Tätigkeitsbeschreibung
Von 100 mL einer Salzsäure-Lösung, $c = 1$ mol/L, werden 10 mL abgenommen und mit dest. Wasser auf 100 mL verdünnt. Von der erhaltenen Salzsäure-Lösung, $c = 0{,}1$ mol/L, werden 10 mL abgenommen und wieder auf 100 mL verdünnt. Dies wird bis zum Erhalten einer Salzsäure-Lösung, $c = 10^{-6}$ mol/L, wiederholt. Anschließend wird der Vorgang mit 100 mL Natronlauge, $c = 1$ mol/L, erneut durchgeführt.

**Tätigkeit mit Gefahrstoffen:** *Ja*

**Salzsäure**, $c = 1$ mol/L; Edukt

| AGW: 3 mg/m³ | H290 | ACHTUNG |
|---|---|---|

**Natronlauge**, $c = 1$ mol/L; Edukt

| AGW: - | H314, H290<br>P280, P301+P330+P331,<br>P305+P351+P338, P309+P310 | GEFAHR |
|---|---|---|

**Salzsäure**, $c \leq 0{,}1$ mol/L, **Natronlauge**, $c \leq 0{,}1$ mol/L; Produkte

AGW: -

| Gefahren durch Einatmen: *Nein* | Brandgefahr: *Nein* | Sonstige Gefahren: *Nein* |
|---|---|---|
| Gefahren durch Hautkontakt: *Ja* | Explosionsgefahr: *Nein* | |

**Substitution möglich:** *Nein* (Vgl. Begründung auf Seite 4.)

## Ergebnis der Gefährdungsbeurteilung
Folgende Schutzmaßnahmen sind zu beachten:

| Mindeststandards (TRGS 500) | Schutzbrille | Schutzhandschuhe | Abzug | geschlossenes System | Lüftungsmaßnahmen | Brandschutzmaßnahmen | Weitere Maßnahmen: keine |
|---|---|---|---|---|---|---|---|
| ☑ | ☑ | ☐ | ☐ | ☐ | ☐ | ☐ | ☐ |

Stand der Gefährdungsbeurteilung: September 2014

## 46
# Gefährdungsbeurteilung
*Indikatortests*  S. 38, V2-2, V3

**Tätigkeitsbeschreibung**
Wenige mL von Salzsäure- und Natronlauge-Lösungen der $p$H-Werte 1 bis 14 werden mit einigen Tropfen Rotkohl-Indikator, Methylorange-, Lackmus-, Bromthymolblau-, Phenolphthalein- und Universalindikator-Lösung versetzt.
V3: Planversuch: Eine wässrige Lösung wird mit einem Indikator und anschließend abwechselnd mehrmals mit Salzsäure und Natronlauge versetzt.

**Tätigkeit mit Gefahrstoffen:** *Ja*

**Salzsäure**, $c$ = 1 mol/L

AGW: 3 mg/m³     H290     ACHTUNG

**Natronlauge**, $c$ = 1 mol/L

AGW: -     H314, H290
P280, P301+P330+P331,
P305+P351+P338, P309+P310     GEFAHR

**Salzsäure**, $c$ ≤ 0,1 mol/L, **Natronlauge**, $c$ ≤ 0,1 mol/L
AGW: -

**Rotkohl-Indikator, Lackmus-Lösung**
AGW: -

**Methylorange-, Bromthymolblau-, Universalindikator-, Phenolphthalein-Lösung**, $w$ < 1%
AGW: -     H225
P210     GEFAHR

| Gefahren durch Einatmen: Nein | Brandgefahr: Ja | Sonstige Gefahren: Nein |
| Gefahren durch Hautkontakt: Ja | Explosionsgefahr: Nein | |

**Substitution möglich:** *Nein* (Vgl. Begründung auf Seite 4.)

**Ergebnis der Gefährdungsbeurteilung**
Folgende Schutzmaßnahmen sind zu beachten:

| Mindeststandards (TRGS 500) | Schutzbrille | Schutzhandschuhe | Abzug | geschlossenes System | Lüftungsmaßnahmen | Brandschutzmaßnahmen | | Weitere Maßnahmen: keine |
|---|---|---|---|---|---|---|---|---|
| ✓ | ✓ | ☐ | ☐ | ☐ | ☐ | ✓ | ☐ | |

Stand der Gefährdungsbeurteilung: September 2014

# Gefährdungsbeurteilung
*Titration einer bestimmten Salzsäure-Lösung*  S. 40, V1

## Tätigkeitsbeschreibung
100 mL Salzsäure, $c$ = 0,1 mol/L, werden mit einigen Tropfen Bromthymolblau-Lösung versetzt und mit Natronlauge, $c$ = 1 mol/L, pH-metrisch titriert.

**Tätigkeit mit Gefahrstoffen:** *Ja*

**Salzsäure**, $c$ = 0,1 mol/L; Edukt

AGW: -

**Natronlauge**, $c$ = 1 mol/L; Edukt

| AGW: - | H314, H290 |
| --- | --- |
| | P280, P301+P330+P331, P305+P351+P338, P309+P310 |

GEFAHR

**Bromthymolblau-Lösung**

| AGW: - | H225 |
| --- | --- |
| | P210 |

GEFAHR

**Natriumchlorid-Lösung**; Produkt

AGW: -

| Gefahren durch Einatmen: *Nein* | Brandgefahr: *Ja* | Sonstige Gefahren: *Nein* |
| --- | --- | --- |
| Gefahren durch Hautkontakt: *Ja* | Explosionsgefahr: *Nein* | |

**Substitution möglich:** *Nein* (Vgl. Begründung auf Seite 4.)

## Ergebnis der Gefährdungsbeurteilung
Folgende Schutzmaßnahmen sind zu beachten:

| Mindeststandards (TRGS 500) | Schutzbrille | Schutzhandschuhe | Abzug | geschlossenes System | Lüftungsmaßnahmen | Brandschutzmaßnahmen | Weitere Maßnahmen: keine |
| --- | --- | --- | --- | --- | --- | --- | --- |
| ✓ | ✓ | ☐ | ☐ | ☐ | ☐ | ✓ | ☐ |

Stand der Gefährdungsbeurteilung: September 2014

## Gefährdungsbeurteilung
*Titration einer unbestimmten Salzsäure-Lösung* — S. 40, V2

**Tätigkeitsbeschreibung**
50 mL Salzsäure, 0,1 mol/L ≤ $c$ ≤ 0,2 mol/L, werden mit einigen Tropfen Bromthymolblau-Lösung versetzt und mit Natronlauge, $c$ = 1 mol/L, pH-metrisch titriert.

**Tätigkeit mit Gefahrstoffen:** *Ja*

**Salzsäure**, $c$ ≤ 0,2 mol/L; Edukt
AGW: -    H290    ACHTUNG

**Natronlauge**, $c$ = 1 mol/L; Edukt
AGW: -    H314, H290
P280, P301+P330+P331,
P305+P351+P338, P309+P310    GEFAHR

**Bromthymolblau-Lösung**
AGW: -    H225
P210    GEFAHR

**Natriumchlorid-Lösung**; Produkt
AGW: -

| Gefahren durch Einatmen: Nein | Brandgefahr: Ja | Sonstige Gefahren: Nein |
| Gefahren durch Hautkontakt: Ja | Explosionsgefahr: Nein | |

**Substitution möglich:** *Nein* (Vgl. Begründung auf Seite 4.)

**Ergebnis der Gefährdungsbeurteilung**
Folgende Schutzmaßnahmen sind zu beachten:

| Mindeststandards (TRGS 500) | Schutzbrille | Schutzhandschuhe | Abzug | geschlossenes System | Lüftungsmaßnahmen | Brandschutzmaßnahmen | Weitere Maßnahmen: keine |
|---|---|---|---|---|---|---|---|
| ☑ | ☑ | ☐ | ☐ | ☐ | ☐ | ☑ | ☐ |

Stand der Gefährdungsbeurteilung: September 2014

# Gefährdungsbeurteilung
*Titration einer Ethansäure-Lösung*

S. 42, V1

### Tätigkeitsbeschreibung
100 mL Ethansäure-Lösung, $c$ = 0,1 mol/L, werden mit einigen Tropfen Bromthymolblau-Lösung versetzt und mit Natronlauge, $c$ = 1 mol/L, pH-metrisch titriert.

### Tätigkeit mit Gefahrstoffen: *Ja*

**Essigsäure**, $c$ = 0,1 mol/L; Edukt

AGW: -

---

**Natronlauge**, $c$ = 1 mol/L; Edukt

| AGW: - | H314, H290 |
|---|---|
| | P280, P301+P330+P331, |
| | P305+P351+P338, P309+P310 |

GEFAHR

---

**Bromthymolblau-Lösung**

| AGW: - | H225 |
|---|---|
| | P210 |

GEFAHR

---

**Natriumacetat-Lösung**; Produkt

AGW: -

---

| Gefahren durch Einatmen: *Nein* | Brandgefahr: *Ja* | Sonstige Gefahren: *Nein* |
|---|---|---|
| Gefahren durch Hautkontakt: *Ja* | Explosionsgefahr: *Nein* | |

**Substitution möglich:** *Nein* (Vgl. Begründung auf Seite 4.)

### Ergebnis der Gefährdungsbeurteilung
Folgende Schutzmaßnahmen sind zu beachten:

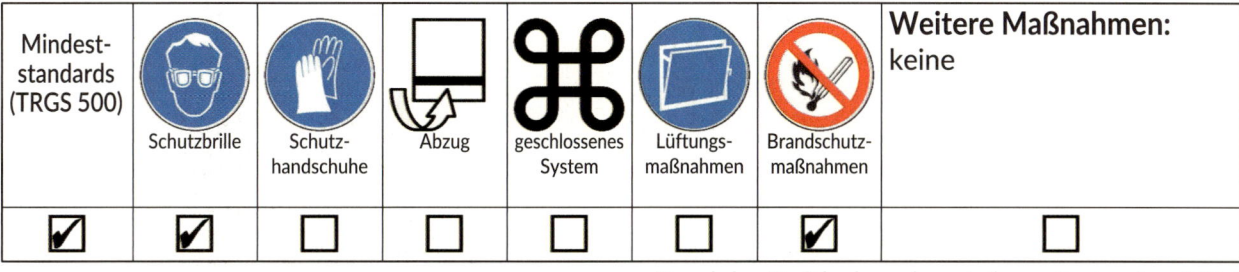

| Mindeststandards (TRGS 500) | Schutzbrille | Schutzhandschuhe | Abzug | geschlossenes System | Lüftungsmaßnahmen | Brandschutzmaßnahmen | Weitere Maßnahmen: keine |
|---|---|---|---|---|---|---|---|
| ☑ | ☑ | ☐ | ☐ | ☐ | ☐ | ☑ | ☐ |

Stand der Gefährdungsbeurteilung: September 2014

## 50
# Gefährdungsbeurteilung
*Titration einer Ethandisäure-Lösung*  S. 42, V2

**Tätigkeitsbeschreibung**
100 mL Ethandisäure, $c$ = 0,1 mol/L, werden mit einigen Tropfen Bromthymolblau-Lösung versetzt und mit Natronlauge, $c$ = 1 mol/L, $p$H-metrisch titriert.

**Tätigkeit mit Gefahrstoffen:** *Ja*

**Ethandisäure**, $c$ = 0,1 mol/L; Edukt  *Oxalsäure*
  AGW: -

**Natronlauge**, $c$ = 1 mol/L; Edukt
  AGW: -    H314, H290
            P280, P301+P330+P331,
            P305+P351+P338, P309+P310

GEFAHR

**Bromthymolblau-Lösung**
  AGW: -    H225
            P210

GEFAHR

**Natriumoxalat-Lösung**, $c$ < 0,1 mol/L; Produkt
  AGW: -

| Gefahren durch Einatmen: Nein | Brandgefahr: Ja | Sonstige Gefahren: Nein |
| Gefahren durch Hautkontakt: Ja | Explosionsgefahr: Nein | |

**Substitution möglich:** *Nein* (Vgl. Begründung auf Seite 4.)

**Ergebnis der Gefährdungsbeurteilung**
Folgende Schutzmaßnahmen sind zu beachten:

| Mindest-standards (TRGS 500) | Schutzbrille | Schutz-handschuhe | Abzug | geschlossenes System | Lüftungs-maßnahmen | Brandschutz-maßnahmen | Weitere Maßnahmen: keine |
|---|---|---|---|---|---|---|---|
| ✓ | ✓ | ☐ | ☐ | ☐ | ☐ | ✓ | ☐ |

Stand der Gefährdungsbeurteilung: September 2014

# Gefährdungsbeurteilung
*Herstellung von Glycin-, Essigsäure- und Milchsäure-Lösungen*  S. 44, V1

### Tätigkeitsbeschreibung
Es werden je 100 mL Glycin-, Essigsäure- und Milchsäure-Lösung der Konzentration, $c = 0{,}1$ mol/L, hergestellt. Die elektrischen Leitfähigkeiten und pH-Werte der Lösungen werden ermittelt.

### Tätigkeit mit Gefahrstoffen: *Ja*

**Glycin**; Edukt, **Glycin-Lösung**, $c = 0{,}1$ mol/L; Produkt
AGW: -

**2-Hydroxypropansäure**; Edukt — *Milchsäure*
AGW: -  H318, H315
P280, P305+P351+P338, P313

**Ethansäure**; Edukt — *Eisessig*
AGW: -  H226, H314
P280, P301+P330+P331, P307+P310, P305+P351+P338

**2-Hydroxypropansäure-Lösung**, $c = 0{,}1$ mol/L; Produkt — *Milchsäure-Lösung*
AGW: -

**Ethansäure-Lösung**, $c = 0{,}1$ mol/L; Produkt — *Essigsäure-Lösung*
AGW: -

| Gefahren durch Einatmen: *Ja* | Brandgefahr: *Ja* | Sonstige Gefahren: *Nein* |
|---|---|---|
| Gefahren durch Hautkontakt: *Ja* | Explosionsgefahr: *Nein* | |

**Substitution möglich:** *Nein* (Vgl. Begründung auf Seite 4.)

### Ergebnis der Gefährdungsbeurteilung
Folgende Schutzmaßnahmen sind zu beachten:

| Mindeststandards (TRGS 500) | Schutzbrille | Schutzhandschuhe | Abzug | geschlossenes System | Lüftungsmaßnahmen | Brandschutzmaßnahmen | Weitere Maßnahmen: keine |
|---|---|---|---|---|---|---|---|
| ✓ | ✓ | ☐ | ✓ | ☐ | ☐ | ✓ | ☐ |

Stand der Gefährdungsbeurteilung: September 2014

## Gefährdungsbeurteilung
*Titration einer Glycin-Lösung*

S. 44, V2

**Tätigkeitsbeschreibung**
Je 50 mL Glycin-Lösung, $c$ = 0,1 mol/L, werden mit Natronlauge, $c$ = 0,5 mol/L, bzw. Salzsäure, $c$ = 0,5 mol/L, pH-metrisch titriert.

**Tätigkeit mit Gefahrstoffen:** *Ja*

**Glycin-Lösung**, $c$ = 0,1 mol/L; Edukt
    AGW: -

**Natronlauge**, $c$ = 0,5 mol/L; Edukt
    AGW: -    H314, H290
               P280, P301+P330+P331,
               P305+P351+P338, P309+P310

GEFAHR

**Salzsäure**, $c$ = 0,5 mol/L; Edukt
    AGW: -    H290

ACHTUNG

**Glycin-Natriumsalz-Lösung, Glycinhydrochlorid-Lösung**; Produkte
    AGW: -

| Gefahren durch Einatmen: Nein<br>Gefahren durch Hautkontakt: Ja | Brandgefahr: Nein<br>Explosionsgefahr: Nein | Sonstige Gefahren: Nein |
|---|---|---|

**Substitution möglich:** *Nein* (Vgl. Begründung auf Seite 4.)

### Ergebnis der Gefährdungsbeurteilung
Folgende Schutzmaßnahmen sind zu beachten:

| Mindeststandards (TRGS 500) | Schutzbrille | Schutzhandschuhe | Abzug | geschlossenes System | Lüftungsmaßnahmen | Brandschutzmaßnahmen | | Weitere Maßnahmen: keine |
|---|---|---|---|---|---|---|---|---|
| ✓ | ✓ | ☐ | ☐ | ☐ | ☐ | ✓ | ☐ | |

Stand der Gefährdungsbeurteilung: September 2014

# Gefährdungsbeurteilung
*Löslichkeit von Tyrosin*

S. 44, V3

### Tätigkeitsbeschreibung
Es wird versucht, eine Spatelspitze Tyrosin in 20 mL Wasser zu lösen. Es wird Salzsäure, $c = 0{,}1\,\text{mol/L}$, hinzugetropft, bis sich das Tyrosin löst, anschließend werden 3 mL Natronlauge, $c = 1\,\text{mol/L}$, hinzugetropft und es wird beobachtet.

### Tätigkeit mit Gefahrstoffen: *Ja*

**Tyrosin**; Edukt

AGW: -

**Natronlauge**, $c = 1\,\text{mol/L}$; Edukt

AGW: -   H314, H290
P280, P301+P330+P331,
P305+P351+P338, P309+P310

GEFAHR

**Salzsäure**, $c = 0{,}1\,\text{mol/L}$; Edukt

AGW: -

**Tyrosin-Natriumsalz-Lösung**; Produkt

AGW: -

| Gefahren durch Einatmen: Nein | Brandgefahr: Nein | Sonstige Gefahren: Nein |
|---|---|---|
| Gefahren durch Hautkontakt: Ja | Explosionsgefahr: Nein | |

**Substitution möglich:** *Nein* (Vgl. Begründung auf Seite 4.)

### Ergebnis der Gefährdungsbeurteilung
Folgende Schutzmaßnahmen sind zu beachten:

| Mindeststandards (TRGS 500) | Schutzbrille | Schutzhandschuhe | Abzug | geschlossenes System | Lüftungsmaßnahmen | Brandschutzmaßnahmen | Weitere Maßnahmen: keine |
|---|---|---|---|---|---|---|---|
| ☑ | ☑ | ☐ | ☐ | ☐ | ☐ | ☐ | ☐ |

Stand der Gefährdungsbeurteilung: September 2014

## 54
# Gefährdungsbeurteilung
*Konduktometrische Titration einer Salzsäure-Lösung*     S. 46, V1

**Tätigkeitsbeschreibung**
100 mL Salzsäure, $c = 0{,}01$ mol/L, werden mit Natronlauge, $c = 0{,}1$ mol/L, konduktometrisch titriert. Es wird eine Wechselspannung von 10 V angelegt und entweder die Leitfähigkeit oder die Stromstärke gemessen.

**Tätigkeit mit Gefahrstoffen:** *Nein*

**Salzsäure**, $c = 0{,}01$ mol/L; Edukt
AGW: -

**Natronlauge**, $c = 0{,}1$ mol/L; Edukt
AGW: -

**Natriumacetat-Lösung**; Produkt
AGW: -

| Gefahren durch Einatmen: *Nein* | Brandgefahr: *Nein* | Sonstige Gefahren: *Nein* |
| Gefahren durch Hautkontakt: *Nein* | Explosionsgefahr: *Nein* | |

**Substitution möglich:** *Nein* (Vgl. Begründung auf Seite 4.)

Ergebnis der Gefährdungsbeurteilung
Keine Gefährdungsbeurteilung notwendig

Stand der Gefährdungsbeurteilung: September 2014

# Gefährdungsbeurteilung
*Konduktometrische Titration einer Bariumhydroxid-Lösung*  S. 46, V2

### Tätigkeitsbeschreibung
25 mL einer gesättigten Bariumhydroxid-Lösung werden mit dest. Wasser auf 100 mL verdünnt und mit Schwefelsäure-Lösung, $c = 0{,}1$ mol/L, konduktometrisch titriert. Es wird eine Wechselspannung von 10 V angelegt und entweder die Leitfähigkeit oder die Stromstärke gemessen.

**Tätigkeit mit Gefahrstoffen:** *Ja*

### Bariumhydroxid; Edukt

| AGW: - | H332, H302, H314 |
|---|---|
|  | P280, P301+P330+P331, P305+P351+P338, P309+P310 |

GEFAHR

### Schwefelsäure-Lösung, $c = 0{,}1$ mol/L; Edukt

| AGW: - | H290 |
|---|---|

ACHTUNG

### Bariumsulfat; Produkt

AGW: -

| Gefahren durch Einatmen: Nein | Brandgefahr: Nein | Sonstige Gefahren: Nein |
|---|---|---|
| Gefahren durch Hautkontakt: Ja | Explosionsgefahr: Nein | |

**Substitution möglich:** *Nein* (Vgl. Begründung auf Seite 4.)

### Ergebnis der Gefährdungsbeurteilung
Folgende Schutzmaßnahmen sind zu beachten:

| Mindeststandards (TRGS 500) | Schutzbrille | Schutzhandschuhe | Abzug | geschlossenes System | Lüftungsmaßnahmen | Brandschutzmaßnahmen | Weitere Maßnahmen: keine |
|---|---|---|---|---|---|---|---|
| ✓ | ✓ | ☐ | ☐ | ☐ | ☐ | ☐ | ☐ |

Stand der Gefährdungsbeurteilung: September 2014

## Gefährdungsbeurteilung
*Konduktometrische Titration einer Essigsäure-Lösung*  S. 46, V3a

**Tätigkeitsbeschreibung**
100 mL Essigsäure, $c$ = 0,1 mol/L, werden mit einigen Tropfen Phenolphthalein-Lösung, $w$ < 1 %, versetzt und mit Natronlauge, $c$ = 1 mol/L, konduktometrisch titriert. Es wird eine Wechselspannung von 10 V angelegt und entweder die Leitfähigkeit oder die Stromstärke gemessen.

**Tätigkeit mit Gefahrstoffen:** *Ja*

**Essigsäure**, $c$ = 0,1 mol/L; Edukt
AGW: -

**Natronlauge**, $c$ = 1 mol/L; Edukt
AGW: -   H314, H290
         P280, P301+P330+P331,
         P305+P351+P338, P309+P310

GEFAHR

**Natriumacetat-Lösung**; Produkt
AGW: -

**Phenolphthalein-Lösung**, $w$ < 1%
AGW: -   H225
         P210

GEFAHR

| Gefahren durch Einatmen: Nein | Brandgefahr: Ja | Sonstige Gefahren: Nein |
| Gefahren durch Hautkontakt: Ja | Explosionsgefahr: Nein | |

**Substitution möglich:** *Nein* (Vgl. Begründung auf Seite 4.)

**Ergebnis der Gefährdungsbeurteilung**
Folgende Schutzmaßnahmen sind zu beachten:

| Mindeststandards (TRGS 500) | Schutzbrille | Schutzhandschuhe | Abzug | geschlossenes System | Lüftungsmaßnahmen | Brandschutzmaßnahmen | Weitere Maßnahmen: keine |
|---|---|---|---|---|---|---|---|
| ☑ | ☑ | ☐ | ☐ | ☐ | ☐ | ☑ | ☐ |

Stand der Gefährdungsbeurteilung: September 2014

# Gefährdungsbeurteilung
*Konduktometrische Titration einer Essig-Lösung*  S. 46, V3b

**Tätigkeitsbeschreibung**
10 mL Essig (Aceto balsamico) werden mit Wasser auf 100 mL verdünnt und mit Natronlauge, $c = 1$ mol/L, konduktometrisch titriert. Es wird eine Wechselspannung von 10 V angelegt und entweder die Leitfähigkeit oder die Stromstärke gemessen.

**Tätigkeit mit Gefahrstoffen:** *Ja*

**Speiseessig**; Edukt

AGW: -

**Natronlauge**, $c = 1$ mol/L; Edukt

AGW: -   H314, H290
P280, P301+P330+P331,
P305+P351+P338, P309+P310

GEFAHR

**Natriumacetat-Lösung**; Produkt

AGW: -

| Gefahren durch Einatmen: Nein | Brandgefahr: Nein | Sonstige Gefahren: Nein |
| Gefahren durch Hautkontakt: Ja | Explosionsgefahr: Nein | |

**Substitution möglich:** *Nein* (Vgl. Begründung auf Seite 4.)

**Ergebnis der Gefährdungsbeurteilung**
Folgende Schutzmaßnahmen sind zu beachten:

| Mindeststandards (TRGS 500) | Schutzbrille | Schutzhandschuhe | Abzug | geschlossenes System | Lüftungsmaßnahmen | Brandschutzmaßnahmen | Weitere Maßnahmen: keine |
|---|---|---|---|---|---|---|---|
| ✓ | ✓ | ☐ | ☐ | ☐ | ☐ | ☐ | ☐ |

Stand der Gefährdungsbeurteilung: September 2014

# Gefährdungsbeurteilung
*Leitfähigkeit verschiedener Lösungen gleicher Konzentration*   S. 46, V4

**Tätigkeitsbeschreibung**
Ein Leitfähigkeitsprüfer wird a) in eine Salzsäure-, Lithiumchlorid-, Natriumchlorid- und Kaliumchlorid-Lösung und b) in Natriumchlorid-, Natriumacetat- bzw. Natriumhydroxid-Lösung, $c$ = 0,1 mol/L, getaucht. Es wird jeweils eine Wechselspannung von 10 V angelegt und die Stromstärke gemessen.

**Tätigkeit mit Gefahrstoffen:** *Nein*

**Salzsäure-Lösung, Lithiumchlorid-Lösung, Natriumchlorid-Lösung**, $c$ = 0,1 mol/L
AGW: -

**Kaliumchlorid-Lösung, Natriumacetat-Lösung, Natriumhydroxid-Lösung**, $c$ = 0,1 mol/L
AGW: -

| | | |
|---|---|---|
| **Gefahren durch Einatmen:** *Nein*<br>**Gefahren durch Hautkontakt:** *Nein* | **Brandgefahr:** *Nein*<br>**Explosionsgefahr:** *Nein* | **Sonstige Gefahren:** *Nein* |

**Substitution möglich:** *Nein* (Vgl. Begründung auf Seite 4.)

**Ergebnis der Gefährdungsbeurteilung**
Keine Gefährdungsbeurteilung notwendig

Stand der Gefährdungsbeurteilung: September 2014

# Gefährdungsbeurteilung
*Brennbarkeit von Metallen*                                         S. 60, V1

## Tätigkeitsbeschreibung
Mit der Tiegelzange werden nacheinander etwas Magnesiumband, ein Stück Kupferblech, ein Stück Silberblech und ein Stück Platindraht in die rauschende Bunsenbrennerflamme gehalten.

**Tätigkeit mit Gefahrstoffen:** *Ja*

**Magnesium, Band**; Edukt

| AGW: - | H228, H261 |
|---|---|
|  | P223, P210, P231+P232, P370+P378, P422 |

GEFAHR

**Kupfer, Blech**; Edukt

AGW: -

**Silber, Blech**

AGW: -

**Platin, Draht**

AGW: -

**Magnesiumoxid**; Produkt

AGW: -

**Kupfer(II)-oxid**; Produkt

| AGW: - | H302, H410 |
|---|---|
|  | P260, P273 |

ACHTUNG

| Gefahren durch Einatmen: Nein | Brandgefahr: Ja | Sonstige Gefahren: Ja |
|---|---|---|
| Gefahren durch Hautkontakt: Nein | Explosionsgefahr: Nein | Magnesium verbrennt mit greller Flamme. |

**Substitution möglich:** *Nein* (Vgl. Begründung auf Seite 4.)

## Ergebnis der Gefährdungsbeurteilung
Folgende Schutzmaßnahmen sind zu beachten:

| Mindeststandards (TRGS 500) | Schutzbrille | Schutzhandschuhe | Abzug | geschlossenes System | Lüftungsmaßnahmen | Brandschutzmaßnahmen | Weitere Maßnahmen: Nicht in die Magnesiumflamme blicken. |
|---|---|---|---|---|---|---|---|
| ✓ | ✓ | ☐ | ☐ | ☐ | ☐ | ✓ | ✓ |

Stand der Gefährdungsbeurteilung: September 2014

# Gefährdungsbeurteilung
*Brennbarkeit von Metallpulvern*

S. 60, LV2

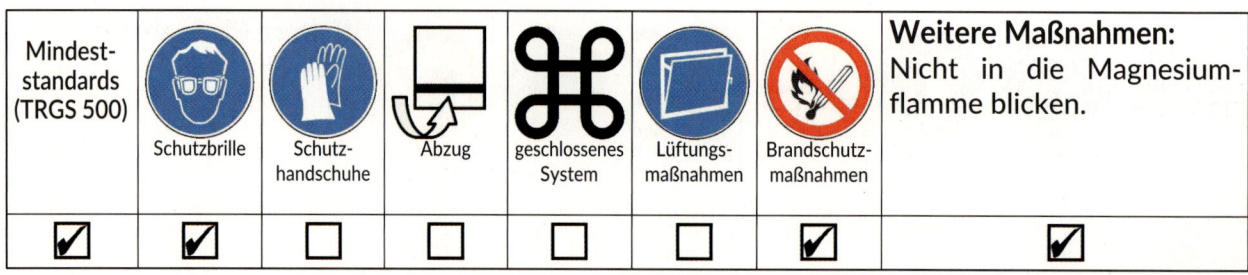

**Tätigkeitsbeschreibung**
Ein Bunsenbrenner wird an einem Stativ festgespannt und die entleuchtete Brennerflamme wird eingestellt. Aus einem Glasrohr, in dessen Ende etwas Magnesiumpulver gefüllt wurde, bläst man das Magnesiumpulver über einen Gummischlauch in die Brennerflamme. Der Versuch wird mit Eisen- und Kupferpulver wiederholt.

**Tätigkeit mit Gefahrstoffen:** *Ja*

**Magnesium, Pulver**; Edukt

| AGW: - | H228, H251, H261 |
| | P210, P231+P232, P241, P280, P420 |

GEFAHR

**Kupfer, Pulver**; Edukt

| AGW: - | H228, H410 |
| | P210, P273 |

GEFAHR

**Eisen, Pulver**; Edukt

| AGW: - | H228 |
| | P210, P241, P280, P240, P370+P378 |

ACHTUNG

**Eisen(III)-oxid, Pulver**; Produkt

| AGW: - | H315, H319, H335 |
| | P261, P305+P351+P338 |

ACHTUNG

**Magnesiumoxid**; Produkt

| AGW: - | |

**Kupfer(II)-oxid, Pulver**; Produkt

| AGW: - | H302, H410 |
| | P260, P273 |

ACHTUNG

| Gefahren durch Einatmen: Nein | Brandgefahr: Ja | Sonstige Gefahren: Ja |
| Gefahren durch Hautkontakt: Ja | Explosionsgefahr: Nein | Magnesium verbrennt mit greller Flamme. |

**Substitution möglich:** *Nein* (Vgl. Begründung auf Seite 4.)

**Ergebnis der Gefährdungsbeurteilung**
Folgende Schutzmaßnahmen sind zu beachten:

| Mindeststandards (TRGS 500) | Schutzbrille | Schutzhandschuhe | Abzug | geschlossenes System | Lüftungsmaßnahmen | Brandschutzmaßnahmen | Weitere Maßnahmen: Nicht in die Magnesiumflamme blicken. |
|---|---|---|---|---|---|---|---|
| ☑ | ☑ | ☐ | ☐ | ☐ | ☐ | ☑ | ☑ |

Stand der Gefährdungsbeurteilung: September 2014

# Gefährdungsbeurteilung
*Rosten von Eisen*　　　　　　　　　　　　　　　　　　　　　S. 60, V3

## Tätigkeitsbeschreibung
In drei Reagenzgläser wird etwas Eisenwolle gegeben, die erste wird mit Wasser, die zweite mit Chlorwasser, die dritte mit Bromwasser angefeuchtet. Die Reagenzgläser werden einige Tage im Abzug stehen gelassen und beobachtet.

**Tätigkeit mit Gefahrstoffen:** *Ja*

**Bromwasser**, w < 5%; Edukt

| AGW: 0,7 mg/m³ | H330, H314, H400 <br> P210, P273, P304+P340, <br> P305+P351+P338, P309+P310, <br> P403+P233 | GEFAHR |

**Chlorwasser**, w < 5%; Edukt

| AGW: - | H270, H330, H315, H319, H335, H400, <br> EUH071 <br> P260, P220, P280, P273, P304+P340, <br> P305+P351+P338, P332+P313, P403, <br> P370+P376, P302+P352, P315, P405 | GEFAHR |

**Eisenwolle**; Edukt

AGW: -

**Rost, Eisen(II,III)-oxid**; Produkt

AGW: -

**Eisen(III)-chlorid**; Produkt

| AGW: - | H302, H315, H318, H317 <br> P280, P301+P312, P302+P352, <br> P305+P351+P338, P310 | GEFAHR |

**Eisen(III)-bromid**; Produkt

| AGW: - | H315, H319, H335 <br> P261, P305+P351+P338 | ACHTUNG |

| Gefahren durch Einatmen: **Nein** <br> Gefahren durch Hautkontakt: **Ja** | Brandgefahr: **Nein** <br> Explosionsgefahr: **Nein** | Sonstige Gefahren: **Nein** |

**Substitution möglich:** *Nein* (Vgl. Begründung auf Seite 4.)

## Ergebnis der Gefährdungsbeurteilung
Folgende Schutzmaßnahmen sind zu beachten:

| Mindeststandards (TRGS 500) | Schutzbrille | Schutzhandschuhe | Abzug | geschlossenes System | Lüftungsmaßnahmen | Brandschutzmaßnahmen | Weitere Maßnahmen: keine |
|---|---|---|---|---|---|---|---|
| ☑ | ☑ | ☐ | ☐ | ☐ | ☐ | ☐ | ☐ |

Stand der Gefährdungsbeurteilung: September 2014

# Gefährdungsbeurteilung
*Versilbern einer Kupfermünze*  S. 64, V1

**Tätigkeitsbeschreibung**
Eine saubere, mit Aceton entfettete Kupfermünze wird auf einem Uhrglas mit ammoniakalischer Silbernitrat-Lösung übergossen. Die Farbe der Lösung wird beobachtet. Nach einer halben Stunde wird ein Kupfer-Teststäbchen in die Lösung getaucht.

**Tätigkeit mit Gefahrstoffen:** *Ja*

**Kupfer, Münze**; Edukt, **versilbertes Kupfer, Münze**; Produkt
  AGW: -

**Aceton**
  AGW: 1200 mg/m³   H225, H319, H336, EUH066
                    P210, P233, P305+P351+P338                      GEFAHR

**Silbernitrat-Lösung**, w = 2%; Edukt
  AGW: -   H315, H319, H410
           P273, P280, P305+P351+P338                               ACHTUNG

**Ammoniak-Lösung**, w = 25%
  AGW: -   H290, H314, H335, H400
           P273, P280, P301+P330+P331,
           P304+P340, P305+P351+P338,
           P308+P310                                                GEFAHR

**Kupfer(II)-nitrat-Lösung**; Produkt
  AGW: -   H272, H302, H315, H318
           P220, P280, P305+P351+P338                               GEFAHR

| Gefahren durch Einatmen: *Ja* | Brandgefahr: *Ja* | Sonstige Gefahren: *Nein* |
| Gefahren durch Hautkontakt: *Ja* | Explosionsgefahr: *Nein* | |

**Substitution möglich:** *Nein* (Vgl. Begründung auf Seite 4.)

**Ergebnis der Gefährdungsbeurteilung**
Folgende Schutzmaßnahmen sind zu beachten:

| Mindeststandards (TRGS 500) | Schutzbrille | Schutzhandschuhe | Abzug | geschlossenes System | Lüftungsmaßnahmen | Brandschutzmaßnahmen | Weitere Maßnahmen: keine |
|---|---|---|---|---|---|---|---|
| ✓ | ✓ | ☐ | ☐ | ☐ | ✓ | ✓ | ☐ |

Stand der Gefährdungsbeurteilung: September 2014

# Gefährdungsbeurteilung
*Herstellung einer OETHEL'schen Lösung*

S. 64, V2-1

## Tätigkeitsbeschreibung
In ca. 50 mL dest. Wasser werden 12,5 g Kupfersulfat-Pentahydrat, 5,0 g konz. Schwefelsäure und 5,0 g Spiritus gelöst. Es wird mit dest. Wasser auf 100 mL aufgefüllt.

**Tätigkeit mit Gefahrstoffen:** *Ja*

### Kupfersulfat-Pentahydrat; Edukt

| AGW: - | H302, H315, H319, H410 |
| --- | --- |
| | P273, P305+P351+P338, P302+P352 |

ACHTUNG

### Schwefelsäure, konz.; Edukt

| AGW: - | H314, H290 |
| --- | --- |
| | P280, P301+P330+P331, P309+P310, P305+P351+P338 |

GEFAHR

### Ethanol; Edukt *Spiritus*

| AGW: 960 mg/m³ | H225 |
| --- | --- |
| | P210 |

GEFAHR

### OETHEL'sche Lösung; Produkt

| AGW: - | H290, H302, H315, H319, H411 |
| --- | --- |

GEFAHR

| Gefahren durch Einatmen: Nein | Brandgefahr: Ja | Sonstige Gefahren: Nein |
| --- | --- | --- |
| Gefahren durch Hautkontakt: Ja | Explosionsgefahr: Nein | |

**Substitution möglich:** *Nein* (Vgl. Begründung auf Seite 4.)

## Ergebnis der Gefährdungsbeurteilung
Folgende Schutzmaßnahmen sind zu beachten:

| Mindest-standards (TRGS 500) | Schutzbrille | Schutz-handschuhe | Abzug | geschlossenes System | Lüftungs-maßnahmen | Brandschutz-maßnahmen | Weitere Maßnahmen: keine |
| --- | --- | --- | --- | --- | --- | --- | --- |
| ☑ | ☑ | ☐ | ☐ | ☐ | ☐ | ☑ | ☐ |

Stand der Gefährdungsbeurteilung: September 2014

# 64
# Gefährdungsbeurteilung
*Eintauchen eines Eisennagels in OETHEL'sche Lösung*     S. 64, V2-2

**Tätigkeitsbeschreibung**
Ein Eisennagel wird in OETHEL'sche Lösung getaucht.

**Tätigkeit mit Gefahrstoffen:** *Ja*

**OETHEL'sche Lösung**

| AGW: - | H290, H302, H315, H319, H411 | GEFAHR |

**Eisen, Nagel**; Edukt
AGW: -

**verkupfertes Eisen, Nagel**; Produkt
AGW: -

| Gefahren durch Einatmen: *Nein* | Brandgefahr: *Nein* | Sonstige Gefahren: *Nein* |
| Gefahren durch Hautkontakt: *Ja* | Explosionsgefahr: *Nein* | |

**Substitution möglich:** *Nein* (Vgl. Begründung auf Seite 4.)

## Ergebnis der Gefährdungsbeurteilung
Folgende Schutzmaßnahmen sind zu beachten:

| Mindeststandards (TRGS 500) | Schutzbrille | Schutzhandschuhe | Abzug | geschlossenes System | Lüftungsmaßnahmen | Brandschutzmaßnahmen | Weitere Maßnahmen: keine |
|---|---|---|---|---|---|---|---|
| ☑ | ☑ | ☐ | ☐ | ☐ | ☐ | ☐ | ☐ |

Stand der Gefährdungsbeurteilung: September 2014

# Gefährdungsbeurteilung
*Abscheidungsversuch: Zinkblech in Eisen(II)-sulfat-Lösung*  S. 64, V3-1

**Tätigkeitsbeschreibung**
Ein Zinkblech wird in Eisen(II)-sulfat-Lösung getaucht.

**Tätigkeit mit Gefahrstoffen:** *Ja*

**Eisen(II)-sulfat**; Edukt

| AGW: - | H302, H315, H319 | ACHTUNG |
|---|---|---|
|  | P305+P351+P338, P302+P352 |  |

**Zink, Blech**; Edukt

| AGW: - |
|---|

**mit Eisen überzogenes Zink, Blech**; Produkt

| AGW: - |
|---|

**Zinksulfat-Lösung**; Produkt

| AGW: - | H302, H318, H410 | GEFAHR |
|---|---|---|
|  | P280, P273, P305+P351+P338 |  |

| Gefahren durch Einatmen: *Nein* | Brandgefahr: *Nein* | Sonstige Gefahren: *Nein* |
|---|---|---|
| Gefahren durch Hautkontakt: *Ja* | Explosionsgefahr: *Nein* |  |

**Substitution möglich:** *Nein* (Vgl. Begründung auf Seite 4.)

**Ergebnis der Gefährdungsbeurteilung**
Folgende Schutzmaßnahmen sind zu beachten:

| Mindeststandards (TRGS 500) | Schutzbrille | Schutzhandschuhe | Abzug | geschlossenes System | Lüftungsmaßnahmen | Brandschutzmaßnahmen | Weitere Maßnahmen: keine |
|---|---|---|---|---|---|---|---|
| ☑ | ☑ | ☐ | ☐ | ☐ | ☐ | ☐ | ☐ |

Stand der Gefährdungsbeurteilung: September 2014

# Gefährdungsbeurteilung
*Abscheidungsversuch: Zinkblech in Kupfersulfat-Lösung*  S. 64, V3-2

**Tätigkeitsbeschreibung**
Ein Zinkblech wird in Kupfersulfat-Lösung getaucht.

**Tätigkeit mit Gefahrstoffen:** *Ja*

**Kupfersulfat**; Edukt

| AGW: - | H302, H315, H319, H410 |
|---|---|
|  | P273, P305+P351+P338, P302+P352 |

ACHTUNG

**Zink, Blech**; Edukt

AGW: -

**mit Kupfer überzogenes Zink, Blech**; Produkt

AGW: -

**Zinksulfat-Lösung**; Produkt

| AGW: - | H302, H318, H410 |
|---|---|
|  | P280, P273, P305+P351+P338 |

GEFAHR

| Gefahren durch Einatmen: *Nein* | Brandgefahr: *Nein* | Sonstige Gefahren: *Nein* |
|---|---|---|
| Gefahren durch Hautkontakt: *Ja* | Explosionsgefahr: *Nein* |  |

**Substitution möglich:** *Nein* (Vgl. Begründung auf Seite 4.)

**Ergebnis der Gefährdungsbeurteilung**
Folgende Schutzmaßnahmen sind zu beachten:

| Mindeststandards (TRGS 500) | Schutzbrille | Schutzhandschuhe | Abzug | geschlossenes System | Lüftungsmaßnahmen | Brandschutzmaßnahmen | Weitere Maßnahmen: keine |
|---|---|---|---|---|---|---|---|
| ☑ | ☑ | ☐ | ☐ | ☐ | ☐ | ☐ | ☐ |

Stand der Gefährdungsbeurteilung: September 2014

# Gefährdungsbeurteilung
*Abscheidungsversuch: Zinkblech in Silbernitrat-Lösung*  S. 64, V3-3

### Tätigkeitsbeschreibung
Ein Zinkblech wird in Silbernitrat-Lösung getaucht.

**Tätigkeit mit Gefahrstoffen:** *Ja*

### Silbernitrat-Lösung; Edukt
| AGW: - | H272, H314, H410 |
| --- | --- |
| | P273, P280, P301+P330+P331, P305+P351+P338, P309+P310 |

GEFAHR

### Zink, Blech; Edukt
AGW: -

### mit Silber überzogenes Zink, Blech; Produkt
AGW: -

### Zinknitrat-Lösung; Produkt
| AGW: - | H272, H302, H315, H319, H335, H410 |
| --- | --- |
| | P273, P302+P352, P305+P351+P338 |

GEFAHR

| Gefahren durch Einatmen: *Nein* | Brandgefahr: *Nein* | Sonstige Gefahren: *Nein* |
| --- | --- | --- |
| Gefahren durch Hautkontakt: *Ja* | Explosionsgefahr: *Nein* | |

**Substitution möglich:** *Nein* (Vgl. Begründung auf Seite 4.)

### Ergebnis der Gefährdungsbeurteilung
Folgende Schutzmaßnahmen sind zu beachten:

| Mindeststandards (TRGS 500) | Schutzbrille | Schutzhandschuhe | Abzug | geschlossenes System | Lüftungsmaßnahmen | Brandschutzmaßnahmen | Weitere Maßnahmen: keine |
| --- | --- | --- | --- | --- | --- | --- | --- |
| ☑ | ☑ | ☐ | ☐ | ☐ | ☐ | ☐ | ☐ |

Stand der Gefährdungsbeurteilung: September 2014

# 68
## Gefährdungsbeurteilung
*Abscheidungsversuch: Kupferblech in Zinksulfat-Lösung*   S. 64, V3-4

**Tätigkeitsbeschreibung**
Ein Kupferblech wird in Zinksulfat-Lösung getaucht.

**Tätigkeit mit Gefahrstoffen:** *Ja*

**Zinksulfat-Lösung**

| AGW: - | H302, H318, H410 |
|        | P280, P273, P305+P351+P338 |

GEFAHR

**Kupfer, Blech**

AGW: -

| Gefahren durch Einatmen: *Nein* | Brandgefahr: *Nein* | Sonstige Gefahren: *Nein* |
| Gefahren durch Hautkontakt: *Nein* | Explosionsgefahr: *Nein* | |

**Substitution möglich:** *Nein* (Vgl. Begründung auf Seite 4.)

### Ergebnis der Gefährdungsbeurteilung
Folgende Schutzmaßnahmen sind zu beachten:

| Mindeststandards (TRGS 500) | Schutzbrille | Schutzhandschuhe | Abzug | geschlossenes System | Lüftungsmaßnahmen | Brandschutzmaßnahmen | Weitere Maßnahmen: keine |
|---|---|---|---|---|---|---|---|
| ☑ | ☑ | ☐ | ☐ | ☐ | ☐ | ☐ | ☐ |

Stand der Gefährdungsbeurteilung: September 2014

# Gefährdungsbeurteilung
*Abscheidungsversuch: Kupferblech in Eisen(II)-sulfat-Lösung*   S. 64, V3-5

**Tätigkeitsbeschreibung**
Ein Kupferblech wird in Eisen(II)-sulfat-Lösung getaucht.

**Tätigkeit mit Gefahrstoffen:** *Ja*

**Eisen(II)-sulfat**

| AGW: - | H302, H315, H319 |
|---|---|
|  | P305+P351+P338, P302+P352 |

ACHTUNG

**Kupfer, Blech**

AGW: -

| Gefahren durch Einatmen: *Nein* | Brandgefahr: *Nein* | Sonstige Gefahren: *Nein* |
|---|---|---|
| Gefahren durch Hautkontakt: *Ja* | Explosionsgefahr: *Nein* | |

**Substitution möglich:** *Nein* (Vgl. Begründung auf Seite 4.)

**Ergebnis der Gefährdungsbeurteilung**
Folgende Schutzmaßnahmen sind zu beachten:

| Mindest-standards (TRGS 500) | Schutzbrille | Schutz-handschuhe | Abzug | geschlossenes System | Lüftungs-maßnahmen | Brandschutz-maßnahmen | Weitere Maßnahmen: keine |
|---|---|---|---|---|---|---|---|
| ☑ | ☑ | ☐ | ☐ | ☐ | ☐ | ☐ | ☐ |

Stand der Gefährdungsbeurteilung: September 2014

# 70

## Gefährdungsbeurteilung
*Abscheidungsversuch: Kupferblech in Silbernitrat-Lösung*     S. 64, V3-6

**Tätigkeitsbeschreibung**
Ein Kupferblech wird in Silbernitrat-Lösung getaucht.

**Tätigkeit mit Gefahrstoffen:** *Ja*

**Silbernitrat-Lösung**; Edukt

| AGW: - | H272, H314, H410 |
| --- | --- |
| | P273, P280, P301+P330+P331, P305+P351+P338, P309+P310 |

GEFAHR

**Kupfer, Blech**; Edukt

AGW: -

**mit Silber überzogenes Kupfer, Blech**; Produkt

AGW: -

**Kupfer(II)-nitrat-Lösung**; Produkt

| AGW: - | H272, H302, H315, H318 |
| --- | --- |
| | P220, P280, P305+P351+P338 |

GEFAHR

| Gefahren durch Einatmen: *Nein* | Brandgefahr: *Nein* | Sonstige Gefahren: *Nein* |
| --- | --- | --- |
| Gefahren durch Hautkontakt: *Ja* | Explosionsgefahr: *Nein* | |

**Substitution möglich:** *Nein* (Vgl. Begründung auf Seite 4.)

### Ergebnis der Gefährdungsbeurteilung
Folgende Schutzmaßnahmen sind zu beachten:

| Mindest-standards (TRGS 500) | Schutzbrille | Schutz-handschuhe | Abzug | geschlossenes System | Lüftungs-maßnahmen | Brandschutz-maßnahmen | Weitere Maßnahmen: keine |
| --- | --- | --- | --- | --- | --- | --- | --- |
| ☑ | ☑ | ☐ | ☐ | ☐ | ☐ | ☐ | ☐ |

Stand der Gefährdungsbeurteilung: September 2014

# Gefährdungsbeurteilung
*Abscheidungsversuch: Eisenblech in Zinksulfat-Lösung*          S. 64, V3-7

**Tätigkeitsbeschreibung**
Ein Eisenblech wird in Zinksulfat-Lösung getaucht.

**Tätigkeit mit Gefahrstoffen:** *Ja*

## Zinksulfat-Lösung
| AGW: - | H302, H318, H410 |
|        | P280, P273, P305+P351+P338 |

GEFAHR

## Eisen, Blech
AGW: -

| Gefahren durch Einatmen: Nein | Brandgefahr: Nein | Sonstige Gefahren: Nein |
| Gefahren durch Hautkontakt: Nein | Explosionsgefahr: Nein | |

**Substitution möglich:** *Nein* (Vgl. Begründung auf Seite 4.)

## Ergebnis der Gefährdungsbeurteilung
Folgende Schutzmaßnahmen sind zu beachten:

| Mindest-standards (TRGS 500) | Schutzbrille | Schutz-handschuhe | Abzug | geschlossenes System | Lüftungs-maßnahmen | Brandschutz-maßnahmen | Weitere Maßnahmen: keine |
|---|---|---|---|---|---|---|---|
| ☑ | ☑ | ☐ | ☐ | ☐ | ☐ | ☐ | ☐ |

Stand der Gefährdungsbeurteilung: September 2014

# Gefährdungsbeurteilung
*Abscheidungsversuch: Eisenblech in Kupfersulfat-Lösung*  S. 64, V3-8

**Tätigkeitsbeschreibung**
Ein Eisenblech wird in Kupfersulfat-Lösung getaucht.

**Tätigkeit mit Gefahrstoffen:** *Ja*

**Kupfersulfat**; Edukt

| AGW: - | H302, H315, H319, H410 |
|---|---|
| | P273, P305+P351+P338, P302+P352 |

ACHTUNG

**Eisen, Blech**; Edukt

AGW: -

**mit Kupfer überzogenes Eisen, Blech**; Produkt

AGW: -

**Eisen(II)-sulfat**; Edukt

| AGW: - | H302, H315, H319 |
|---|---|
| | P305+P351+P338, P302+P352 |

ACHTUNG

| Gefahren durch Einatmen: Nein | Brandgefahr: Nein | Sonstige Gefahren: Nein |
|---|---|---|
| Gefahren durch Hautkontakt: *Ja* | Explosionsgefahr: *Nein* | |

**Substitution möglich:** *Nein* (Vgl. Begründung auf Seite 4.)

**Ergebnis der Gefährdungsbeurteilung**
Folgende Schutzmaßnahmen sind zu beachten:

| Mindeststandards (TRGS 500) | Schutzbrille | Schutzhandschuhe | Abzug | geschlossenes System | Lüftungsmaßnahmen | Brandschutzmaßnahmen | Weitere Maßnahmen: keine |
|---|---|---|---|---|---|---|---|
| ☑ | ☑ | ☐ | ☐ | ☐ | ☐ | ☐ | ☐ |

Stand der Gefährdungsbeurteilung: September 2014

# Gefährdungsbeurteilung
*Abscheidungsversuch: Eisenblech in Silbernitrat-Lösung*  S. 64, V3-9

### Tätigkeitsbeschreibung
Ein Eisenblech wird in Silbernitrat-Lösung getaucht.

### Tätigkeit mit Gefahrstoffen: *Ja*

### Silbernitrat-Lösung; Edukt
| AGW: - | H272, H314, H410 |
|---|---|
| | P273, P280, P301+P330+P331, P305+P351+P338, P309+P310 |

**GEFAHR**

### Eisen, Blech; Edukt
AGW: -

### mit Silber überzogenes Eisen, Blech; Produkt
AGW: -

### Eisen(III)-nitrat-Lösung; Produkt
| AGW: - | H272, H315, H319 |
|---|---|
| | P302+P352, P305+P351+P338 |

**ACHTUNG**

| Gefahren durch Einatmen: Nein | Brandgefahr: Nein | Sonstige Gefahren: Nein |
|---|---|---|
| Gefahren durch Hautkontakt: Ja | Explosionsgefahr: Nein | |

**Substitution möglich:** *Nein* (Vgl. Begründung auf Seite 4.)

### Ergebnis der Gefährdungsbeurteilung
Folgende Schutzmaßnahmen sind zu beachten:

| Mindest-standards (TRGS 500) | Schutzbrille | Schutz-handschuhe | Abzug | geschlossenes System | Lüftungs-maßnahmen | Brandschutz-maßnahmen | Weitere Maßnahmen: keine |
|---|---|---|---|---|---|---|---|
| ☑ | ☑ | ☐ | ☐ | ☐ | ☐ | ☐ | ☐ |

Stand der Gefährdungsbeurteilung: September 2014

# Gefährdungsbeurteilung
*Zinkpulver in Kupfersulfat-Lösung*

S. 64, V4

**Tätigkeitsbeschreibung**
Ein Spatel Zinkpulver wird in eine kleine Probe Kupfersulfat-Lösung gegeben und gut vermischt. Es wird gewartet, bis sich das überschüssige Zinkpulver absetzt. Während des Versuchs wird die Temperatur der Lösung gemessen. Anschließend wird die überstehende Lösung mit Teststäbchen auf Zink-Ionen getestet.

**Tätigkeit mit Gefahrstoffen:** *Ja*

**Kupfersulfat**; Edukt

| AGW: - | H302, H315, H319, H410 | ACHTUNG |
| | P273, P305+P351+P338, P302+P352 | |

**Zink, Pulver, stabilisiert**; Edukt

| AGW: - | H410 | ACHTUNG |
| | P273 | |

**Kupfer, Pulver**; Produkt

| AGW: - | H228, H410 | GEFAHR |
| | P210, P273 | |

**Zinksulfat-Lösung**; Produkt

| AGW: - | H302, H318, H410 | GEFAHR |
| | P280, P273, P305+P351+P338 | |

| Gefahren durch Einatmen: Nein | Brandgefahr: Ja | Sonstige Gefahren: Nein |
| Gefahren durch Hautkontakt: Ja | Explosionsgefahr: Nein | |

**Substitution möglich:** *Nein* (Vgl. Begründung auf Seite 4.)

**Ergebnis der Gefährdungsbeurteilung**
Folgende Schutzmaßnahmen sind zu beachten:

| Mindeststandards (TRGS 500) | Schutzbrille | Schutzhandschuhe | Abzug | geschlossenes System | Lüftungsmaßnahmen | Brandschutzmaßnahmen | Weitere Maßnahmen: keine |
|---|---|---|---|---|---|---|---|
| ☑ | ☑ | ☐ | ☐ | ☐ | ☐ | ☑ | ☐ |

Stand der Gefährdungsbeurteilung: September 2014

# Gefährdungsbeurteilung
*Kupferspäne in Silbernitrat-Lösung und Ionennachweise*  S. 64, V5

### Tätigkeitsbeschreibung
Einige Kupferspäne werden in etwas Silbernitrat-Lösung gegeben. Der Versuch wird einen Tag lang stehen gelassen. Die überstehende Lösung wird auf zwei Reagenzgläser verteilt. In ein Reagenzglas werden einige Tropfen Natriumchlorid-Lösung, in das andere einige Tropfen Ammoniak-Lösung gegeben.

**Tätigkeit mit Gefahrstoffen:** *Ja*

**Silbernitrat-Lösung**, $w = 2\%$; Edukt
AGW: -  H272, H314, H410
P273, P280, P301+P330+P331,
P305+P351+P338, P309+P310 — GEFAHR

**Kupfer, Späne, Natriumchlorid**; Edukte, **mit Silber überzogenes Kupfer, Späne**; Produkt
AGW: -

**Kupfer(II)-nitrat-Lösung**; Produkt
AGW: -  H272, H302, H315, H318
P220, P280, P305+P351+P338 — GEFAHR

**Ammoniak-Lösung**, $w = 30\%$; Edukt
AGW: 14 mg/m³  H290, H314, H335, H400
P273, P280, P301+P330+P331,
P304+P340, P305+P351+P338,
P308+P310 — GEFAHR

**Silberchlorid**; Produkt
AGW: -

**Tetraaminkupfer(II)-nitrat-Lösung**, $w < 2\%$; Produkt
AGW: -

| Gefahren durch Einatmen: Ja | Brandgefahr: Nein | Sonstige Gefahren: Nein |
|---|---|---|
| Gefahren durch Hautkontakt: Ja | Explosionsgefahr: Nein | |

**Substitution möglich:** *Nein* (Vgl. Begründung auf Seite 4.)

### Ergebnis der Gefährdungsbeurteilung
Folgende Schutzmaßnahmen sind zu beachten:

| Mindeststandards (TRGS 500) | Schutzbrille | Schutzhandschuhe | Abzug | geschlossenes System | Lüftungsmaßnahmen | Brandschutzmaßnahmen | Weitere Maßnahmen: keine |
|---|---|---|---|---|---|---|---|
| ✓ | ✓ | ☐ | ✓ | ☐ | ☐ | ☐ | ☐ |

Stand der Gefährdungsbeurteilung: September 2014

## Gefährdungsbeurteilung
*Zitronenbatterie*

S. 66, V1

**Tätigkeitsbeschreibung**

a) In eine Zitrone werden auf einer Seite ein Kupfer- auf der anderen Seite ein Zinkblech ca. 3 cm tief gesteckt. Die Bleche werden über ein Kabel mit einem kleinen Verbraucher (z. B. Elektromotor, Chip einer Musikkarte) verbunden. Anschließend wird ein Voltmeter angeschlossen und die Spannung gemessen.

b) Nach 10 Minuten wird die Zitrone zwischen den Blechen durchgeschnitten. Der Saft wird aus beiden Hälften ausgepresst und ein Zink-Teststäbchen wird in den Saft der Seite gehalten, in der das Zinkblech steckte. Ein Kupfer-Teststäbchen wird in den Saft der anderen Seite gehalten.

**Tätigkeit mit Gefahrstoffen:** *Nein*

**Zitrone, Zink, Blech, Kupfer, Blech**; Edukte
AGW: -

**Zinkcitrat-Lösung, Kupfercitrat-Lösung**; Produkte
AGW: -

| Gefahren durch Einatmen: *Nein* | Brandgefahr: *Nein* | Sonstige Gefahren: *Nein* |
| Gefahren durch Hautkontakt: *Nein* | Explosionsgefahr: *Nein* | |

**Substitution möglich:** *Nein* (Vgl. Begründung auf Seite 4.)

**Ergebnis der Gefährdungsbeurteilung**
Keine Gefährdungsbeurteilung nötig

Stand der Gefährdungsbeurteilung: September 2014

# Gefährdungsbeurteilung
*Strom aus der Petrischale*                                    S. 66, V2

## Tätigkeitsbeschreibung
a) In eine zweigeteilte Petrischale aus Kunststoff werden auf gegenüberliegenden Seiten ein Kupfer- und ein Zinknagel durch vorsichtiges Erhitzen des Nagels so eingeschmolzen, dass die Nägel durch den Kunststoff fixiert werden.

b) In die Seite mit dem Zinknagel wird Zinksulfat-Lösung, $c$ = 0,1 mol/L, gegeben, in die andere Kupfersulfat-Lösung, $c$ = 0,1 mol/L. Es wird ein Voltmeter angeschlossen und anschließend ein Stück Bierdeckelfilz, das in der Mitte eingeschnitten wurde, auf den Trennsteg der Petrischale gesteckt. Die Spannung und der Bierdeckelfilz werden beobachtet.

**Tätigkeit mit Gefahrstoffen:** *Ja*

**Zink, Nagel; Kupfer, Nagel**
   AGW: -

**Zinksulfat-Lösung**, $c$ = 0,1 mol/L
   AGW: -     H319, H412
              P273, P305+P351+P338                          ACHTUNG

**Kupfersulfat-Lösung**, $c$ = 0,1 mol/L
   AGW: -     H411
              P273

| Gefahren durch Einatmen: Nein | Brandgefahr: Nein | Sonstige Gefahren: Nein |
| --- | --- | --- |
| Gefahren durch Hautkontakt: Nein | Explosionsgefahr: Nein | |

**Substitution möglich:** *Nein* (Vgl. Begründung auf Seite 4.)

## Ergebnis der Gefährdungsbeurteilung
Folgende Schutzmaßnahmen sind zu beachten:

| Mindest-standards (TRGS 500) | Schutzbrille | Schutz-handschuhe | Abzug | geschlossenes System | Lüftungs-maßnahmen | Brandschutz-maßnahmen | Weitere Maßnahmen: keine |
| --- | --- | --- | --- | --- | --- | --- | --- |
| ✓ | ✓ | ☐ | ☐ | ☐ | ☐ | ☐ | ☐ |

Stand der Gefährdungsbeurteilung: September 2014

## Gefährdungsbeurteilung
*Daniell-Element*      S. 66, V3

**Tätigkeitsbeschreibung**
In ein Becherglas wird Zinksulfat-Lösung, $c$ = 0,1 mol/L, gegeben, in ein anderes Kupfersulfat-Lösung, $c$ = 0,1 mol/L. In die Zinksulfat-Lösung wird ein Zinkblech getaucht, in die Kupfersulfat-Lösung ein Kupferblech. Die beiden Bleche werden über ein Voltmeter und die beiden Bechergläser mit einer mit Kaliumnitrat-Lösung gefüllten Elektrolytbrücke verbunden.

**Tätigkeit mit Gefahrstoffen:** *Ja*

**Zink, Blech; Kupfer, Blech**
    AGW: -

**Zinksulfat-Lösung**, $c$ = 0,1 mol/L
    AGW: -      H319, H412
                P273, P305+P351+P338      ACHTUNG

**Kupfersulfat-Lösung**, $c$ = 0,1 mol/L
    AGW: -      H411
                P273

**Kaliumnitrat**
    AGW: -      H272
                P210, P221      ACHTUNG

| Gefahren durch Einatmen: *Nein* | Brandgefahr: *Nein* | Sonstige Gefahren: *Nein* |
|---|---|---|
| Gefahren durch Hautkontakt: *Nein* | Explosionsgefahr: *Nein* | |

**Substitution möglich:** *Nein* (Vgl. Begründung auf Seite 4.)

**Ergebnis der Gefährdungsbeurteilung**
Folgende Schutzmaßnahmen sind zu beachten:

| Mindeststandards (TRGS 500) | Schutzbrille | Schutzhandschuhe | Abzug | geschlossenes System | Lüftungsmaßnahmen | Brandschutzmaßnahmen | Weitere Maßnahmen: keine |
|---|---|---|---|---|---|---|---|
| ☑ | ☑ | ☐ | ☐ | ☐ | ☐ | ☐ | ☐ |

Stand der Gefährdungsbeurteilung: September 2014

# Gefährdungsbeurteilung
*Galvanische Zelle: Zink/Eisen*  S. 68, V1-1

### Tätigkeitsbeschreibung
In ein Becherglas wird Zinksulfat-Lösung, $c$ = 0,1 mol/L, gegeben, in ein anderes Eisen(II)-sulfat-Lösung, $c$ = 0,1 mol/L. In die Zinksulfat-Lösung wird ein Zinkblech getaucht, in die Eisen(II)-sulfat-Lösung ein Eisenblech. Die beiden Bleche werden über ein Voltmeter und die beiden Bechergläser mit einer mit Kaliumnitrat-Lösung gefüllten Elektrolytbrücke verbunden.

**Tätigkeit mit Gefahrstoffen:** *Ja*

### Zink, Blech; Eisen, Blech
AGW: -

### Zinksulfat-Lösung, $c$ = 0,1 mol/L
AGW: -  H319, H412  
P273, P305+P351+P338  
ACHTUNG

### Eisen(II)-sulfat-Lösung, $c$ = 0,1 mol/L
AGW: -  H302, H319, H315  
P302+P352, P305+P351+P338  
ACHTUNG

### Kaliumnitrat
AGW: -  H272  
P210, P221  
ACHTUNG

| Gefahren durch Einatmen: *Nein* | Brandgefahr: *Nein* | Sonstige Gefahren: *Nein* |
|---|---|---|
| Gefahren durch Hautkontakt: *Nein* | Explosionsgefahr: *Nein* | |

**Substitution möglich:** *Nein* (Vgl. Begründung auf Seite 4.)

### Ergebnis der Gefährdungsbeurteilung
Folgende Schutzmaßnahmen sind zu beachten:

| Mindeststandards (TRGS 500) | Schutzbrille | Schutzhandschuhe | Abzug | geschlossenes System | Lüftungsmaßnahmen | Brandschutzmaßnahmen | Weitere Maßnahmen: keine |
|---|---|---|---|---|---|---|---|
| ☑ | ☑ | ☐ | ☐ | ☐ | ☐ | ☐ | ☐ |

Stand der Gefährdungsbeurteilung: September 2014

# Gefährdungsbeurteilung
*Galvanische Zelle: Zink/Kupfer*

S. 68, V1-2

**Tätigkeitsbeschreibung**
In ein Becherglas wird Zinksulfat-Lösung, $c$ = 0,1 mol/L, gegeben, in ein anderes Kupfersulfat-Lösung, $c$ = 0,1 mol/L. In die Zinksulfat-Lösung wird ein Zinkblech getaucht, in die Kupfersulfat-Lösung ein Kupferblech. Die beiden Bleche werden über ein Voltmeter und die beiden Bechergläser mit einer mit Kaliumnitrat-Lösung gefüllten Elektrolytbrücke verbunden.

**Tätigkeit mit Gefahrstoffen:** *Ja*

**Zink, Blech; Kupfer, Blech**
  AGW: -

**Zinksulfat-Lösung**, $c$ = 0,1 mol/L
  AGW: -    H319, H412
            P273, P305+P351+P338            ACHTUNG

**Kupfersulfat-Lösung**, $c$ = 0,1 mol/L
  AGW: -    H411
            P273

**Kaliumnitrat**
  AGW: -    H272
            P210, P221                      ACHTUNG

| Gefahren durch Einatmen: Nein | Brandgefahr: Nein | Sonstige Gefahren: Nein |
| Gefahren durch Hautkontakt: Nein | Explosionsgefahr: Nein | |

**Substitution möglich:** *Nein* (Vgl. Begründung auf Seite 4.)

**Ergebnis der Gefährdungsbeurteilung**
Folgende Schutzmaßnahmen sind zu beachten:

| Mindeststandards (TRGS 500) | Schutzbrille | Schutzhandschuhe | Abzug | geschlossenes System | Lüftungsmaßnahmen | Brandschutzmaßnahmen | Weitere Maßnahmen: keine |
|---|---|---|---|---|---|---|---|
| ☑ | ☑ | ☐ | ☐ | ☐ | ☐ | ☐ | ☐ |

Stand der Gefährdungsbeurteilung: September 2014

# Gefährdungsbeurteilung
*Galvanische Zelle: Zink/Silber*  S. 68, V1-3

**Tätigkeitsbeschreibung**
In ein Becherglas wird Zinksulfat-Lösung, $c$ = 0,1 mol/L, gegeben, in ein anderes Silbernitrat-Lösung, $c$ = 0,1 mol/L. In die Zinksulfat-Lösung wird ein Zinkblech getaucht, in die Silbernitrat-Lösung ein Silberblech. Die beiden Bleche werden über ein Voltmeter und die beiden Bechergläser mit einer mit Kaliumnitrat-Lösung gefüllten Elektrolytbrücke verbunden.

**Tätigkeit mit Gefahrstoffen:** *Ja*

**Zink, Blech; Silber, Blech**
AGW: -

**Zinksulfat-Lösung**, $c$ = 0,1 mol/L
AGW: -    H319, H412
          P273, P305+P351+P338                                      ACHTUNG

**Silbernitrat-Lösung**, $c$ = 0,1 mol/L
AGW: -    H315, H319, H410
          P273, P302+P352, P305+P351+P338                           ACHTUNG

**Kaliumnitrat**
AGW: -    H272
          P210, P221                                                ACHTUNG

| Gefahren durch Einatmen: Nein | Brandgefahr: Nein | Sonstige Gefahren: Nein |
| Gefahren durch Hautkontakt: Ja | Explosionsgefahr: Nein | |

**Substitution möglich:** *Nein* (Vgl. Begründung auf Seite 4.)

**Ergebnis der Gefährdungsbeurteilung**
Folgende Schutzmaßnahmen sind zu beachten:

| Mindeststandards (TRGS 500) | Schutzbrille | Schutzhandschuhe | Abzug | geschlossenes System | Lüftungsmaßnahmen | Brandschutzmaßnahmen | Weitere Maßnahmen: keine |
|---|---|---|---|---|---|---|---|
| ☑ | ☑ | ☐ | ☐ | ☐ | ☐ | ☐ | ☐ |

Stand der Gefährdungsbeurteilung: September 2014

# Gefährdungsbeurteilung
*Galvanische Zelle: Eisen/Kupfer*

S. 68, V1-4

**Tätigkeitsbeschreibung**
In ein Becherglas wird Eisen(II)-sulfat-Lösung, $c = 0{,}1$ mol/L, gegeben, in ein anderes Kupfersulfat-Lösung, $c = 0{,}1$ mol/L. In die Eisen(II)-sulfat-Lösung wird ein Eisenblech getaucht, in die Kupfersulfat-Lösung ein Kupferblech. Die beiden Bleche werden über ein Voltmeter und die beiden Bechergläser mit einer mit Kaliumnitrat-Lösung gefüllten Elektrolytbrücke verbunden.

**Tätigkeit mit Gefahrstoffen:** *Ja*

### Eisen, Blech; Kupfer, Blech
AGW: -

### Eisen(II)-sulfat-Lösung, $c = 0{,}1$ mol/L
AGW: -   H302, H319, H315
P302+P352, P305+P351+P338

ACHTUNG

### Kupfersulfat-Lösung, $c = 0{,}1$ mol/L
AGW: -   H411
P273

### Kaliumnitrat
AGW: -   H272
P210, P221

ACHTUNG

| Gefahren durch Einatmen: *Nein* | Brandgefahr: *Nein* | Sonstige Gefahren: *Nein* |
|---|---|---|
| Gefahren durch Hautkontakt: *Ja* | Explosionsgefahr: *Nein* | |

**Substitution möglich:** *Nein* (Vgl. Begründung auf Seite 4.)

### Ergebnis der Gefährdungsbeurteilung
Folgende Schutzmaßnahmen sind zu beachten:

| Mindeststandards (TRGS 500) | Schutzbrille | Schutzhandschuhe | Abzug | geschlossenes System | Lüftungsmaßnahmen | Brandschutzmaßnahmen | Weitere Maßnahmen: keine |
|---|---|---|---|---|---|---|---|
| ☑ | ☑ | ☐ | ☐ | ☐ | ☐ | ☐ | ☐ |

Stand der Gefährdungsbeurteilung: September 2014

# Gefährdungsbeurteilung
*Galvanische Zelle: Eisen/Silber*  S. 68, V1-5

**Tätigkeitsbeschreibung**
In ein Becherglas wird Eisen(II)-sulfat-Lösung, $c$ = 0,1 mol/L, gegeben, in ein anderes Silbernitrat-Lösung, $c$ = 0,1 mol/L. In die Eisen(II)-sulfat-Lösung wird ein Eisenblech getaucht, in die Silbernitrat-Lösung ein Silberblech. Die beiden Bleche werden über ein Voltmeter und die beiden Bechergläser mit einer mit Kaliumnitrat-Lösung gefüllten Elektrolytbrücke verbunden.

**Tätigkeit mit Gefahrstoffen:** *Ja*

**Eisen, Blech; Silber, Blech**
  AGW: -

**Eisen(II)-sulfat-Lösung**, $c$ = 0,1 mol/L
  AGW: -   H302, H319, H315
           P302+P352, P305+P351+P338                     ACHTUNG

**Silbernitrat-Lösung**, $c$ = 0,1 mol/L
  AGW: -   H315, H319, H410
           P273, P302+P352, P305+P351+P338               ACHTUNG

**Kaliumnitrat**
  AGW: -   H272
           P210, P221                                    ACHTUNG

| Gefahren durch Einatmen: Nein | Brandgefahr: Nein | Sonstige Gefahren: Nein |
| Gefahren durch Hautkontakt: Ja | Explosionsgefahr: Nein | |

**Substitution möglich:** *Nein* (Vgl. Begründung auf Seite 4.)

**Ergebnis der Gefährdungsbeurteilung**
Folgende Schutzmaßnahmen sind zu beachten:

| Mindeststandards (TRGS 500) | Schutzbrille | Schutzhandschuhe | Abzug | geschlossenes System | Lüftungsmaßnahmen | Brandschutzmaßnahmen | Weitere Maßnahmen: keine |
|---|---|---|---|---|---|---|---|
| ☑ | ☑ | ☐ | ☐ | ☐ | ☐ | ☐ | ☐ |

Stand der Gefährdungsbeurteilung: September 2014

# 84
## Gefährdungsbeurteilung
*Galvanische Zelle: Kupfer/Silber*

S. 68, V1-6

**Tätigkeitsbeschreibung**
In ein Becherglas wird Kupfersulfat-Lösung, $c$ = 0,1 mol/L, gegeben, in ein anderes Silbernitrat-Lösung, $c$ = 0,1 mol/L. In die Kupfersulfat-Lösung wird ein Kupferblech getaucht, in die Silbernitrat-Lösung ein Silberblech. Die beiden Bleche werden über ein Voltmeter und die beiden Bechergläser mit einer mit Kaliumnitrat-Lösung gefüllten Elektrolytbrücke verbunden.

**Tätigkeit mit Gefahrstoffen:** *Ja*

**Kupfer, Blech; Silber, Blech**
AGW: -

**Kupfersulfat-Lösung**, $c$ = 0,1 mol/L
AGW: -  H411
        P273

**Silbernitrat-Lösung**, $c$ = 0,1 mol/L
AGW: -  H315, H319, H410
        P273, P302+P352, P305+P351+P338

**Kaliumnitrat**
AGW: -  H272
        P210, P221

| Gefahren durch Einatmen: Nein | Brandgefahr: Nein | Sonstige Gefahren: Nein |
| Gefahren durch Hautkontakt: Ja | Explosionsgefahr: Nein | |

**Substitution möglich:** *Nein* (Vgl. Begründung auf Seite 4.)

**Ergebnis der Gefährdungsbeurteilung**
Folgende Schutzmaßnahmen sind zu beachten:

| Mindeststandards (TRGS 500) | Schutzbrille | Schutzhandschuhe | Abzug | geschlossenes System | Lüftungsmaßnahmen | Brandschutzmaßnahmen | Weitere Maßnahmen: keine |
|---|---|---|---|---|---|---|---|
| ☑ | ☑ | ☐ | ☐ | ☐ | ☐ | ☐ | ☐ |

Stand der Gefährdungsbeurteilung: September 2014

# Gefährdungsbeurteilung
*Galvanische Petrischale: Zink/Eisen*　　　　　　　　　　　　　　　　S. 68, V2-1

**Tätigkeitsbeschreibung**
a) In eine zweigeteilte Petrischale aus Kunststoff werden auf gegenüberliegenden Seiten ein Eisen- und ein Zinknagel durch vorsichtiges Erhitzen des Nagels so eingeschmolzen, dass die Nägel durch den Kunststoff fixiert werden.
b) In die Seite mit dem Zinknagel wird Zinksulfat-Lösung, $c$ = 0,1 mol/L, gegeben, in die andere Eisen(II)-sulfat-Lösung, $c$ = 0,1 mol/L. Es wird ein Voltmeter angeschlossen und anschließend ein Stück Bierdeckelfilz, das in der Mitte eingeschnitten wurde, auf den Trennsteg der Petrischale gesteckt. Die Spannung und der Bierdeckelfilz werden beobachtet.

**Tätigkeit mit Gefahrstoffen:** *Ja*

**Zink, Nagel; Eisen, Nagel**
　AGW: -

**Zinksulfat-Lösung**, $c$ = 0,1 mol/L
　AGW: -　　H319, H412
　　　　　　P273, P305+P351+P338　　　　　　　　　　　　　　　⚠ ACHTUNG

**Eisen(II)-sulfat-Lösung**, $c$ = 0,1 mol/L
　AGW: -　　H302, H319, H315
　　　　　　P302+P352, P305+P351+P338　　　　　　　　　　　　 ⚠ ACHTUNG

| Gefahren durch Einatmen: Nein | Brandgefahr: Nein | Sonstige Gefahren: Nein |
| Gefahren durch Hautkontakt: Ja | Explosionsgefahr: Nein | |

**Substitution möglich:** *Nein* (Vgl. Begründung auf Seite 4.)

## Ergebnis der Gefährdungsbeurteilung
Folgende Schutzmaßnahmen sind zu beachten:

| Mindest-standards (TRGS 500) | Schutzbrille | Schutz-handschuhe | Abzug | geschlossenes System | Lüftungs-maßnahmen | Brandschutz-maßnahmen | Weitere Maßnahmen: keine |
|---|---|---|---|---|---|---|---|
| ☑ | ☑ | ☐ | ☐ | ☐ | ☐ | ☐ | ☐ |

Stand der Gefährdungsbeurteilung: September 2014

## 86
# Gefährdungsbeurteilung
*Galvanische Petrischale: Zink/Kupfer*

S. 68, V2-2

**Tätigkeitsbeschreibung**
a) In eine zweigeteilte Petrischale aus Kunststoff werden auf gegenüberliegenden Seiten ein Kupfer- und ein Zinknagel durch vorsichtiges Erhitzen des Nagels so eingeschmolzen, dass die Nägel durch den Kunststoff fixiert werden.
b) In die Seite mit dem Zinknagel wird Zinksulfat-Lösung, $c = 0{,}1$ mol/L, gegeben, in die andere Kupfersulfat-Lösung, $c = 0{,}1$ mol/L. Es wird ein Voltmeter angeschlossen und anschließend ein Stück Bierdeckelfilz, das in der Mitte eingeschnitten wurde, auf den Trennsteg der Petrischale gesteckt. Die Spannung und der Bierdeckelfilz werden beobachtet.

**Tätigkeit mit Gefahrstoffen:** *Ja*

**Zink, Nagel; Kupfer, Nagel**
AGW: -

**Zinksulfat-Lösung**, $c = 0{,}1$ mol/L
AGW: -   H319, H412
P273, P305+P351+P338

ACHTUNG

**Kupfersulfat-Lösung**, $c = 0{,}1$ mol/L
AGW: -   H411
P273

| Gefahren durch Einatmen: *Nein* | Brandgefahr: *Nein* | Sonstige Gefahren: *Nein* |
| Gefahren durch Hautkontakt: *Nein* | Explosionsgefahr: *Nein* | |

**Substitution möglich:** *Nein* (Vgl. Begründung auf Seite 4.)

**Ergebnis der Gefährdungsbeurteilung**
Folgende Schutzmaßnahmen sind zu beachten:

| Mindest-standards (TRGS 500) | Schutzbrille | Schutz-handschuhe | Abzug | geschlossenes System | Lüftungs-maßnahmen | Brandschutz-maßnahmen | Weitere Maßnahmen: keine |
|---|---|---|---|---|---|---|---|
| ☑ | ☑ | ☐ | ☐ | ☐ | ☐ | ☐ | ☐ |

Stand der Gefährdungsbeurteilung: September 2014

# Gefährdungsbeurteilung
*Galvanische Petrischale: Zink/Silber*

S. 68, V2-3

### Tätigkeitsbeschreibung
a) In eine zweigeteilte Petrischale aus Kunststoff werden auf gegenüberliegenden Seiten ein Stück Silberdraht und ein Zinknagel durch vorsichtiges Erhitzen des Drahts bzw. Nagels so eingeschmolzen, dass Nagel und Draht durch den Kunststoff fixiert werden.
b) In die Seite mit dem Zinknagel wird Zinksulfat-Lösung, $c$ = 0,1 mol/L, gegeben, in die andere Silbernitrat-Lösung, $c$ = 0,1 mol/L. Es wird ein Voltmeter angeschlossen und anschließend ein Stück Bierdeckelfilz, das in der Mitte eingeschnitten wurde, auf den Trennsteg der Petrischale gesteckt. Die Spannung und der Bierdeckelfilz werden beobachtet.

**Tätigkeit mit Gefahrstoffen:** *Ja*

### Zink, Nagel; Silber, Draht
AGW: -

### Zinksulfat-Lösung, $c$ = 0,1 mol/L
AGW: -   H319, H412
         P273, P305+P351+P338

ACHTUNG

### Silbernitrat-Lösung, $c$ = 0,1 mol/L
AGW: -   H315, H319, H410
         P273, P302+P352, P305+P351+P338

ACHTUNG

| Gefahren durch Einatmen: **Nein** | Brandgefahr: **Nein** | Sonstige Gefahren: **Nein** |
|---|---|---|
| Gefahren durch Hautkontakt: **Ja** | Explosionsgefahr: **Nein** | |

**Substitution möglich:** *Nein* (Vgl. Begründung auf Seite 4.)

### Ergebnis der Gefährdungsbeurteilung
Folgende Schutzmaßnahmen sind zu beachten:

| Mindeststandards (TRGS 500) | Schutzbrille | Schutzhandschuhe | Abzug | geschlossenes System | Lüftungsmaßnahmen | Brandschutzmaßnahmen | Weitere Maßnahmen: keine |
|---|---|---|---|---|---|---|---|
| ✓ | ✓ | ☐ | ☐ | ☐ | ☐ | ☐ | ☐ |

Stand der Gefährdungsbeurteilung: September 2014

## 88
# Gefährdungsbeurteilung
*Galvanische Petrischale: Eisen/Kupfer*                                 S. 68, V2-4

**Tätigkeitsbeschreibung**

a) In eine zweigeteilte Petrischale aus Kunststoff werden auf gegenüberliegenden Seiten ein Kupfer- und ein Eisennagel durch vorsichtiges Erhitzen des Nagels so eingeschmolzen, dass die Nägel durch den Kunststoff fixiert werden.

b) In die Seite mit dem Eisennagel wird Eisen(II)-sulfat-Lösung, $c$ = 0,1 mol/L, gegeben, in die andere Kupfersulfat-Lösung, $c$ = 0,1 mol/L. Es wird ein Voltmeter angeschlossen und anschließend ein Stück Bierdeckelfilz, das in der Mitte eingeschnitten wurde, auf den Trennsteg der Petrischale gesteckt. Die Spannung und der Bierdeckelfilz werden beobachtet.

**Tätigkeit mit Gefahrstoffen:** *Ja*

**Eisen, Nagel; Kupfer, Nagel**
AGW: -

**Eisen(II)-sulfat-Lösung**, $c$ = 0,1 mol/L
AGW: -   H302, H319, H315
         P302+P352, P305+P351+P338                                      ACHTUNG

**Kupfersulfat-Lösung**, $c$ = 0,1 mol/L
AGW: -   H411
         P273

| Gefahren durch Einatmen: Nein<br>Gefahren durch Hautkontakt: Ja | Brandgefahr: Nein<br>Explosionsgefahr: Nein | Sonstige Gefahren: Nein |
|---|---|---|

**Substitution möglich:** *Nein* (Vgl. Begründung auf Seite 4.)

**Ergebnis der Gefährdungsbeurteilung**
Folgende Schutzmaßnahmen sind zu beachten:

| Mindeststandards (TRGS 500) | Schutzbrille | Schutzhandschuhe | Abzug | geschlossenes System | Lüftungsmaßnahmen | Brandschutzmaßnahmen | Weitere Maßnahmen: keine |
|---|---|---|---|---|---|---|---|
| ☑ | ☑ | ☐ | ☐ | ☐ | ☐ | ☐ | ☐ |

Stand der Gefährdungsbeurteilung: September 2014

# Gefährdungsbeurteilung
*Galvanische Petrischale: Eisen/Silber*                              S. 68, V2-5

### Tätigkeitsbeschreibung
a) In eine zweigeteilte Petrischale aus Kunststoff werden auf gegenüberliegenden Seiten ein Stück Silberdraht und ein Eisennagel durch vorsichtiges Erhitzen des Drahts bzw. Nagels so eingeschmolzen, dass Nagel und Draht durch den Kunststoff fixiert werden.
b) In die Seite mit dem Eisennagel wird Eisen(II)-sulfat-Lösung, $c$ = 0,1 mol/L, gegeben, in die andere Silbernitrat-Lösung, $c$ = 0,1 mol/L. Es wird ein Voltmeter angeschlossen und anschließend ein Stück Bierdeckelfilz, das in der Mitte eingeschnitten wurde, auf den Trennsteg der Petrischale gesteckt. Die Spannung und der Bierdeckelfilz werden beobachtet.

**Tätigkeit mit Gefahrstoffen:** *Ja*

### Zink, Nagel; Silber, Draht
AGW: -

### Eisen(II)-sulfat-Lösung, $c$ = 0,1 mol/L
AGW: -   H302, H319, H315
         P302+P352, P305+P351+P338      ACHTUNG

### Silbernitrat-Lösung, $c$ = 0,1 mol/L
AGW: -   H315, H319, H410
         P273, P302+P352, P305+P351+P338    ACHTUNG

| Gefahren durch Einatmen: Nein  | Brandgefahr: Nein        | Sonstige Gefahren: Nein |
| Gefahren durch Hautkontakt: Ja | Explosionsgefahr: Nein   |                         |

**Substitution möglich:** *Nein* (Vgl. Begründung auf Seite 4.)

### Ergebnis der Gefährdungsbeurteilung
Folgende Schutzmaßnahmen sind zu beachten:

| Mindeststandards (TRGS 500) | Schutzbrille | Schutzhandschuhe | Abzug | geschlossenes System | Lüftungsmaßnahmen | Brandschutzmaßnahmen | Weitere Maßnahmen: keine |
|---|---|---|---|---|---|---|---|
| ☑ | ☑ | ☐ | ☐ | ☐ | ☐ | ☐ | ☐ |

Stand der Gefährdungsbeurteilung: September 2014

# 90
## Gefährdungsbeurteilung
*Galvanische Petrischale: Kupfer/Silber*　　　　　　　　　　　　　　S. 68, V2-6

**Tätigkeitsbeschreibung**

a) In eine zweigeteilte Petrischale aus Kunststoff werden auf gegenüberliegenden Seiten ein Stück Silberdraht und ein Kupfernagel durch vorsichtiges Erhitzen des Drahts bzw. Nagels so eingeschmolzen, dass Nagel und Draht durch den Kunststoff fixiert werden.

b) In die Seite mit dem Kupfernagel wird Kupfersulfat-Lösung, $c = 0,1$ mol/L, gegeben, in die andere Silbernitrat-Lösung, $c = 0,1$ mol/L. Es wird ein Voltmeter angeschlossen und anschließend ein Stück Bierdeckelfilz, das in der Mitte eingeschnitten wurde, auf den Trennsteg der Petrischale gesteckt. Die Spannung und der Bierdeckelfilz werden beobachtet.

**Tätigkeit mit Gefahrstoffen:** *Ja*

**Zink, Nagel; Silber, Draht**
　　AGW: -

**Kupfersulfat-Lösung**, $c = 0,1$ mol/L
　　AGW: -　　　　H411
　　　　　　　　　P273

**Silbernitrat-Lösung**, $c = 0,1$ mol/L
　　AGW: -　　　　H315, H319, H410
　　　　　　　　　P273, P302+P352, P305+P351+P338　　　　　　　　　　　ACHTUNG

| Gefahren durch Einatmen: Nein | Brandgefahr: Nein | Sonstige Gefahren: Nein |
| Gefahren durch Hautkontakt: Ja | Explosionsgefahr: Nein | |

**Substitution möglich:** *Nein* (Vgl. Begründung auf Seite 4.)

**Ergebnis der Gefährdungsbeurteilung**
Folgende Schutzmaßnahmen sind zu beachten:

| Mindest-standards (TRGS 500) | Schutzbrille | Schutz-handschuhe | Abzug | geschlossenes System | Lüftungs-maßnahmen | Brandschutz-maßnahmen | Weitere Maßnahmen: keine |
|---|---|---|---|---|---|---|---|
| ☑ | ☑ | ☐ | ☐ | ☐ | ☐ | ☐ | ☐ |

Stand der Gefährdungsbeurteilung: September 2014

# Gefährdungsbeurteilung
*Ermittlung des Redoxpotenzials von Blei*

S. 68, LV3 — Lehrerversuch

## Tätigkeitsbeschreibung
Am Rand einer zweigeteilten Petrischale aus Kunststoff werden auf gegenüberliegenden Seiten ein Stück Kupferblech und ein Stück Bleiblech durch Umbiegen fixiert.
In die Seite mit dem Kupferblech wird Kupfersulfat-Lösung, $c$ = 0,1 mol/L, gegeben, in die andere Blei(II)-nitrat-Lösung, $c$ = 0,1 mol/L. Es wird ein Voltmeter angeschlossen und anschließend ein Stück Bierdeckelfilz, das in der Mitte eingeschnitten wurde, auf den Trennsteg der Petrischale gesteckt. Die Spannung und der Bierdeckelfilz werden beobachtet.

**Tätigkeit mit Gefahrstoffen:** *Ja*

### Kupfer, Blech
AGW: -

### Kupfersulfat-Lösung, $c$ = 0,1 mol/L
AGW: -  H411
P273

### Blei, Blech
AGW: -  H360Df, H302+H332, H373, H410
P201, P273, P308+P313, P314

GEFAHR

### Blei(II)-nitrat-Lösung, $c$ = 0,1 mol/L
AGW: -  H360Df, H272, H302+H332,
H318, H373, H410
P201, P210, P221, P273, P280,
P305+P351+P338, P308+P313

GEFAHR

| Gefahren durch Einatmen: Ja | Brandgefahr: Nein | Sonstige Gefahren: Nein |
|---|---|---|
| Gefahren durch Hautkontakt: Ja | Explosionsgefahr: Nein | |

**Substitution möglich:** *Nein*

Die experimentelle Ermittlung des Redoxpotenzials von Blei ist nur bei Verwendung von Bleiblechen und bleihaltigen Lösungen möglich. Eine typische Alltagserfahrung, die diesen Versuch für den Schuleinsatz rechtfertigt, ist der noch immer vorherrschende Einsatz von Bleiakkumulatoren in Automobilen.

### Ergebnis der Gefährdungsbeurteilung
Folgende Schutzmaßnahmen sind zu beachten:

| Mindeststandards (TRGS 500) | Schutzbrille | Schutzhandschuhe | Abzug | geschlossenes System | Lüftungsmaßnahmen | Brandschutzmaßnahmen | Weitere Maßnahmen: keine |
|---|---|---|---|---|---|---|---|
| | ✓ | ✓ | ☐ | ✓ | ☐ | ☐ | ☐ | ☐ |

Stand der Gefährdungsbeurteilung: September 2014

# Gefährdungsbeurteilung
*Reaktion von Zink mit Salzsäure*

S. 70, V1-1

**Tätigkeitsbeschreibung**
Einige Zinkstücke werden in einem Reagenzglas in halbkonzentrierte Salzsäure gegeben. Das Reagenzglas wird mit einem durchbohrten Gummistopfen verschlossen, in dem ein Glasrohr steckt. Mit einem zweiten umgestülpten Reagenzglas wird das entstehende Gas aufgefangen und die Knallgasprobe durchgeführt.

**Tätigkeit mit Gefahrstoffen:** *Ja*

**Zink**; Edukt
  AGW: -

**Salzsäure**, $c$ = 6 mol/L; Edukt
  AGW: -   H290, H315, H319, H335
           P302+P352, P305+P351+P338                    ACHTUNG

**Zinkchlorid-Lösung**; Produkt
  AGW: -   H302, H314, H410
           P273, P280, P301+P330+P331,
           P305+P351+P338, P309+P310                    GEFAHR

**Wasserstoff**; Produkt/Edukt
  AGW: -   H220
           P210, P377, P381, P403                       GEFAHR

**Wasser**; Produkt
  AGW: -

| Gefahren durch Einatmen: Nein | Brandgefahr: Ja | Sonstige Gefahren: Nein |
| Gefahren durch Hautkontakt: Ja | Explosionsgefahr: Nein | |

**Substitution möglich:** *Nein* (Vgl. Begründung auf Seite 4.)

**Ergebnis der Gefährdungsbeurteilung**
Folgende Schutzmaßnahmen sind zu beachten:

| Mindeststandards (TRGS 500) | Schutzbrille | Schutzhandschuhe | Abzug | geschlossenes System | Lüftungsmaßnahmen | Brandschutzmaßnahmen | Weitere Maßnahmen: keine |
|---|---|---|---|---|---|---|---|
| ☑ | ☑ | ☐ | ☐ | ☐ | ☐ | ☑ | ☐ |

Stand der Gefährdungsbeurteilung: September 2014

# Gefährdungsbeurteilung
*Reaktion von Eisen mit Salzsäure*                                S. 70, V1-2

### Tätigkeitsbeschreibung
Einige Eisenstücke werden in einem Reagenzglas in halbkonzentrierte Salzsäure gegeben. Das Reagenzglas wird mit einem durchbohrten Gummistopfen verschlossen, in dem ein Glasrohr steckt. Mit einem zweiten umgestülpten Reagenzglas wird das entstehende Gas aufgefangen und die Knallgasprobe durchgeführt.

### Tätigkeit mit Gefahrstoffen: *Ja*

**Eisen**; Edukt
    AGW: -

**Salzsäure**, *c* = 6 mol/L; Edukt
    AGW: -    H290, H315, H319, H335
                P302+P352, P305+P351+P338
                ACHTUNG

**Eisen(II)-chlorid-Lösung**; Produkt
    AGW: -    H302, H315, H318
                P280, P302+P352, P305+P351+P338
                GEFAHR

**Wasserstoff**; Produkt/Edukt
    AGW: -    H220
                P210, P377, P381, P403
                GEFAHR

**Wasser**; Produkt
    AGW: -

| Gefahren durch Einatmen: **Nein** | Brandgefahr: **Ja** | Sonstige Gefahren: **Nein** |
|---|---|---|
| Gefahren durch Hautkontakt: **Ja** | Explosionsgefahr: **Nein** | |

**Substitution möglich:** *Nein* (Vgl. Begründung auf Seite 4.)

### Ergebnis der Gefährdungsbeurteilung
Folgende Schutzmaßnahmen sind zu beachten:

| Mindeststandards (TRGS 500) | Schutzbrille | Schutzhandschuhe | Abzug | geschlossenes System | Lüftungsmaßnahmen | Brandschutzmaßnahmen | Weitere Maßnahmen: keine |
|---|---|---|---|---|---|---|---|
| | ☑ | ☑ | ☐ | ☐ | ☐ | ☐ | ☑ | ☐ |

Stand der Gefährdungsbeurteilung: September 2014

# Gefährdungsbeurteilung
*Kupfer in Salzsäure*

S. 70, V1-3

**Tätigkeitsbeschreibung**
Einige Kupferstücke werden in einem Reagenzglas in halbkonzentrierte Salzsäure gegeben. Das Reagenzglas wird mit einem durchbohrten Gummistopfen verschlossen, in dem ein Glasrohr steckt. Mit einem zweiten umgestülpten Reagenzglas wird über das Glasrohr gestülpt.

**Tätigkeit mit Gefahrstoffen:** *Ja*

**Kupfer**
AGW: -

**Salzsäure**, $c$ = 6 mol/L
AGW: -     H290, H315, H319, H335
           P302+P352, P305+P351+P338

ACHTUNG

| Gefahren durch Einatmen: Nein | Brandgefahr: Nein | Sonstige Gefahren: Nein |
| Gefahren durch Hautkontakt: Ja | Explosionsgefahr: Nein | |

**Substitution möglich:** *Nein* (Vgl. Begründung auf Seite 4.)

**Ergebnis der Gefährdungsbeurteilung**
Folgende Schutzmaßnahmen sind zu beachten:

| Mindeststandards (TRGS 500) | Schutzbrille | Schutzhandschuhe | Abzug | geschlossenes System | Lüftungsmaßnahmen | Brandschutzmaßnahmen | Weitere Maßnahmen: keine |
|---|---|---|---|---|---|---|---|
| ✓ | ✓ | ☐ | ☐ | ☐ | ☐ | ✓ | ☐ |

Stand der Gefährdungsbeurteilung: September 2014

# Gefährdungsbeurteilung
*Silber in Salzsäure*

S. 70, V1-4

**Tätigkeitsbeschreibung**
Einige Silberstücke werden in einem Reagenzglas in halbkonzentrierte Salzsäure gegeben. Das Reagenzglas wird mit einem durchbohrten Gummistopfen verschlossen, in dem ein Glasrohr steckt. Mit einem zweiten umgestülpten Reagenzglas wird über das Glasrohr gestülpt.

**Tätigkeit mit Gefahrstoffen:** *Ja*

**Silber**
AGW: -

**Salzsäure**, c = 6 mol/L
AGW: -    H290, H315, H319, H335
          P302+P352, P305+P351+P338

ACHTUNG

| Gefahren durch Einatmen: *Nein* | Brandgefahr: *Nein* | Sonstige Gefahren: *Nein* |
| Gefahren durch Hautkontakt: *Ja* | Explosionsgefahr: *Nein* | |

**Substitution möglich:** *Nein* (Vgl. Begründung auf Seite 4.)

**Ergebnis der Gefährdungsbeurteilung**
Folgende Schutzmaßnahmen sind zu beachten:

| Mindeststandards (TRGS 500) | Schutzbrille | Schutzhandschuhe | Abzug | geschlossenes System | Lüftungsmaßnahmen | Brandschutzmaßnahmen | Weitere Maßnahmen: keine |
|---|---|---|---|---|---|---|---|
| ☑ | ☑ | ☐ | ☐ | ☐ | ☐ | ☑ | ☐ |

Stand der Gefährdungsbeurteilung: September 2014

# Gefährdungsbeurteilung
*Standardelektrodenpotenzial von Zink*

S. 70, V2-1

**Tätigkeitsbeschreibung**
Ein Zinkblech wird in eine Zinksulfat-Lösung, $c$ = 1 mol/L, getaucht, in einem zweiten Becherglas wird eine Platin-Elektrode in Salzsäure, $c$ = 1 mol/L, getaucht. Die Bechergläser werden über eine mit Kaliumnitrat-Lösung gefüllte Elektrolytbrücke verbunden. Die Platin-Elektrode wird vorsichtig über ein gewinkeltes Glasrohr mit Wasserstoff umspült. Die Spannung wird mit einem Voltmeter gemessen.

**Tätigkeit mit Gefahrstoffen:** *Ja*

**Zink, Platin**
AGW: -

**Zinksulfat-Lösung**, $c$ = 1 mol/L
AGW: -  H302, H318, H410
P280, P273, P305+P351+P338 — GEFAHR

**Salzsäure**, $c$ = 1 mol/L
AGW: -  H290 — ACHTUNG

**Kaliumnitrat-Lösung**
AGW: -  H272
P220 — ACHTUNG

**Wasserstoff**
AGW: -  H220, H280
P210, P377, P381, P403 — GEFAHR

| | |
|---|---|
| Gefahren durch Einatmen: **Nein** | Brandgefahr: **Ja** |
| Gefahren durch Hautkontakt: **Nein** | Explosionsgefahr: **Nein** |

Sonstige Gefahren: **Nein**

**Substitution möglich:** *Nein* (Vgl. Begründung auf Seite 4.)

**Ergebnis der Gefährdungsbeurteilung**
Folgende Schutzmaßnahmen sind zu beachten:

| Mindeststandards (TRGS 500) | Schutzbrille | Schutzhandschuhe | Abzug | geschlossenes System | Lüftungsmaßnahmen | Brandschutzmaßnahmen |
|---|---|---|---|---|---|---|
| ✓ | ✓ | ☐ | ☐ | ☐ | ☐ | ✓ |

**Weitere Maßnahmen:** keine ☐

Stand der Gefährdungsbeurteilung: September 2014

# Gefährdungsbeurteilung
*Standardelektrodenpotenzial von Kupfer*  S. 70, V2-2

**Tätigkeitsbeschreibung**
Ein Kupferblech wird in eine Kupfersulfat-Lösung, $c$ = 1 mol/L, getaucht, in einem zweiten Becherglas wird eine Platin-Elektrode in Salzsäure, $c$ = 1 mol/L, getaucht. Die Bechergläser werden über eine mit Kaliumnitrat-Lösung gefüllte Elektrolytbrücke verbunden. Die Platin-Elektrode wird vorsichtig über ein gewinkeltes Glasrohr mit Wasserstoff umspült. Die Spannung wird mit einem Voltmeter gemessen.

**Tätigkeit mit Gefahrstoffen:** *Ja*

**Kupfer, Platin**
AGW: -

**Kupfersulfat-Lösung**, $c$ = 1 mol/L
AGW: -  H302, H319, H315, H410
P273, P305+P351+P338, P302+P352
ACHTUNG

**Salzsäure**, $c$ = 1 mol/L
AGW: -  H290
ACHTUNG

**Kaliumnitrat-Lösung**
AGW: -  H272
P220
ACHTUNG

**Wasserstoff**
AGW: -  H220, H280
P210, P377, P381, P403
GEFAHR

| Gefahren durch Einatmen: Nein | Brandgefahr: Ja | Sonstige Gefahren: Nein |
|---|---|---|
| Gefahren durch Hautkontakt: Ja | Explosionsgefahr: Nein | |

**Substitution möglich:** *Nein* (Vgl. Begründung auf Seite 4.)

**Ergebnis der Gefährdungsbeurteilung**
Folgende Schutzmaßnahmen sind zu beachten:

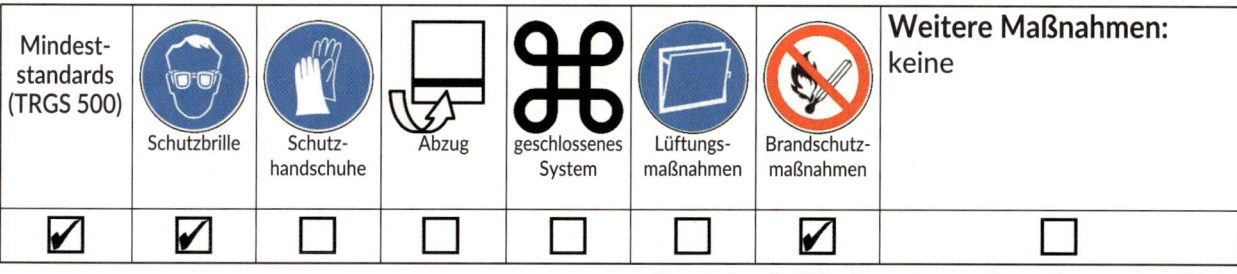

| Mindeststandards (TRGS 500) | Schutzbrille | Schutzhandschuhe | Abzug | geschlossenes System | Lüftungsmaßnahmen | Brandschutzmaßnahmen | Weitere Maßnahmen: keine |
|---|---|---|---|---|---|---|---|
| ☑ | ☑ | ☐ | ☐ | ☐ | ☐ | ☑ | ☐ |

Stand der Gefährdungsbeurteilung: September 2014

## Gefährdungsbeurteilung

*Standardelektrodenpotenzial in der Petrischale: Präparation und Elektrolyse*  S. 70, V3-1

**Tätigkeitsbeschreibung**
In eine zweigeteilte Petrischale wird Schwefelsäure-Lösung, $c = 1$ mol/L, gegeben. In eine Seite wird eine Graphit-Elektrode gesteckt, in die andere eine Platin-Elektrode (bzw. Rasierscherfolie als Platin-Elektroden-Ersatz). Die Platin-Elektrode wird mit dem Minus- der Graphit-Elektrode mit dem Pluspol einer Spannungsquelle verbunden. Es wird ca. 1 Minute lang bei 5 V elektrolysiert.

**Tätigkeit mit Gefahrstoffen:** *Ja*

**Graphit, Stab; Platin** bzw. **Rasierscherfolie**
    AGW: -

**Schwefelsäure-Lösung**, $c = 1$ mol/L
    AGW: -    H290, H314
              P280, P301+P330+P331,
              P305+P351+P338, P308+P310                                    GEFAHR

**Sauerstoff**; Produkt
    AGW: -    H270
              P244, P220, P370+P376, P403                                  GEFAHR

**Wasserstoff**; Produkt
    AGW: -    H220
              P210, P377, P381, P403                                       GEFAHR

| Gefahren durch Einatmen: Nein  | Brandgefahr: Ja            | Sonstige Gefahren: Nein |
| Gefahren durch Hautkontakt: Ja | Explosionsgefahr: Nein     |                         |

**Substitution möglich:** *Nein* (Vgl. Begründung auf Seite 4.)

### Ergebnis der Gefährdungsbeurteilung
Folgende Schutzmaßnahmen sind zu beachten:

| Mindeststandards (TRGS 500) | Schutzbrille | Schutzhandschuhe | Abzug | geschlossenes System | Lüftungsmaßnahmen | Brandschutzmaßnahmen | Weitere Maßnahmen: keine |
|---|---|---|---|---|---|---|---|
| ☑ | ☑ | ☐ | ☐ | ☐ | ☐ | ☑ | ☐ |

Stand der Gefährdungsbeurteilung: September 2014

# Gefährdungsbeurteilung
*Standardelektrodenpotenzial in der Petrischale: Messungen*     S. 70, V3-2

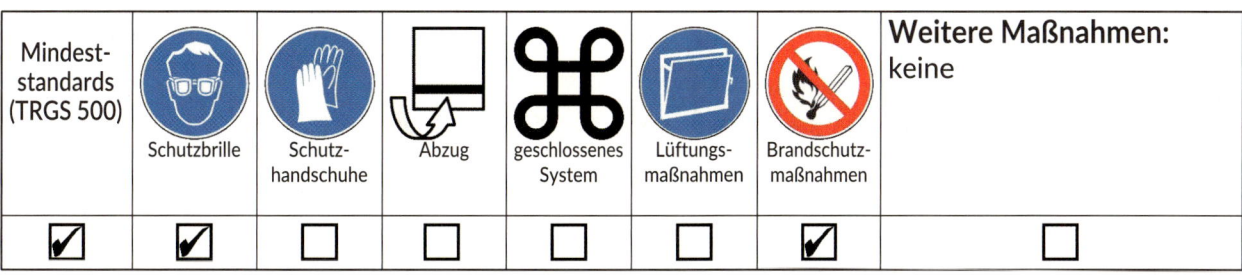

### Tätigkeitsbeschreibung
Eine zweigeteilte Petrischale wird auf einer Seite mit Zinksulfat-Lösung, $c$ = 1 mol/L, gefüllt und ein Zinknagel eingetaucht. In die zweite Seite wird Kupfersulfat-Lösung, $c$ = 1 mol/L, gefüllt und ein Kupfernagel eingetaucht. Die Kupfer-Halbzelle wird so nah an die vorbereitete Petrischale aus Teil 1 gestellt, dass ein Bierdeckelfilz über den Rand gestülpt werden kann. Die Spannung wird gemessen und der Vorgang mit der Zink-Halbzelle wiederholt.

**Tätigkeit mit Gefahrstoffen:** *Ja*

### Zink, Kupfer; Platin bzw. Rasierscherfolie
AGW: -

### Zinksulfat-Lösung, $c$ = 1 mol/L
AGW: -
H302, H318, H410
P280, P273, P305+P351+P338    **GEFAHR**

### Kupfersulfat-Lösung, $c$ = 1 mol/L
AGW: -
H302, H319, H315, H410
P273, P305+P351+P338, P302+P352    **ACHTUNG**

### Schwefelsäure-Lösung, $c$ = 1 mol/L
AGW: -
H290, H314
P280, P301+P330+P331,
P305+P351+P338, P308+P310    **GEFAHR**

### Wasserstoff; Edukt
AGW: -
H220
P210, P377, P381, P403    **GEFAHR**

| Gefahren durch Einatmen: Nein | Brandgefahr: Ja | Sonstige Gefahren: Nein |
|---|---|---|
| Gefahren durch Hautkontakt: Ja | Explosionsgefahr: Nein | |

**Substitution möglich:** *Nein* (Vgl. Begründung auf Seite 4.)

### Ergebnis der Gefährdungsbeurteilung
Folgende Schutzmaßnahmen sind zu beachten:

| Mindeststandards (TRGS 500) | Schutzbrille | Schutzhandschuhe | Abzug | geschlossenes System | Lüftungsmaßnahmen | Brandschutzmaßnahmen | Weitere Maßnahmen: keine |
|---|---|---|---|---|---|---|---|
| ☑ | ☑ | ☐ | ☐ | ☐ | ☐ | ☑ | ☐ |

Stand der Gefährdungsbeurteilung: September 2014

## 100
# Gefährdungsbeurteilung
*Redoxpaare der Halogene: Kaliumchlorid und Brom*     S. 72, V1a

**Tätigkeitsbeschreibung**
In einem Reagenzglas wird zu 5 mL verdünnter, wässriger Lösung von Kaliumchlorid etwa 1 mL Bromwasser gegeben. Anschließend werden 2 bis 3 mL Heptan hinzugegeben, es wird vorsichtig geschüttelt und beobachtet.

**Tätigkeit mit Gefahrstoffen:** *Ja*

### Kaliumchlorid
AGW: -

### Bromwasser, *w* < 5%
AGW: 0,7 mg/m³     H330, H314, H400
P210, P273, P304+P340,
P305+P351+P338, P309+P310,
P403+P233

GEFAHR

### n-Heptan
AGW: 2100 mg/m³     H225, H304, H315, H336, H410
P210, P273, P301+P310, P331,
P302+P352, P403+P235

GEFAHR

| Gefahren durch Einatmen: *Ja* | Brandgefahr: *Ja* | Sonstige Gefahren: *Nein* |
| Gefahren durch Hautkontakt: *Ja* | Explosionsgefahr: *Nein* | |

**Substitution möglich:** *Nein* (Vgl. Begründung auf Seite 4.)

### Ergebnis der Gefährdungsbeurteilung
Folgende Schutzmaßnahmen sind zu beachten:

| Mindeststandards (TRGS 500) | Schutzbrille | Schutzhandschuhe | Abzug | geschlossenes System | Lüftungsmaßnahmen | Brandschutzmaßnahmen | Weitere Maßnahmen: keine |
|---|---|---|---|---|---|---|---|
| ☑ | ☑ | ☐ | ☐ | ☐ | ☑ | ☑ | ☐ |

Stand der Gefährdungsbeurteilung: September 2014

# Gefährdungsbeurteilung
*Redoxpaare der Halogene: Kaliumbromid und Chlor*  S. 72, V1b

**Tätigkeitsbeschreibung**
In einem Reagenzglas wird zu 5 mL verdünnter, wässriger Lösung von Kaliumbromid etwa 1 mL Chlorwasser gegeben. Anschließend werden 2 bis 3 mL Heptan hinzugegeben, es wird vorsichtig geschüttelt und beobachtet.

**Tätigkeit mit Gefahrstoffen:** *Ja*

**Kaliumbromid**; Edukt

| AGW: - | H315, H319, H335 | ACHTUNG |
| --- | --- | --- |
| | P261, P305+P351+P338 | |

**Chlorwasser**, w < 5%; Edukt

| AGW: 1,5 mg/m³ | H330, H314, H400 | GEFAHR |
| --- | --- | --- |
| | P210, P273, P304+P340, P305+P351+P338, P309+P310, P403+P233 | |

**Kaliumchlorid**; Produkt

| AGW: - | | |
| --- | --- | --- |

**n-Heptan, n-Heptan mit Brom**, w < 5%; Produkt

| AGW: 2100 mg/m³ | H225, H304, H315, H336, H410 | GEFAHR |
| --- | --- | --- |
| | P210, P273, P301+P310, P331, P302+P352, P403+P235 | |

| Gefahren durch Einatmen: *Ja*<br>Gefahren durch Hautkontakt: *Ja* | Brandgefahr: *Ja*<br>Explosionsgefahr: *Nein* | Sonstige Gefahren: *Nein* |
| --- | --- | --- |

**Substitution möglich:** *Nein* (Vgl. Begründung auf Seite 4.)

## Ergebnis der Gefährdungsbeurteilung
Folgende Schutzmaßnahmen sind zu beachten:

| Mindeststandards (TRGS 500) | Schutzbrille | Schutzhandschuhe | Abzug | geschlossenes System | Lüftungsmaßnahmen | Brandschutzmaßnahmen | Weitere Maßnahmen: keine |
| --- | --- | --- | --- | --- | --- | --- | --- |
| ☑ | ☑ | ☐ | ☐ | ☐ | ☑ | ☑ | ☐ |

Stand der Gefährdungsbeurteilung: September 2014

## 102
# Gefährdungsbeurteilung
*Redoxpaare der Halogene: Kaliumiodid und Chlor*     S. 72, V1c

**Tätigkeitsbeschreibung**
In einem Reagenzglas wird zu 5 mL verdünnter, wässriger Lösung von Kaliumiodid etwa 1 mL Chlorwasser gegeben. Anschließend werden 2 bis 3 mL Heptan hinzugegeben, es wird vorsichtig geschüttelt und beobachtet.

**Tätigkeit mit Gefahrstoffen:** *Ja*

**Kaliumiodid**; Edukt
   AGW: -

**Chlorwasser**, *w* < 5%; Edukt
   AGW: 1,5 mg/m³    H330, H314, H400
                         P210, P273, P304+P340,
                         P305+P351+P338, P309+P310,
                         P403+P233      GEFAHR

**Kaliumchlorid**; Produkt
   AGW: -

**n-Heptan, n-Heptan mit Iod**, *w* < 5%; Produkt
   AGW: 2100 mg/m³    H225, H304, H315, H336, H410
                          P210, P273, P301+P310, P331,
                          P302+P352, P403+P235      GEFAHR

| Gefahren durch Einatmen: *Ja*<br>Gefahren durch Hautkontakt: *Ja* | Brandgefahr: *Ja*<br>Explosionsgefahr: *Nein* | Sonstige Gefahren: *Nein* |
|---|---|---|

**Substitution möglich:** *Nein* (Vgl. Begründung auf Seite 4.)

**Ergebnis der Gefährdungsbeurteilung**
Folgende Schutzmaßnahmen sind zu beachten:

| Mindest-standards (TRGS 500) | Schutzbrille | Schutz-handschuhe | Abzug | geschlossenes System | Lüftungs-maßnahmen | Brandschutz-maßnahmen | Weitere Maßnahmen: keine |
|---|---|---|---|---|---|---|---|
| ☑ | ☑ | ☐ | ☐ | ☐ | ☑ | ☑ | ☐ |

Stand der Gefährdungsbeurteilung: September 2014

# Gefährdungsbeurteilung
*Redoxpaare der Halogene: Kaliumiodid und Brom*  S. 72, V1d

**Tätigkeitsbeschreibung**
In einem Reagenzglas wird zu 5 mL verdünnter, wässriger Lösung von Kaliumiodid etwa 1 mL Bromwasser gegeben. Anschließend werden 2 bis 3 mL Heptan hinzugegeben, es wird vorsichtig geschüttelt und beobachtet.

**Tätigkeit mit Gefahrstoffen:** *Ja*

**Kaliumiodid**; Edukt

AGW: -

**Bromwasser**, $w < 5\%$

AGW: 0,7 mg/m³  H330, H314, H400
P210, P273, P304+P340,
P305+P351+P338, P309+P310,
P403+P233

GEFAHR

**Kaliumbromid**; Produkt

AGW: -  H315, H319, H335
P261, P305+P351+P338

ACHTUNG

**n-Heptan, n-Heptan mit Iod**, $w < 5\%$; Produkt

AGW: 2100 mg/m³  H225, H304, H315, H336, H410
P210, P273, P301+P310, P331,
P302+P352, P403+P235

GEFAHR

| Gefahren durch Einatmen: Ja | Brandgefahr: Ja | Sonstige Gefahren: Nein |
| Gefahren durch Hautkontakt: Ja | Explosionsgefahr: Nein | |

**Substitution möglich:** *Nein* (Vgl. Begründung auf Seite 4.)

## Ergebnis der Gefährdungsbeurteilung
Folgende Schutzmaßnahmen sind zu beachten:

| Mindeststandards (TRGS 500) | Schutzbrille | Schutzhandschuhe | Abzug | geschlossenes System | Lüftungsmaßnahmen | Brandschutzmaßnahmen | Weitere Maßnahmen: keine |
|---|---|---|---|---|---|---|---|
| ✓ | ✓ | ☐ | ☐ | ☐ | ✓ | ✓ | ☐ |

Stand der Gefährdungsbeurteilung: September 2014

# Gefährdungsbeurteilung
*Standardelektrodenpotenzial von Chlor* — S. 72, V2

**Tätigkeitsbeschreibung**
In ein U-Rohr wird Salzsäure, $c$ = 1 mol/L, gefüllt. Eine Seite wird mit einer Graphit-Elektrode versehen, die andere mit einer Platin-Elektrode. Die Platin-Elektrode wird mit dem Minus-, die Graphit-Elektrode mit dem Pluspol einer Spannungsquelle verbunden. Es wird etwa eine Minute lang bei 5 V elektrolysiert, anschließend wird ein Voltmeter angeschlossen und die Spannung gemessen.

**Tätigkeit mit Gefahrstoffen:** *Ja*

**Graphit, Platin** bzw. **Rasierscherfolie**
AGW: -

**Salzsäure**, $c$ = 1 mol/L; Edukt/Produkt
AGW: -
H290, H314
P280, P301+P330+P331,
P305+P351+P338, P308+P310
GEFAHR

**Chlor**; Produkt/Edukt
AGW: 1,5 mg/m³
H330, H314, H400
P210, P273, P304+P340,
P305+P351+P338, P309+P310,
P403+P233
GEFAHR

**Wasserstoff**; Produkt/Edukt
AGW: -
H220
P210, P377, P381, P403
GEFAHR

| Gefahren durch Einatmen: Ja | Brandgefahr: Ja | Sonstige Gefahren: Nein |
| Gefahren durch Hautkontakt: Ja | Explosionsgefahr: Nein | |

**Substitution möglich:** *Nein* (Vgl. Begründung auf Seite 4.)

**Ergebnis der Gefährdungsbeurteilung**
Folgende Schutzmaßnahmen sind zu beachten:

| Mindeststandards (TRGS 500) | Schutzbrille | Schutzhandschuhe | Abzug | geschlossenes System | Lüftungsmaßnahmen | Brandschutzmaßnahmen | Weitere Maßnahmen: keine |
|---|---|---|---|---|---|---|---|
| ☑ | ☑ | ☐ | ☑ | ☐ | ☐ | ☑ | ☐ |

Stand der Gefährdungsbeurteilung: September 2014

# Gefährdungsbeurteilung
*Standardelektrodenpotenzial von Chlor in der Petrischale*   S. 72, V3a

### Tätigkeitsbeschreibung
In eine zweigeteilte Petrischale wird Salzsäure, $c = 1$ mol/L, gefüllt. Eine Seite wird mit einer Graphit-Elektrode versehen, die andere mit einer Platin-Elektrode. Die Platin-Elektrode wird mit dem Minus-, die Graphit-Elektrode mit dem Pluspol einer Spannungsquelle verbunden. Es wird etwa eine Minute lang bei 5 V elektrolysiert, anschließend wird ein Voltmeter angeschlossen und die Spannung gemessen.

**Tätigkeit mit Gefahrstoffen:** *Ja*

### Graphit, Platin bzw. Rasierscherfolie
AGW: -

### Salzsäure, $c = 1$ mol/L; Edukt/Produkt
AGW: -   H290, H314
P280, P301+P330+P331,
P305+P351+P338, P308+P310   **GEFAHR**

### Chlor; Produkt/Edukt
AGW: 1,5 mg/m³   H330, H314, H400
P210, P273, P304+P340,
P305+P351+P338, P309+P310,
P403+P233   **GEFAHR**

### Wasserstoff; Produkt/Edukt
AGW: -   H220
P210, P377, P381, P403   **GEFAHR**

| | |
|---|---|
| Gefahren durch Einatmen: *Ja* | Brandgefahr: *Ja* |
| Gefahren durch Hautkontakt: *Ja* | Explosionsgefahr: *Nein* |

Sonstige Gefahren: *Nein*

**Substitution möglich:** *Nein* (Vgl. Begründung auf Seite 4.)

### Ergebnis der Gefährdungsbeurteilung
Folgende Schutzmaßnahmen sind zu beachten:

| Mindeststandards (TRGS 500) | Schutzbrille | Schutzhandschuhe | Abzug | geschlossenes System | Lüftungsmaßnahmen | Brandschutzmaßnahmen | Weitere Maßnahmen: keine |
|---|---|---|---|---|---|---|---|
| ✓ | ✓ | ☐ | ☐ | ☐ | ✓ | ✓ | ☐ |

Stand der Gefährdungsbeurteilung: September 2014

# Gefährdungsbeurteilung
*Standardelektrodenpotenzial von Brom in der Petrischale*  S. 72, V3b

**Tätigkeitsbeschreibung**
Bei der zweigeteilten Petrischale aus Versuchsteil a wird mit einer Pipette oder einer Wasserstrahlpumpe die Salzsäure aus der Halbzelle mit der Graphit-Elektrode entfernt und Kaliumbromid-Lösung, $c = 1$ mol/L, eingefüllt. Es wird ein Voltmeter angeschlossen und die Spannung gemessen.

**Tätigkeit mit Gefahrstoffen:** *Ja*

**Graphit, Platin** bzw. **Rasierscherfolie**
  AGW: -

**Salzsäure**, $c = 1$ mol/L
  AGW: -
  H290, H314
  P280, P301+P330+P331,
  P305+P351+P338, P308+P310
  GEFAHR

**Chlor**; Produkt/Edukt
  AGW: 1,5 mg/m³
  H330, H314, H400
  P210, P273, P304+P340,
  P305+P351+P338, P309+P310,
  P403+P233
  GEFAHR

**Wasserstoff**; Edukt
  AGW: -
  H220
  P210, P377, P381, P403
  GEFAHR

**Kaliumbromid**; Edukt
  AGW: -
  H315, H319, H335
  P261, P305+P351+P338
  ACHTUNG

**Bromwasser**, $w < 5\%$; Produkt/Edukt
  AGW: 0,7 mg/m³
  H330, H314, H400
  P210, P273, P304+P340,
  P305+P351+P338, P309+P310,
  P403+P233
  GEFAHR

| Gefahren durch Einatmen: *Ja* | Brandgefahr: *Ja* | Sonstige Gefahren: *Nein* |
| Gefahren durch Hautkontakt: *Ja* | Explosionsgefahr: *Nein* | |

**Substitution möglich:** *Nein* (Vgl. Begründung auf Seite 4.)

**Ergebnis der Gefährdungsbeurteilung**
Folgende Schutzmaßnahmen sind zu beachten:

| Mindeststandards (TRGS 500) | Schutzbrille | Schutzhandschuhe | Abzug | geschlossenes System | Lüftungsmaßnahmen | Brandschutzmaßnahmen | Weitere Maßnahmen: keine |
|---|---|---|---|---|---|---|---|
| ☑ | ☑ | ☐ | ☐ | ☐ | ☑ | ☑ | ☐ |

Stand der Gefährdungsbeurteilung: September 2014

# Gefährdungsbeurteilung
*Standardelektrodenpotenzial von Iod in der Petrischale*   S. 74, V3c

## Tätigkeitsbeschreibung
Bei der zweigeteilten Petrischale aus Versuchsteil b wird mit einer Pipette oder einer Wasserstrahlpumpe die Kaliumbromid-Lösung aus der Halbzelle mit der Graphit-Elektrode entfernt und Kaliumiodid-Lösung, $c$ = 1 mol/L, eingefüllt. Es wird ein Voltmeter angeschlossen und die Spannung gemessen.

**Tätigkeit mit Gefahrstoffen:** *Ja*

**Graphit, Platin** bzw. **Rasierscherfolie**
- AGW: -

**Kaliumbromid**
- AGW: -
- H315, H319, H335
- P261, P305+P351+P338

ACHTUNG

**Bromwasser**, w < 5%; Edukt
- AGW: 0,7 mg/m³
- H330, H314, H400
- P210, P273, P304+P340, P305+P351+P338, P309+P310, P403+P233

GEFAHR

**Wasserstoff**; Edukt
- AGW: -
- H220
- P210, P377, P381, P403

GEFAHR

**Kaliumiodid**; Edukt
- AGW: -

**Iod**; Produkt/Edukt
- AGW: -
- H332, H312, H400
- P273, P302+P352

ACHTUNG

| Gefahren durch Einatmen: *Ja* | Brandgefahr: *Ja* | Sonstige Gefahren: *Nein* |
|---|---|---|
| Gefahren durch Hautkontakt: *Ja* | Explosionsgefahr: *Nein* | |

**Substitution möglich:** *Nein* (Vgl. Begründung auf Seite 4.)

## Ergebnis der Gefährdungsbeurteilung
Folgende Schutzmaßnahmen sind zu beachten:

| Mindeststandards (TRGS 500) | Schutzbrille | Schutzhandschuhe | Abzug | geschlossenes System | Lüftungsmaßnahmen | Brandschutzmaßnahmen | Weitere Maßnahmen: keine |
|---|---|---|---|---|---|---|---|
| | ✓ | ✓ | ☐ | ☐ | ☐ | ✓ | ✓ | ☐ |

Stand der Gefährdungsbeurteilung: September 2014

# Gefährdungsbeurteilung
*Kupferstich*

S. 77, V1 — Lehrerversuch

**Tätigkeitsbeschreibung**
Ein gereinigtes und entfettetes Stück Kupferblech wird mit einer dünnen Wachsschicht überzogen, indem Kerzenwachs vorsichtig auf das Kupferblech getropft wird. In die ausgehärtete Wachsschicht wird mit einem Nagel ein Motiv eingeritzt. Das Blech wird für einige Minuten in halbkonzentrierte Salpetersäure-Lösung gelegt und anschließend mit Wasser abgespült. Die Wachsschicht wird mit kochendem Wasser entfernt. Das Ergebnis wird betrachtet.

**Tätigkeit mit Gefahrstoffen:** *Ja*

**Kupfer, Blech; Nagel, Kerze**
  AGW: -

**Salpetersäure**, $w = 30\%$; Edukt
  AGW: -
  H290, H314
  P280, P301+P330+P331,
  P305+P351+P338, P308+P310
  GEFAHR

**Kupfernitrat-Lösung**; Produkt
  AGW: -
  H272, H302, H315, H318
  P220, P280, P305+P351+P338
  GEFAHR

**Stickstoffmonoxid**; Produkt/Edukt
  AGW: -
  H270, H330, H314, EUH071
  P260, P280, P244, P220, P304+P340,
  P303+P361+P353, P305+P351+P338,
  P370+P376, P315, P405, P403
  GEFAHR

**Stickstoffdioxid**; Produkt
  AGW: -
  H270, H330, H314
  P260, P280, P244, P220, P304+P340,
  P303+P361+P353, P305+P351+P338,
  P370+P376, P315, P405, P403
  GEFAHR

| Gefahren durch Einatmen: Ja<br>Gefahren durch Hautkontakt: Ja | Brandgefahr: Ja<br>Explosionsgefahr: Nein | Sonstige Gefahren: Nein |
|---|---|---|

**Substitution möglich:** *Ja*
Salpetersäure kann durch Eisen(III)-chlorid ersetzt werden, vgl. nächste Seite.

**Ergebnis der Gefährdungsbeurteilung**
Folgende Schutzmaßnahmen sind zu beachten:

| Mindeststandards (TRGS 500) | Schutzbrille | Schutzhandschuhe | Abzug | geschlossenes System | Lüftungsmaßnahmen | Brandschutzmaßnahmen | Weitere Maßnahmen: keine |
|---|---|---|---|---|---|---|---|
| ☑ | ☑ | ☐ | ☑ | ☐ | ☐ | ☑ | ☐ |

Stand der Gefährdungsbeurteilung: September 2014

# Gefährdungsbeurteilung
*Kupferstich*  S. 77, V1

## Tätigkeitsbeschreibung
Ein gereinigtes und entfettetes Stück Kupferblech wird mit einer dünnen Wachsschicht überzogen, indem Kerzenwachs vorsichtig auf das Kupferblech getropft wird. In die ausgehärtete Wachsschicht wird mit einem Nagel ein Motiv eingeritzt. Das Blech wird für einige Minuten in Eisen(III)-chlorid-Lösung, $c$ = 1 mol/L, gelegt und anschließend mit Wasser abgespült. Die Wachsschicht wird mit kochendem Wasser entfernt. Das Ergebnis wird betrachtet.

**Tätigkeit mit Gefahrstoffen:** *Ja*

**Kupfer, Blech; Nagel, Kerze**
AGW: -

**Eisen(III)-chlorid**; Edukt
AGW: -   H302, H315, H318, H317
P280, P301+P312, P302+P352,
P305+P351+P338, P310
GEFAHR

**Kupferchlorid-Lösung**; Produkt
AGW: -   H302, H315, H319, H410
P260, P273, P302+P352,
P305+P351+P338
ACHTUNG

**Eisen(II)-chlorid-Lösung**; Produkt
AGW: -   H302, H315, H318
P280, P302+P352, P305+P351+P338
GEFAHR

| Gefahren durch Einatmen: Nein | Brandgefahr: Nein | Sonstige Gefahren: Nein |
| Gefahren durch Hautkontakt: Ja | Explosionsgefahr: Nein | |

**Substitution möglich:** *Nein* (Vgl. Begründung auf Seite 4.)

## Ergebnis der Gefährdungsbeurteilung
Folgende Schutzmaßnahmen sind zu beachten:

| Mindeststandards (TRGS 500) | Schutzbrille | Schutzhandschuhe | Abzug | geschlossenes System | Lüftungsmaßnahmen | Brandschutzmaßnahmen | Weitere Maßnahmen: keine |
|---|---|---|---|---|---|---|---|
| ☑ | ☑ | ☐ | ☐ | ☐ | ☐ | ☐ | ☐ |

Stand der Gefährdungsbeurteilung: September 2014

## 110
# Gefährdungsbeurteilung
*Standardelektrodenpotenzial von Eisen(II) in der Petrischale*  S. 77, V2-1

**Tätigkeitsbeschreibung**
In eine zweigeteilte Petrischale wird Schwefelsäure, $c = 1$ mol/L, gefüllt. Es werden Platin-Elektroden bzw. Rasierscherfolien in die Petrischale gestellt und ein Bierdeckelfilz als Elektrolytbrücke über den Steg gesteckt. Es wird etwa eine Minute lang bei 5 V elektrolysiert, anschließend wird eine zweite, mit Eisen(II)-sulfat-Lösung, $c = 1$ mol/L, gefüllte Petrischale neben die Halbzelle gestellt, die an den Pluspol der Spannungsquelle angeschlossen war. Es wird ein Bierdeckelfilz über die Ränder der Petrischalen gesteckt, ein Eisennagel in die Eisen(II)-sulfat-Lösung gestellt, ein Voltmeter an den Nagel und die Platin-Elektrode angeschlossen und die Spannung abgelesen.

**Tätigkeit mit Gefahrstoffen:** *Ja*

**Graphit, Eisen, Nagel; Platin** bzw. **Rasierscherfolie**
  AGW: -

**Schwefelsäure**, $c = 1$ mol/L; Edukt
  AGW: -  H290, H314
  P280, P301+P330+P331,
  P305+P351+P338, P308+P310  **GEFAHR**

**Sauerstoff**; Produkt
  AGW: -  H370
  P244, P220, P307+P376, P403  **GEFAHR**

**Wasserstoff**; Produkt/Edukt
  AGW: -  H220
  P210, P377, P381, P403  **GEFAHR**

**Eisen(II)-sulfat**
  AGW: -  H302, H319, H315
  P305+P351+P338, P302+P352  **ACHTUNG**

| Gefahren durch Einatmen: *Nein* | Brandgefahr: *Ja* | Sonstige Gefahren: *Nein* |
| Gefahren durch Hautkontakt: *Ja* | Explosionsgefahr: *Nein* | |

**Substitution möglich:** *Nein* (Vgl. Begründung auf Seite 4.)

**Ergebnis der Gefährdungsbeurteilung**
Folgende Schutzmaßnahmen sind zu beachten:

| Mindest-standards (TRGS 500) | Schutzbrille | Schutzhandschuhe | Abzug | geschlossenes System | Lüftungsmaßnahmen | Brandschutzmaßnahmen | Weitere Maßnahmen: keine |
|---|---|---|---|---|---|---|---|
| | ✓ | ✓ | ☐ | ☐ | ☐ | ✓ | ☐ |

Stand der Gefährdungsbeurteilung: September 2014

# Gefährdungsbeurteilung
*Standardelektrodenpotenzial von Eisen(III) in der Petrischale*  S. 77, V2-2

## Tätigkeitsbeschreibung
In eine zweigeteilte Petrischale wird Schwefelsäure, $c = 1$ mol/L, gefüllt. Es werden Platin-Elektroden bzw. Rasierscherfolien in die Petrischale gestellt und ein Bierdeckelfilz als Elektrolytbrücke über den Steg gesteckt. Es wird etwa eine Minute lang bei 5 V elektrolysiert, anschließend wird eine zweite, mit Eisen(III)-chlorid-Lösung, $c = 1$ mol/L, gefüllte Petrischale neben die Halbzelle gestellt, die an den Pluspol der Spannungsquelle angeschlossen war. Es wird ein Bierdeckelfilz über die Ränder der Petrischalen gesteckt, ein Eisennagel in die Eisen(III)-chlorid-Lösung gestellt, ein Voltmeter an den Nagel und die Platin-Elektrode angeschlossen und die Spannung abgelesen.

**Tätigkeit mit Gefahrstoffen:** *Ja*

### Graphit, Eisen, Nagel; Platin bzw. Rasierscherfolie
AGW: –

### Schwefelsäure, $c = 1$ mol/L; Edukt
AGW: –  
H290, H314  
P280, P301+P330+P331,  
P305+P351+P338, P308+P310  
**GEFAHR**

### Sauerstoff; Produkt
AGW: –  
H370  
P244, P220, P307+P376, P403  
**GEFAHR**

### Wasserstoff; Produkt/Edukt
AGW: –  
H220  
P210, P377, P381, P403  
**GEFAHR**

### Eisen(III)-chlorid
AGW: –  
H302, H315, H318, H317  
P280, P301+P312, P302+P352,  
P305+P351+P338, P310  
**GEFAHR**

| | |
|---|---|
| Gefahren durch Einatmen: **Nein** | Brandgefahr: **Ja** |
| Gefahren durch Hautkontakt: **Ja** | Explosionsgefahr: **Nein** |

Sonstige Gefahren: **Nein**

**Substitution möglich:** *Nein* (Vgl. Begründung auf Seite 4.)

## Ergebnis der Gefährdungsbeurteilung
Folgende Schutzmaßnahmen sind zu beachten:

| Mindeststandards (TRGS 500) | Schutzbrille | Schutzhandschuhe | Abzug | geschlossenes System | Lüftungsmaßnahmen | Brandschutzmaßnahmen | Weitere Maßnahmen: keine |
|---|---|---|---|---|---|---|---|
| ☑ | ☑ | ☐ | ☐ | ☐ | ☐ | ☑ | ☐ |

Stand der Gefährdungsbeurteilung: September 2014

# 112
## Gefährdungsbeurteilung
*Eisen(II)-Bestimmung über Redox-Titration*  S. 77, V3

**Tätigkeitsbeschreibung**
Etwa 1 mL einer ferro sanol® - Lösung wird in einem Erlenmeyerkolben mit 50 mL Wasser verdünnt. 1 bis 2 mL verdünnte Schwefelsäure-Lösung werden hinzugegeben. Die Lösung wird mit Kaliumpermanganat-Lösung, $c$ = 0,01 mol/L, titriert, bis die Kaliumpermanganat-Lösung nicht mehr entfärbt wird.

**Tätigkeit mit Gefahrstoffen:** *Ja*

**ferro sanol®-Lösung**; Edukt
AGW: -

**Schwefelsäure**, $c$ = 1 mol/L
AGW: -   H290, H314
P280, P301+P330+P331,
P305+P351+P338, P308+P310

GEFAHR

**Kaliumpermanganat**; Edukt
AGW: -   H272, H302, H410
P210, P273

GEFAHR

**Mangansulfat**; Produkt
AGW: -   H373, H411
P273, P314

ACHTUNG

| Gefahren durch Einatmen: Nein | Brandgefahr: Ja | Sonstige Gefahren: Nein |
| Gefahren durch Hautkontakt: Ja | Explosionsgefahr: Nein | |

**Substitution möglich:** *Nein* (Vgl. Begründung auf Seite 4.)

**Ergebnis der Gefährdungsbeurteilung**
Folgende Schutzmaßnahmen sind zu beachten:

| Mindeststandards (TRGS 500) | Schutzbrille | Schutzhandschuhe | Abzug | geschlossenes System | Lüftungsmaßnahmen | Brandschutzmaßnahmen | Weitere Maßnahmen: keine |
|---|---|---|---|---|---|---|---|
| ☑ | ☑ | ☐ | ☐ | ☐ | ☐ | ☑ | ☐ |

Stand der Gefährdungsbeurteilung: September 2014

# Gefährdungsbeurteilung
*Stromleitung in Lösungen am Beispiel einer Zinkiodid-Lösung*  S. 78, V1

### Tätigkeitsbeschreibung
Ein Becherglas wird mit 100 mL Zinkiodid-Lösung, $c$ = 0,1 mol/L, gefüllt und auf einen beheizbaren Magnetrührer gestellt. Es werden zwei Graphit-Elektroden eingetaucht. Eine Graphit-Elektrode wird direkt mit der Spannungsquelle, die andere über ein Amperemeter mit der Spannungsquelle verbunden. Es wird eine Spannung von 5 V angelegt und die Stromstärke wird bei Raumtemperatur gemessen. Die Lösung wird auf 80 °C erhitzt und die Stromstärke wird erneut gemessen. Das Aussehen der Lösung und der Elektroden wird beobachtet.

### Tätigkeit mit Gefahrstoffen: *Ja*

**Zinkiodid**; Edukt
- AGW: -
- H315, H319
- P302+P352, P305+P351+P338

ACHTUNG

**Zink**; Produkt
- AGW: -

**Iod**; Produkt
- AGW: -
- H332, H312, H400
- P273, P302+P352

ACHTUNG

| Gefahren durch Einatmen: *Ja* | Brandgefahr: *Nein* | Sonstige Gefahren: *Nein* |
| Gefahren durch Hautkontakt: *Ja* | Explosionsgefahr: *Nein* | |

**Substitution möglich:** *Nein* (Vgl. Begründung auf Seite 4.)

### Ergebnis der Gefährdungsbeurteilung
Folgende Schutzmaßnahmen sind zu beachten:

| Mindeststandards (TRGS 500) | Schutzbrille | Schutzhandschuhe | Abzug | geschlossenes System | Lüftungsmaßnahmen | Brandschutzmaßnahmen | Weitere Maßnahmen: keine |
|---|---|---|---|---|---|---|---|
| ☑ | ☑ | ☐ | ☐ | ☐ | ☑ | ☐ | ☐ |

Stand der Gefährdungsbeurteilung: September 2014

# 114
## Gefährdungsbeurteilung
*Stromleitung in Metallen am Beispiel eines Wolframdrahts*  S. 78, V2

**Tätigkeitsbeschreibung**
Ein Wolframdraht, z. B. aus einer alten Glühbirne, wird über ein Amperemeter mit einer Spannungsquelle verbunden. Es wird eine Spannung von 5 V angelegt und die Stromstärke wird gemessen. Der Draht wird mit einem Feuerzeug erhitzt und die Stromstärke wird beobachtet. Anschließend wird der Draht durch Pusten gekühlt und die Stromstärke wird erneut beobachtet.

**Tätigkeit mit Gefahrstoffen:** *Nein*

**Wolfram**
AGW: -

| Gefahren durch Einatmen: *Nein* | Brandgefahr: *Nein* | Sonstige Gefahren: *Nein* |
|---|---|---|
| Gefahren durch Hautkontakt: *Nein* | Explosionsgefahr: *Nein* | |

**Substitution möglich:** *Nein* (Vgl. Begründung auf Seite 4.)

**Ergebnis der Gefährdungsbeurteilung**
Keine Gefährdungsbeurteilung nötig

Stand der Gefährdungsbeurteilung: September 2014

# Gefährdungsbeurteilung
*Stromleitung in Halbmetallen am Beispiel eines Siliciumstücks*   S. 80, V1

**Tätigkeitsbeschreibung**
Ein Siliciumstück wird über ein Amperemeter mit einer Spannungsquelle verbunden. Es wird eine Spannung von 5 V angelegt und die Stromstärke wird gemessen. Das Silicium wird mit einem Feuerzeug erhitzt und die Stromstärke wird beobachtet. Anschließend wird das Silicium durch Pusten gekühlt und die Stromstärke wird erneut beobachtet.

**Tätigkeit mit Gefahrstoffen:** *Nein*

## Silicium
AGW: -

| | | |
|---|---|---|
| Gefahren durch Einatmen: *Nein* <br> Gefahren durch Hautkontakt: *Nein* | Brandgefahr: *Nein* <br> Explosionsgefahr: *Nein* | Sonstige Gefahren: *Nein* |

**Substitution möglich:** *Nein* (Vgl. Begründung auf Seite 4.)

## Ergebnis der Gefährdungsbeurteilung
Keine Gefährdungsbeurteilung nötig

Stand der Gefährdungsbeurteilung: September 2014

# Gefährdungsbeurteilung
*Photogalvanische 2-Topf-Zelle*  S. 81, V1

**Tätigkeitsbeschreibung**
Ein mit Titandioxid beschichtetes ITO-Glas wird in eine Flachküvette getaucht, in die zuvor Kaliumbromid-Lösung, $c = 1$ mol/L, gefüllt wurde. Die so erhaltene Halbzelle wird über eine mit Kaliumnitrat-Lösung, $c = 1$ mol/L, gefüllte bzw. getränkte Elektrolytbrücke mit einem Becherglas verbunden, in dem sich Salzsäure, $c = 1$ mol/L, befindet und in das eine Platin-Elektrode getaucht wurde. Es wird ein Voltmeter angeschlossen und die Spannung bei Bestrahlung und bei Abdunkelung gemessen. Anschließend wird ein Amperemeter angeschlossen und die Stromstärke wird über einen Zeitraum von ca. 20 Minuten gemessen. Die Elektroden werden beobachtet.

**Tätigkeit mit Gefahrstoffen:** *Ja*

### Kaliumbromid; Edukt
| AGW: - | H315, H319, H335 |
|---|---|
| | P261, P305+P351+P338 |

### Salzsäure, $c = 1$ mol/L
| AGW: - | H290, H314 |
|---|---|
| | P280, P301+P330+P331, |
| | P305+P351+P338, P308+P310 |

### Kaliumnitrat
| AGW: - | H272 |
|---|---|
| | P220 |

### Bromwasser, $w < 5\%$; Produkt
| AGW: 0,7 mg/m³ | H330, H314, H400 |
|---|---|
| | P210, P273, P304+P340, |
| | P305+P351+P338, P309+P310, |
| | P403+P233 |

### Wasserstoff; Produkt
| AGW: - | H220 |
|---|---|
| | P210, P377, P381, P403 |

| Gefahren durch Einatmen: Nein | Brandgefahr: Ja | Sonstige Gefahren: Nein |
|---|---|---|
| Gefahren durch Hautkontakt: Ja | Explosionsgefahr: Nein | |

**Substitution möglich:** *Nein* (Vgl. Begründung auf Seite 4.)

### Ergebnis der Gefährdungsbeurteilung
Folgende Schutzmaßnahmen sind zu beachten:

| Mindeststandards (TRGS 500) | Schutzbrille | Schutzhandschuhe | Abzug | geschlossenes System | Lüftungsmaßnahmen | Brandschutzmaßnahmen | Weitere Maßnahmen: keine |
|---|---|---|---|---|---|---|---|
| ☑ | ☑ | ☐ | ☐ | ☐ | ☐ | ☑ | ☐ |

Stand der Gefährdungsbeurteilung: September 2014

# Gefährdungsbeurteilung
*Photogalvanische 1-Topf-Zelle*  S. 82, V1

**Tätigkeitsbeschreibung**
Ein mit Titandioxid beschichtetes ITO-Glas wird in eine Flachküvette getaucht, in die zuvor mit Natronlauge, c = 2 mol/L, neutralisierte EDTA-Lösung, c = 0,2 mol/L, gefüllt wurde. In die Küvette wird neben die Photoelektrode ein zusammengerolltes Rasierscherblatt getaucht.
Es wird ein Voltmeter angeschlossen und die Spannung wird bei Bestrahlung der Photoelektrode und im Dunkeln gemessen. Die Stromstärke wird bei Bestrahlung gemessen. Nach Aufbau einer hohen Spannung wird ein empfindlicher kleiner Motor angeschlossen.

**Tätigkeit mit Gefahrstoffen:** *Ja*

**Natronlauge**, c = 2 mol/L; Edukt

| AGW: - | H290, H314 |
|---|---|
|  | P280, P301+P330+P331, |
|  | P305+P351+P338, P308+P310 |

GEFAHR

**Ethylendiamintetraessigsäure**, c = 0,2 mol/L; Edukt
AGW: -

EDTA

**Ethylendiamin-Lösung**, c < 0,2 mol/L; Produkt
AGW: -    EUH208

**Kohlenstoffdioxid**; Produkt
AGW: 9100 mg/m³

**Wasserstoff**; Produkt
AGW: -    H220
          P210, P377, P381, P403

GEFAHR

**Essigsäure**, c < 0,8 mol/L; Produkt
AGW: -

| Gefahren durch Einatmen: **Nein** | Brandgefahr: **Ja** | Sonstige Gefahren: **Nein** |
|---|---|---|
| Gefahren durch Hautkontakt: **Ja** | Explosionsgefahr: **Nein** | |

**Substitution möglich:** *Nein* (Vgl. Begründung auf Seite 4.)

**Ergebnis der Gefährdungsbeurteilung**
Folgende Schutzmaßnahmen sind zu beachten:

| Mindeststandards (TRGS 500) | Schutzbrille | Schutzhandschuhe | Abzug | geschlossenes System | Lüftungsmaßnahmen | Brandschutzmaßnahmen | Weitere Maßnahmen: keine |
|---|---|---|---|---|---|---|---|
| ☑ | ☑ | ☐ | ☐ | ☐ | ☐ | ☑ | ☐ |

Stand der Gefährdungsbeurteilung: September 2014

## Gefährdungsbeurteilung
*Photogalvanische Kompaktzelle*                                                S. 82, V2

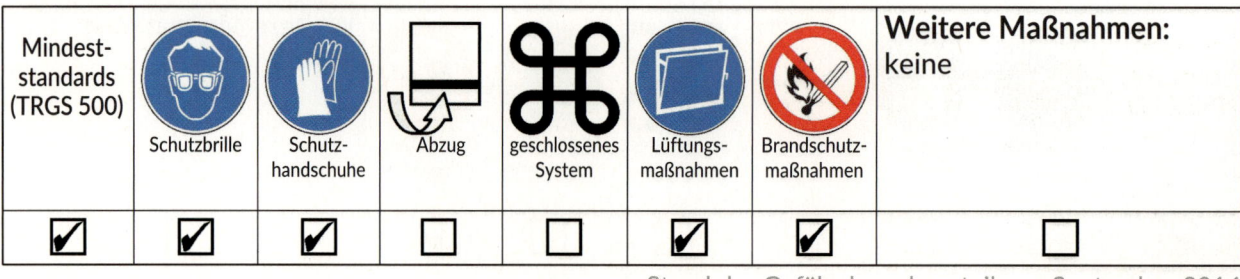

**Tätigkeitsbeschreibung**
Es wird eine EDTA-Lösung, $c$ = 0,5 mol/L, vorbereitet und mit Natronlauge auf $p$H = 8 eingestellt. Auf ein mit Titandioxid beschichtetes ITO-Glas wird ein Filterpapier gelegt. Das Filterpapier wird mit Hilfe einer Pipette mit der EDTA-Lösung getränkt. Auf das Filterpapier werden zwei Rasierscherfolien gelegt, die sich überlappen. Eine Rasierscherfolie steht über. Mit einem Objektträger und zwei Foldback-Klammern wird die Anordnung fixiert. An die Rasierscherfolie und das ITO-Glas wird ein Messgerät angeschlossen. Die erhaltene Spannung sowie Stromstärke im Dunkeln und bei Bestrahlung werden gemessen. Nach Aufbau einer hohen Spannung wird ein Motor angeschlossen.

**Tätigkeit mit Gefahrstoffen:** *Ja*

**Natronlauge**, $c$ = 2 mol/L; Edukt

| AGW: - | H290, H314 |
|---|---|
| | P280, P301+P330+P331, |
| | P305+P351+P338, P308+P310 |

**Ethylendiamintetraessigsäure**; Edukt — EDTA

| AGW: - | H319 |
|---|---|
| | P305+P351+P338 |

**Ethylendiamin-Lösung**; Produkt

| AGW: - | H226, H312, H302, H314, H334, H317 |
|---|---|
| | P280, P305+P351+P338, P304+P340, |
| | P302+P352, P309+P310 |

**Kohlenstoffdioxid**; Produkt

AGW: 9100 mg/m³

**Wasserstoff**; Produkt

| AGW: - | H220 |
|---|---|
| | P210, P377, P381, P403 |

**Essigsäure**; Produkt

| AGW: - | H226, H314 |
|---|---|
| | P280, P301+P330+P331, P307+P310, |
| | P305+P351+P338 |

| Gefahren durch Einatmen: *Ja* | Brandgefahr: *Ja* | Sonstige Gefahren: *Nein* |
|---|---|---|
| Gefahren durch Hautkontakt: *Ja* | Explosionsgefahr: *Nein* | |

**Substitution möglich:** *Nein* (Vgl. Begründung auf Seite 4.)

**Ergebnis der Gefährdungsbeurteilung**
Folgende Schutzmaßnahmen sind zu beachten:

| Mindeststandards (TRGS 500) | Schutzbrille | Schutzhandschuhe | Abzug | geschlossenes System | Lüftungsmaßnahmen | Brandschutzmaßnahmen | Weitere Maßnahmen: keine |
|---|---|---|---|---|---|---|---|
| ☑ | ☑ | ☑ | ☐ | ☐ | ☑ | ☑ | ☐ |

Stand der Gefährdungsbeurteilung: September 2014

# Gefährdungsbeurteilung
*Konzentrationszelle*  S. 84, V1

### Tätigkeitsbeschreibung
In zwei Halbzellen werden gleich konzentrierte Zinksulfat-Lösungen eingefüllt und Zink-Elektroden in die Lösungen getaucht. Die Halbzellen werden über eine Elektrolytbrücke miteinander verbunden und ein Voltmeter wird angeschlossen. Nachdem die Spannung gemessen wurde, wird die Zinksulfat-Lösung einer Halbzelle durch eine konzentriertere Zinksulfat-Lösung ausgetauscht, die Spannung wird gemessen und Plus- sowie Minuspol werden markiert. Anschließend wird die konzentriertere Lösung durch eine geringer als die Ausgangslösung konzentrierte Zinksulfat-Lösung ersetzt. Erneut wird die Spannung gemessen und Plus- sowie Minuspol markiert.

**Tätigkeit mit Gefahrstoffen:** *Ja*

### Zinksulfat
AGW: -  H302, H318, H314
P280, P273, P305+P351+P338

GEFAHR

### Zink
AGW: -

| Gefahren durch Einatmen: Nein | Brandgefahr: Nein | Sonstige Gefahren: Nein |
| Gefahren durch Hautkontakt: Ja | Explosionsgefahr: Nein | |

**Substitution möglich:** *Nein* (Vgl. Begründung auf Seite 4.)

### Ergebnis der Gefährdungsbeurteilung
Folgende Schutzmaßnahmen sind zu beachten:

| Mindeststandards (TRGS 500) | Schutzbrille | Schutzhandschuhe | Abzug | geschlossenes System | Lüftungsmaßnahmen | Brandschutzmaßnahmen | Weitere Maßnahmen: keine |
|---|---|---|---|---|---|---|---|
| ☑ | ☑ | ☐ | ☐ | ☐ | ☐ | ☐ | ☐ |

Stand der Gefährdungsbeurteilung: September 2014

# 120

## Gefährdungsbeurteilung
*Konzentrationsabhängigkeit der Spannung eines galvan. Elements*  S. 84, V2

**Tätigkeitsbeschreibung**
In zwei Halbzellen werden Silbernitrat-Lösungen, $c = 0{,}1$ mol/L, eingefüllt und Silber-Elektroden in die Lösungen getaucht. Die Halbzellen werden über eine Elektrolytbrücke miteinander verbunden und ein Voltmeter wird angeschlossen. Nachdem die Spannung gemessen wurde, werden Silbernitrat-Lösungen der Konzentrationen $c = 0{,}01$ mol/L, $c = 0{,}001$ mol/L und $c = 0{,}0001$ mol/L hergestellt, indem diese mit Kaliumnitrat-Lösung, $c = 0{,}1$ mol/L, verdünnt werden. Es werden jeweils zwei der hergestellten Lösungen in Halbzellen miteinander verschaltet. Die Spannung wird gemessen und es wird festgehalten, welches die Donator- und welches die Akzeptor-Halbzelle ist.

**Tätigkeit mit Gefahrstoffen:** *Ja*

**Silbernitrat-Lösung**, $c \leq 0{,}1$ mol/L
   AGW: -   H315, H319, H314
            P280, P273, P305+P351+P338                                 ACHTUNG

**Silber**
   AGW: -

**Kaliumnitrat-Lösung**, $c = 0{,}1$ mol/L
   AGW: -

| Gefahren durch Einatmen: Nein | Brandgefahr: Nein | Sonstige Gefahren: Nein |
| Gefahren durch Hautkontakt: Ja | Explosionsgefahr: Nein | |

**Substitution möglich:** *Nein* (Vgl. Begründung auf Seite 4.)

**Ergebnis der Gefährdungsbeurteilung**
Folgende Schutzmaßnahmen sind zu beachten:

| Mindeststandards (TRGS 500) | Schutzbrille | Schutzhandschuhe | Abzug | geschlossenes System | Lüftungsmaßnahmen | Brandschutzmaßnahmen | Weitere Maßnahmen: keine |
|---|---|---|---|---|---|---|---|
| ☑ | ☑ | ☐ | ☐ | ☐ | ☐ | ☐ | ☐ |

Stand der Gefährdungsbeurteilung: September 2014

# Gefährdungsbeurteilung
*Elektrodenpotenziale verschiedener Silber-Halbzellen*  S. 86, V1

## Tätigkeitsbeschreibung
In eine zweigeteilte Petrischale wird Salzsäure, $c$ = 1 mol/L, gefüllt. Es werden Platin-Elektroden eingetaucht und eine Spannungsquelle wird angeschlossen. Es wird ein Bierdeckelfilz als Elektrolytbrücke auf den Trennsteg der Petrischale gesteckt, dann wird für 5 Minuten bei 5 V elektrolysiert. Die Halbzelle, die mit dem Pluspol verbunden war, wird mit einer Petrischale verschaltet, in der sich eine Silber-Elektrode in Silbernitrat-Lösung, $c$ = 0,1 mol/L, befindet. Ein Stück Bierdeckelfilz als Elektrolytbrücke wird über die Ränder der Petrischalen gesteckt. Die erhaltene Spannung wird gemessen und der Versuch mit Silbernitrat-Lösungen der Konzentrationen $c$ = 0,01 mol/L, $c$ = 0,001 mol/L und $c$ = 0,0001 mol/L wiederholt.

**Tätigkeit mit Gefahrstoffen:** *Ja*

### Silbernitrat-Lösung, $c$ ≤ 0,1 mol/L
AGW: –  
H315, H319, H314  
P280, P273, P305+P351+P338  
ACHTUNG

### Silber
AGW: –

### Salzsäure, $c$ = 1 mol/L; Edukt
AGW: –  
H290, H314  
P280, P301+P330+P331,  
P305+P351+P338, P308+P310  
GEFAHR

### Chlor; Produkt
AGW: 1,5 mg/m³  
H330, H314, H400  
P210, P273, P304+P340,  
P305+P351+P338, P309+P310,  
P403+P233  
GEFAHR

### Wasserstoff; Produkt/Edukt
AGW: –  
H220  
P210, P377, P381, P403  
GEFAHR

Gefahren durch Einatmen: *Ja*  
Gefahren durch Hautkontakt: *Ja*  
Brandgefahr: *Ja*  
Explosionsgefahr: *Nein*  
Sonstige Gefahren: *Nein*

**Substitution möglich:** *Nein* (Vgl. Begründung auf Seite 4.)

## Ergebnis der Gefährdungsbeurteilung
Folgende Schutzmaßnahmen sind zu beachten:

| Mindeststandards (TRGS 500) | Schutzbrille | Schutzhandschuhe | Abzug | geschlossenes System | Lüftungsmaßnahmen | Brandschutzmaßnahmen |
|---|---|---|---|---|---|---|
| ✓ | ✓ | ☐ | ☐ | ☐ | ✓ | ✓ |

Weitere Maßnahmen: keine

Stand der Gefährdungsbeurteilung: September 2014

## 122
## Gefährdungsbeurteilung
*Fällungsgleichgewicht von Bleiiodid*

S. 90, LV1 — Lehrerversuch

**Tätigkeitsbeschreibung**
In einem Becherglas werden 0,77 g Kaliumiodid in 200 mL dest. Wasser gelöst. In einem weiteren Becherglas werden 0,43 g Bleinitrat in 200 mL dest. Wasser gelöst. Gleiche Volumina beider Lösungen werden vereinigt. Den sich bildenden Niederschlag lässt man absetzen. Der Überstand wird abfiltriert und auf zwei Reagenzgläser verteilt. Das erste Reagenzglas wird mit gesättigter Kaliumiodid-Lösung versetzt, das zweite mit gesättigter Bleinitrat-Lösung.

**Tätigkeit mit Gefahrstoffen:** *Ja*

**Kaliumiodid**; Edukt
AGW: -

**Blei(II)-nitrat**; Edukt
AGW: -
H360Df, H272, H302+H332, H318, H373, H410
P201, P210, P221, P273, P280, P305+P351+P338, P308+P313
GEFAHR

**Kaliumnitrat-Lösung**; Produkt
AGW: -
H272
P220
ACHTUNG

**Bleiiodid**; Produkt
AGW: -
H302, H332, H360, H373, H410
P201, P273, P308+P313, P501
GEFAHR

| Gefahren durch Einatmen: Ja | Brandgefahr: Nein | Sonstige Gefahren: Nein |
|---|---|---|
| Gefahren durch Hautkontakt: Ja | Explosionsgefahr: Nein | |

**Substitution möglich:** *Ja*
Kaliumsulfat und Bariumnitrat führen zu einem ähnlichen Ergebnis, vgl. nächste Seite.

**Ergebnis der Gefährdungsbeurteilung**
Folgende Schutzmaßnahmen sind zu beachten:

| Mindeststandards (TRGS 500) | Schutzbrille | Schutzhandschuhe | Abzug | geschlossenes System | Lüftungsmaßnahmen | Brandschutzmaßnahmen | Weitere Maßnahmen: keine |
|---|---|---|---|---|---|---|---|
| ☑ | ☑ | ☐ | ☑ | ☐ | ☐ | ☐ | ☐ |

Stand der Gefährdungsbeurteilung: September 2014

# Gefährdungsbeurteilung
*Fällungsgleichgewicht von Bariumsulfat*

S. 90, V1*

**Tätigkeitsbeschreibung**
In einem Becherglas werden 0,70 g Kaliumsulfat in 200 mL dest. Wasser gelöst. In einem weiteren Becherglas werden 0,26 g Bariumnitrat in 200 mL dest. Wasser gelöst. Gleiche Volumina beider Lösungen werden vereinigt. Den sich bildenden Niederschlag lässt man absetzen. Der Überstand wird abfiltriert und auf zwei Reagenzgläser verteilt. Das erste Reagenzglas wird mit gesättigter Kaliumsulfat-Lösung versetzt, das zweite mit gesättigter Bariumnitrat-Lösung.

**Tätigkeit mit Gefahrstoffen:** *Ja*

**Kaliumsulfat**; Edukt, **Bariumsulfat**; Produkt
AGW: -

**Bariumnitrat**; Edukt
AGW: -    H272, H302+H332
          P210, P302+P352

GEFAHR

**Kaliumnitrat-Lösung**; Produkt
AGW: -    H272
          P220

ACHTUNG

| Gefahren durch Einatmen: *Ja* | Brandgefahr: *Nein* | Sonstige Gefahren: *Nein* |
| Gefahren durch Hautkontakt: *Ja* | Explosionsgefahr: *Nein* | |

**Substitution möglich:** *Nein* (Vgl. Begründung auf Seite 4.)

**Ergebnis der Gefährdungsbeurteilung**
Folgende Schutzmaßnahmen sind zu beachten:

| Mindeststandards (TRGS 500) | Schutzbrille | Schutzhandschuhe | Abzug | geschlossenes System | Lüftungsmaßnahmen | Brandschutzmaßnahmen | Weitere Maßnahmen: keine |
|---|---|---|---|---|---|---|---|
| ☑ | ☑ | ☐ | ☑ | ☐ | ☐ | ☐ | ☐ |

Stand der Gefährdungsbeurteilung: September 2014

## 124
# Gefährdungsbeurteilung
*Fällungsgleichgewicht von Calciumcarbonat*  S. 90, V2

**Tätigkeitsbeschreibung**
In einem Becherglas wird eine Suspension aus 30 mL Wasser und Calciumhydroxid hergestellt. Nachdem sich der Feststoff am Boden abgesetzt hat, wird der Überstand abfiltriert und vom Filtrat werden je 10 mL in zwei Reagenzgläser gegeben. Das erste Reagenzglas wird mit einigen Tropfen Indikator-Lösung versetzt, das zweite mit 1 mL gesättigter Natriumcarbonat-Lösung.

**Tätigkeit mit Gefahrstoffen:** *Ja*

**Calciumhydroxid**; Edukt
| AGW: - | H315, H318, H335 |
| | P280, P302+P352, P304+P340, P305+P351+P338, P313 |

GEFAHR

**Natriumcarbonat**; Edukt
| AGW: - | H319 |
| | P260, P305+P351+P338 |

ACHTUNG

**Calciumcarbonat**; Produkt
AGW: -

**Bromthymolblau-** bzw. **Universalindikator-** bzw. **Phenolphthalein-Lösung**, w < 1 %    *Indikatorlösung*
| AGW: - | H225 |
| | P210 |

GEFAHR

| Gefahren durch Einatmen: Nein | Brandgefahr: Ja | Sonstige Gefahren: Nein |
| Gefahren durch Hautkontakt: Ja | Explosionsgefahr: Nein | |

**Substitution möglich:** *Nein* (Vgl. Begründung auf Seite 4.)

**Ergebnis der Gefährdungsbeurteilung**
Folgende Schutzmaßnahmen sind zu beachten:

| Mindest-standards (TRGS 500) | Schutzbrille | Schutz-handschuhe | Abzug | geschlossenes System | Lüftungs-maßnahmen | Brandschutz-maßnahmen | Weitere Maßnahmen: keine |
|---|---|---|---|---|---|---|---|
| ✓ | ✓ | ☐ | ☐ | ☐ | ☐ | ✓ | ☐ |

Stand der Gefährdungsbeurteilung: September 2014

# Gefährdungsbeurteilung
*Fällungsgleichgewicht von Silbersulfat und Silberiodid*

S. 90, V3

**Tätigkeitsbeschreibung**
Zu 3 mL Silbernitrat-Lösung werden 3 mL verdünnte Schwefelsäure gegeben. Der gebildete Niederschlag wird abfiltriert. Zum Filtrat wird etwas Kaliumiodid-Lösung hinzugegeben.

**Tätigkeit mit Gefahrstoffen:** *Ja*

**Silbernitrat-Lösung**, $w$ = 2%; Edukt

| AGW: - | H315, H319, H410 |
|---|---|
| | P273, P280, P305+P351+P338 |

ACHTUNG

**Schwefelsäure**, $c$ = 1 mol/L; Edukt

| AGW: - | H290, H314 |
|---|---|
| | P280, P301+P330+P331, |
| | P305+P351+P338, P308+P310 |

GEFAHR

**Silbersulfat**; Produkt

| AGW: - | H318 |
|---|---|
| | P260, P280, P305+P351+P338, P313 |

GEFAHR

**Kaliumiodid**; Edukt

AGW: -

**Kaliumiodid**; Produkt

| AGW: - | H410 |
|---|---|
| | P273, P391, P501 |

ACHTUNG

| Gefahren durch Einatmen: *Nein* | Brandgefahr: *Nein* | Sonstige Gefahren: *Nein* |
|---|---|---|
| Gefahren durch Hautkontakt: *Ja* | Explosionsgefahr: *Nein* | |

**Substitution möglich:** *Nein* (Vgl. Begründung auf Seite 4.)

**Ergebnis der Gefährdungsbeurteilung**
Folgende Schutzmaßnahmen sind zu beachten:

| Mindeststandards (TRGS 500) | Schutzbrille | Schutzhandschuhe | Abzug | geschlossenes System | Lüftungsmaßnahmen | Brandschutzmaßnahmen | Weitere Maßnahmen: keine |
|---|---|---|---|---|---|---|---|
| ☑ | ☑ | ☐ | ☐ | ☐ | ☐ | ☐ | ☐ |

Stand der Gefährdungsbeurteilung: September 2014

# Gefährdungsbeurteilung
*Fällungsgleichgewicht von Kaliumperchlorat*

S. 90, LV4

**Tätigkeitsbeschreibung**
In einem Becherglas wird in warmem Wasser (ca. 60 °C) eine gesättigte Kaliumperchlorat-Lösung hergestellt. Während des Abkühlens der Lösung wird die Bildung des Niederschlags beobachtet. Der Überstand wird abdekantiert und auf zwei Reagenzgläser verteilt. In das erste wird konz. Kaliumchlorid-Lösung gegeben, in das zweite 1 mL Perchlorsäure, w = 60%. Es wird erneut beobachtet.

**Tätigkeit mit Gefahrstoffen:** *Ja*

### Kaliumperchlorat
AGW: -   H271, H302
P220

### Kaliumchlorid
AGW: -

### Perchlorsäure
AGW: -   H271, H314
P260, P280, P303+P361+P353,
P305+P351+P338, P310

| Gefahren durch Einatmen: *Nein* | Brandgefahr: *Nein* | Sonstige Gefahren: *Nein* |
| Gefahren durch Hautkontakt: *Ja* | Explosionsgefahr: *Nein* | |

**Substitution möglich:** *Ja*
Der Versuch kann mit Calciumsulfat anstatt Kaliumperchlorat, Calciumchlorid anstatt Kaliumchlorid und verd. Schwefelsäure anstatt Perchlorsäure durchgeführt werden, vgl. nächste Seite.

### Ergebnis der Gefährdungsbeurteilung
Folgende Schutzmaßnahmen sind zu beachten:

| Mindeststandards (TRGS 500) | Schutzbrille | Schutzhandschuhe | Abzug | geschlossenes System | Lüftungsmaßnahmen | Brandschutzmaßnahmen | Weitere Maßnahmen: keine |
|---|---|---|---|---|---|---|---|
| ☑ | ☑ | ☐ | ☐ | ☐ | ☐ | ☐ | ☐ |

Stand der Gefährdungsbeurteilung: September 2014

# Gefährdungsbeurteilung
*Fällungsgleichgewicht von Calciumsulfat*  S. 90, LV4*

### Tätigkeitsbeschreibung
In einem Becherglas wird in warmem Wasser (ca. 60 °C) eine gesättigte Calciumsulfat-Lösung hergestellt. Während des Abkühlens der Lösung wird die Bildung des Niederschlags beobachtet. Der Überstand wird abdekantiert und auf zwei Reagenzgläser verteilt. In das erste wird konz. Calciumchlorid-Lösung gegeben, in das zweite 1 mL Schwefelsäure, $w = 40\%$. Es wird erneut beobachtet.

**Tätigkeit mit Gefahrstoffen:** *Ja*

### Calciumsulfat
AGW: -

### Calciumchlorid
AGW: -   H319
         P305+P351+P338

ACHTUNG

### Schwefelsäure, $w = 40\%$
AGW: -   H290, H314
         P280, P301+P330+P331,
         P305+P351+P338, P308+P310

GEFAHR

| Gefahren durch Einatmen: Nein | Brandgefahr: Nein | Sonstige Gefahren: Nein |
| Gefahren durch Hautkontakt: Ja | Explosionsgefahr: Nein | |

**Substitution möglich:** *Nein* (Vgl. Begründung auf Seite 4.)

### Ergebnis der Gefährdungsbeurteilung
Folgende Schutzmaßnahmen sind zu beachten:

| Mindeststandards (TRGS 500) | Schutzbrille | Schutzhandschuhe | Abzug | geschlossenes System | Lüftungsmaßnahmen | Brandschutzmaßnahmen | Weitere Maßnahmen: keine |
|---|---|---|---|---|---|---|---|
| ☑ | ☑ | ☐ | ☐ | ☐ | ☐ | ☐ | ☐ |

Stand der Gefährdungsbeurteilung: September 2014

# 128
## Gefährdungsbeurteilung
*Konzentrationsabhängigkeit der Spannung eines galvan. Elements*  S. 92, V1

**Tätigkeitsbeschreibung**
In zwei Halbzellen werden je 50 mL Silbernitrat-Lösung, $c$ = 0,01 mol/L, eingefüllt und Silber-Elektroden in die Lösungen getaucht. Die Halbzellen werden über eine Elektrolytbrücke miteinander verbunden und ein Voltmeter wird angeschlossen. Nachdem die Spannung gemessen wurde, wird unter Rühren 2,9 g festes Natriumchlorid in eine der Halbzellen gegeben. Beobachtungen werden notiert und die Spannung gemessen.

**Tätigkeit mit Gefahrstoffen:** *Ja*

**Silbernitrat-Lösung**, $c \leq$ 0,01 mol/L; Edukt

| AGW: - | H315, H319, H314 |
| | P280, P273, P305+P351+P338 |

ACHTUNG

**Silber, Natriumchlorid**; Edukt, **Silberchlorid**; Produkt

AGW: -

**Natriumnitrat-Lösung**; Produkt

| AGW: - | H272, H302 |
| | P260 |

ACHTUNG

| Gefahren durch Einatmen: Nein | Brandgefahr: Nein | Sonstige Gefahren: Nein |
| Gefahren durch Hautkontakt: Ja | Explosionsgefahr: Nein | |

**Substitution möglich:** *Nein* (Vgl. Begründung auf Seite 4.)

**Ergebnis der Gefährdungsbeurteilung**
Folgende Schutzmaßnahmen sind zu beachten:

- Mindeststandards (TRGS 500): ✓
- Schutzbrille: ✓
- Schutzhandschuhe: ☐
- Abzug: ☐
- geschlossenes System: ☐
- Lüftungsmaßnahmen: ☐
- Brandschutzmaßnahmen: ☐

**Weitere Maßnahmen:** keine ☐

Stand der Gefährdungsbeurteilung: September 2014

# Gefährdungsbeurteilung
*Modell pH-Elektrode*

S. 93, V1

## Tätigkeitsbeschreibung
Zwei zweigeteilte Petrischalen werden mit Salzsäure, $c = 1$ mol/L, bzw. Salzsäure unbekannter Konzentration gefüllt. Es wird je eine Platin- und eine Graphit-Elektrode in je eine Halbzelle der Petrischalen eingetaucht. Die Platin-Elektrode wird jeweils mit dem Minuspol, die Graphit-Elektrode mit dem Pluspol verbunden. Es wird jeweils ein Bierdeckelfilz über den Steg gesteckt und elektrolysiert. Die Petrischalen werden so nebeneinander gestellt, dass die Halbzellen mit den Platin-Elektroden nebeneinander liegen. Mit einem Bierdeckelfilz werden die Wasserstoff-Halbzellen zu einer galvanischen Zelle verbunden. Die Spannung wird mit einem Voltmeter gemessen.

**Tätigkeit mit Gefahrstoffen:** *Ja*

### Salzsäure, $c \leq 1$ mol/L

| AGW: - | H290, H314 |
|---|---|
| | P280, P301+P330+P331, P305+P351+P338, P308+P310 |

GEFAHR

### Platin, Graphit

AGW: -

### Sauerstoff; Produkt

| AGW: - | H370 |
|---|---|
| | P244, P220, P370+P376, P403 |

GEFAHR

### Wasserstoff; Produkt/Edukt

| AGW: - | H220 |
|---|---|
| | P210, P377, P381, P403 |

GEFAHR

| Gefahren durch Einatmen: **Nein** | Brandgefahr: **Ja** | Sonstige Gefahren: **Nein** |
|---|---|---|
| Gefahren durch Hautkontakt: **Ja** | Explosionsgefahr: **Nein** | |

**Substitution möglich:** *Nein* (Vgl. Begründung auf Seite 4.)

## Ergebnis der Gefährdungsbeurteilung
Folgende Schutzmaßnahmen sind zu beachten:

| Mindeststandards (TRGS 500) | Schutzbrille | Schutzhandschuhe | Abzug | geschlossenes System | Lüftungsmaßnahmen | Brandschutzmaßnahmen | Weitere Maßnahmen: keine |
|---|---|---|---|---|---|---|---|
| ☑ | ☑ | ☐ | ☐ | ☐ | ☐ | ☑ | ☐ |

Stand der Gefährdungsbeurteilung: September 2014

## 130
# Gefährdungsbeurteilung
*Untersuchung einer LECLANCHÉ-Zelle*     S. 94, V1

**Tätigkeitsbeschreibung**
Eine neue Taschenlampenbatterie wird der Länge nach durchgesägt und untersucht. Der $p$H-Wert der schwarzen Elektrolyt-Masse wird mit einem Stück angefeuchtetem Indikatorpapier geprüft. Ein Teil der schwarzen Elektolyt-Masse wird in einem Becherglas mit einem Natriumhydroxid-Plätzchen versetzt. Nach vorsichtigem Erhitzen wird der Geruch untersucht.

**Tätigkeit mit Gefahrstoffen:** *Ja*

**Zink (Teil der Batterie), Graphit (Teil der Batterie)**
   AGW: -

**Mangandioxid (Teil der Batterie)**
   AGW: -     H332, H302
                P221     ACHTUNG

**Ammoniumchlorid (Teil der Batterie);** Edukt
   AGW: -     H302, H319
                P305+P351+P338     ACHTUNG

**Natriumhydroxid;** Edukt
   AGW: -     H314, H290
                P280, P301+P330+P331, P309+P310,
                P305+P351+P338     GEFAHR

**Ammoniak;** Produkt
   AGW: -     H221, H280, H331, H314, H400, EUH071
                P210, P260, P280, P273, P304+P340,
                P303+P361+P353, P305+P351+P338,
                P337, P381, P405, P403     GEFAHR

| Gefahren durch Einatmen: Ja | Brandgefahr: Nein | Sonstige Gefahren: Nein |
|---|---|---|
| Gefahren durch Hautkontakt: Ja | Explosionsgefahr: Nein | |

**Substitution möglich:** *Nein* (Vgl. Begründung auf Seite 4.)

**Ergebnis der Gefährdungsbeurteilung**
Folgende Schutzmaßnahmen sind zu beachten:

| Mindeststandards (TRGS 500) | Schutzbrille | Schutzhandschuhe | Abzug | geschlossenes System | Lüftungsmaßnahmen | Brandschutzmaßnahmen | Weitere Maßnahmen: keine |
|---|---|---|---|---|---|---|---|
| ✓ | ✓ | ✓ | ☐ | ☐ | ✓ | ☐ | ☐ |

Stand der Gefährdungsbeurteilung: September 2014

# Gefährdungsbeurteilung
*Modell LECLANCHÉ-Zelle*

S. 94, V2

## Tätigkeitsbeschreibung
Aus 40 g Braunsteinpulver, 7 g Graphitpulver und 40 mL Ammoniumchlorid-Lösung, $w = 20\,\%$, wird eine Paste hergestellt. Die Paste wird in eine Extraktionshülse gefüllt und mit einem Graphitstab versehen. Die Extraktionshülse und ein Zinkblech werden in ein Becherglas mit Ammoniumchlorid-Lösung gestellt. Die Graphit-Elektrode wird über ein Voltmeter mit dem Zinkblech verbunden und die Spannung wird gemessen.

**Tätigkeit mit Gefahrstoffen:** *Ja*

### Zink, Graphit
AGW: –

### Mangandioxid — *Braunstein*
AGW: –   H332, H302
         P221

ACHTUNG

### Ammoniumchlorid
AGW: –   H302, H319
         P305+P351+P338

ACHTUNG

| Gefahren durch Einatmen: Ja | Brandgefahr: Nein | Sonstige Gefahren: Nein |
|---|---|---|
| Gefahren durch Hautkontakt: Ja | Explosionsgefahr: Nein | |

**Substitution möglich:** *Nein* (Vgl. Begründung auf Seite 4.)

## Ergebnis der Gefährdungsbeurteilung
Folgende Schutzmaßnahmen sind zu beachten:

| Mindeststandards (TRGS 500) | Schutzbrille | Schutzhandschuhe | Abzug | geschlossenes System | Lüftungsmaßnahmen | Brandschutzmaßnahmen | Weitere Maßnahmen: keine |
|---|---|---|---|---|---|---|---|
| ☑ | ☑ | ☐ | ☑ | ☐ | ☐ | ☐ | ☐ |

Stand der Gefährdungsbeurteilung: September 2014

# 132
## Gefährdungsbeurteilung
*Modell Lithiumbatterie*                                             S. 94, V3

**Tätigkeitsbeschreibung**
Aus 40 g Braunsteinpulver, 7 g Graphitpulver und 40 mL Ammoniumchlorid-Lösung, $w = 20\,\%$, wird eine Paste hergestellt. Die Paste wird in einen durchbohrten Deckel einer Getränkeflasche, in der ein kurzer Graphitstab steckt, gefüllt. Ein mit Kaliumnitrat-Lösung getränkter Bierdeckelfilz wird auf die Paste gelegt. Ein plattgeklopftes Stück Lithium wird auf den Bierdeckelfilz gegeben. Der Graphitstab und das Lithiumstück werden mit einem Voltmeter verbunden. Die Spannung wird gemessen. Ein Elektromotor wird angeschlossen.

**Tätigkeit mit Gefahrstoffen:** *Ja*

**Graphit, Manganhydroxid**; Produkt
    AGW: -

**Mangandioxid**; Edukt                                              *Braunstein*
    AGW: -    H332, H302
              P221
                                                                     ACHTUNG

**Ammoniumchlorid**
    AGW: -    H302, H319
              P305+P351+P338
                                                                     ACHTUNG

**Lithium**; Edukt
    AGW: -    H260, H314, EUH014
              P223, P231+P232, P280,
              P305+P351+P338, P370+P378, P422
                                                                     GEFAHR

**Lithiumchlorid**; Produkt
    AGW: -    H302, H315, H319
              P302+P352, P305+P351+P338
                                                                     ACHTUNG

| Gefahren durch Einatmen: Ja<br>Gefahren durch Hautkontakt: Ja | Brandgefahr: Ja<br>Explosionsgefahr: Nein | Sonstige Gefahren: Nein |
|---|---|---|

**Substitution möglich:** *Nein* (Vgl. Begründung auf Seite 4.)

### Ergebnis der Gefährdungsbeurteilung
Folgende Schutzmaßnahmen sind zu beachten:

| Mindest-<br>standards<br>(TRGS 500) | Schutzbrille | Schutz-<br>handschuhe | Abzug | geschlossenes<br>System | Lüftungs-<br>maßnahmen | Brandschutz-<br>maßnahmen | Weitere Maßnahmen:<br>keine |
|---|---|---|---|---|---|---|---|
| ✓ | ✓ | ☐ | ✓ | ☐ | ☐ | ✓ | ☐ |

Stand der Gefährdungsbeurteilung: September 2014

# Gefährdungsbeurteilung
*Modellversuch zur Zink-Luft-Zelle*

S. 97, V1

**Tätigkeitsbeschreibung**
In ein Becherglas mit Kalilauge, $c$ = 6 mol/L, werden ein Zinkblech und ein Stück Holzkohle getaucht. An das Zinkblech und das Holzkohlestück wird ein Spannungsmessgerät angeschlossen und die Spannung gemessen.

**Tätigkeit mit Gefahrstoffen:** *Ja*

**Zink**, Edukt, **Holzkohle**
  AGW: -

**Kaliumhydroxid-Lösung**, $c$ = 6 mol/L
  AGW: -     H302, H314
             P280, P301+P330+P331,
             P305+P351+P338, P309+P310

GEFAHR

**Zinkhydroxid-Lösung**; Produkt
  AGW: -     H315, H319
             P280, P302+P352, P305+P351+P338,
             P321, P332+P313, P362

ACHTUNG

| Gefahren durch Einatmen: *Nein*  | Brandgefahr: *Nein*         | Sonstige Gefahren: *Nein* |
| Gefahren durch Hautkontakt: *Ja* | Explosionsgefahr: *Nein*    |                           |

**Substitution möglich:** *Nein* (Vgl. Begründung auf Seite 4.)

**Ergebnis der Gefährdungsbeurteilung**
Folgende Schutzmaßnahmen sind zu beachten:

| Mindest-standards (TRGS 500) | Schutzbrille | Schutz-handschuhe | Abzug | geschlossenes System | Lüftungs-maßnahmen | Brandschutz-maßnahmen | Weitere Maßnahmen: keine |
|---|---|---|---|---|---|---|---|
| ☑ | ☑ | ☐ | ☐ | ☐ | ☐ | ☐ | ☐ |

Stand der Gefährdungsbeurteilung: September 2014

## Gefährdungsbeurteilung
*Modell-Bleiakkumulator*

S. 98, LV1 — Lehrerversuch

### Tätigkeitsbeschreibung
Zwei Bleibleche werden in Schwefelsäure, $w = 25\ \%$, getaucht. Die Bleibleche werden an eine Spannungsquelle angeschlossen und es wird eine Spannung von etwa 4 V angelegt. Es wird ein Voltmeter angeschlossen und die Spannung gemessen. Anschließend wird ein Verbraucher, z. B. eine Glühbirne oder ein kleiner Motor, angeschlossen und beobachtet.

### Tätigkeit mit Gefahrstoffen: *Ja*

**Blei**; Edukt/Produkt
AGW: -  H360Df, H332, H302, H373, H410
P201, P273, P308+P313
GEFAHR

**Schwefelsäure**, $w = 25\ \%$; Edukt
AGW: -  H290, H314
P280, P301+P330+P331,
P305+P351+P338, P308+P310
GEFAHR

**Bleisulfat**; Produkt/Edukt
AGW: -  H360Df, H332, H302, H373, H410
P201, P273, P308+P313
GEFAHR

**Blei(II)-oxid**; Produkt/Edukt
AGW: -  H272, H360Df, H302, H332, H410
P201, P273, P308+P313
GEFAHR

**Wasserstoff**; Produkt
AGW: -  H220
P210, P377, P381, P403
GEFAHR

| Gefahren durch Einatmen: *Ja* | Brandgefahr: *Ja* | Sonstige Gefahren: *Nein* |
|---|---|---|
| Gefahren durch Hautkontakt: *Ja* | Explosionsgefahr: *Nein* | |

### Substitution möglich: *Nein*
Eine experimentelle Erschließung des noch immer in Automobilen weit verbreiteten Bleiakkumulators ist nur unter Verwendung von Blei möglich.

### Ergebnis der Gefährdungsbeurteilung
Folgende Schutzmaßnahmen sind zu beachten:

| Mindeststandards (TRGS 500) | Schutzbrille | Schutzhandschuhe | Abzug | geschlossenes System | Lüftungsmaßnahmen | Brandschutzmaßnahmen | Weitere Maßnahmen: keine |
|---|---|---|---|---|---|---|---|
| ☑ | ☑ | ☐ | ☑ | ☐ | ☐ | ☑ | ☐ |

Stand der Gefährdungsbeurteilung: September 2014

# Gefährdungsbeurteilung
*Standard-Elektrodenpotenzial der Blei-Halbzellen*

S. 98, LV1 — Lehrerversuch

## Tätigkeitsbeschreibung
Zwei Bleibleche werden in Schwefelsäure, $w = 25\,\%$, getaucht. Die Bleibleche werden an eine Spannungsquelle angeschlossen und es wird eine Spannung von etwa 4 V angelegt. In einem weiteren Becherglas werden ein Platinblech und ein Graphitstab in Schwefelsäure, $c = 1\,\text{mol/L}$, gegeben. Die Platin-Elektrode wird mit dem Minus-, der Graphitstab mit dem Pluspol einer Gleichspannungsquelle verbunden, dann wird bei 5 V elektrolysiert. Die Bechergläser werden nebeneinander gestellt und mit einer Elektrolytbrücke verbunden. Die Pole des Modell-Bleiakkus werden nacheinander über ein Voltmeter mit dem Platinblech verbunden und jeweils wird die Spannung gemessen.

**Tätigkeit mit Gefahrstoffen:** *Ja*

**Blei**; Edukt/Produkt, **Bleisulfat**; Produkt/Edukt

| AGW: - | H360Df, H332, H302, H373, H410 |
|---|---|
|  | P201, P273, P308+P313 |

GEFAHR

**Schwefelsäure**, $w \leq 25\,\%$; Edukt

| AGW: - | H290, H314 |
|---|---|
|  | P280, P301+P330+P331, |
|  | P305+P351+P338, P308+P310 |

GEFAHR

**Blei(II)-oxid**; Produkt/Edukt

| AGW: - | H272, H360Df, H302, H332, H410 |
|---|---|
|  | P201, P273, P308+P313 |

GEFAHR

**Wasserstoff**; Produkt

| AGW: - | H220 |
|---|---|
|  | P210, P377, P381, P403 |

GEFAHR

**Sauerstoff**; Produkt

| AGW: - | H270 |
|---|---|
|  | P244, P220, P370+P376, P403 |

GEFAHR

| Gefahren durch Einatmen: *Ja* | Brandgefahr: *Ja* | Sonstige Gefahren: *Nein* |
|---|---|---|
| Gefahren durch Hautkontakt: *Ja* | Explosionsgefahr: *Nein* |  |

**Substitution möglich:** *Nein*
Eine experimentelle Erschließung des noch immer in Automobilen weit verbreiteten Bleiakkumulators ist nur unter Verwendung von Blei möglich.

## Ergebnis der Gefährdungsbeurteilung
Folgende Schutzmaßnahmen sind zu beachten:

| Mindeststandards (TRGS 500) | Schutzbrille | Schutzhandschuhe | Abzug | geschlossenes System | Lüftungsmaßnahmen | Brandschutzmaßnahmen | Weitere Maßnahmen: keine |
|---|---|---|---|---|---|---|---|
|  | ✓ | ✓ | ☐ | ✓ | ☐ | ☐ | ✓ | ☐ |

Stand der Gefährdungsbeurteilung: September 2014

# Gefährdungsbeurteilung
*Modell-Lithium-Ionen-Akku*　　　　　　　　　　　　　　　　　　　　　S. 103, V1

**Tätigkeitsbeschreibung**
In einem Schnappdeckelglas werden 0,6 g Lithiumchlorid in 15 mL DMSO gelöst. In die Lösung werden zwei Bleistiftminen, härte HB, eingetaucht, die zuvor mit dem Bunsenbrenner durchgeglüht wurden. Die Graphitminen werden mit einer Gleichspannungsquelle verbunden und es wird für 2 Minuten eine Spannung von 6 V angelegt. Anschließend werden die Minen mit einem Verbraucher angeschlossen und beobachtet, wie lange er betrieben werden kann. Weitere Lade- und Entladezyklen werden durchgeführt.

**Tätigkeit mit Gefahrstoffen:** *Ja*

**Dimethylsulfoxid**　　　　　　　　　　　　　　　　　　　　　　　　　　　　　DMSO
　　AGW: -

**Graphitminen**; Edukt/Produkt
　　AGW: -

**Lithiumchlorid**; Edukt/Produkt
　　AGW: -　　　　H302, H315, H319
　　　　　　　　　P302+P352, P305+P351+P338　　　　　　　　　　　　　ACHTUNG

**mit Lithium-Ionen interkaliertes Graphit**; Produkt/Edukt, durch **Lithium** abgeschätzt
　　AGW: -　　　　H260, H314, EUH014
　　　　　　　　　P223, P231+P232, P280,
　　　　　　　　　P305+P351+P338, P370+P378, P422　　　　　　　　　　GEFAHR

**Graphit mit angelagerten Chlorid-Ionen**; Produkt/Edukt, durch **Chlor** abgeschätzt
　　AGW: -　　　　H270, H330, H319, H315, H335, H400, EUH071
　　　　　　　　　P260, P220, P280, P244, P273, P304+P340,
　　　　　　　　　P305+P351+P338, P332+313, P370+P376,
　　　　　　　　　P302+P352, P315, P405, P403　　　　　　　　　　　　GEFAHR

| Gefahren durch Einatmen: *Ja* | Brandgefahr: *Ja* | Sonstige Gefahren: *Nein* |
| Gefahren durch Hautkontakt: *Ja* | Explosionsgefahr: *Nein* | |

**Substitution möglich:** *Nein* (Vgl. Begründung auf Seite 4.)

**Ergebnis der Gefährdungsbeurteilung**
Folgende Schutzmaßnahmen sind zu beachten:

| Mindeststandards (TRGS 500) | Schutzbrille | Schutzhandschuhe | Abzug | geschlossenes System | Lüftungsmaßnahmen | Brandschutzmaßnahmen | Weitere Maßnahmen: keine |
|---|---|---|---|---|---|---|---|
| ✓ | ✓ | ✓ | ☐ | ☐ | ✓ | ✓ | ☐ |

Stand der Gefährdungsbeurteilung: September 2014

# Gefährdungsbeurteilung
*Modell Brenstoffzelle*

S. 104, V1 – 3

## Tätigkeitsbeschreibung
In ein Becherglas mit Kalilauge, $c \leq 5$ mol/L, werden zwei Graphit-Elektroden bzw. zusammengerollte Rasierscherblätter so eingetaucht, dass diese sich nicht berühren. Es wird eine Spannungsquelle angeschlossen und bei einer Spannung von 4 V (bzw. $U \leq 12$ V) für max. 5 Minuten elektrolysiert. Anschließend wird ein Verbraucher angeschlossen und die Zeit festgehalten, die dieser betrieben werden kann. Es werden verschiedene Parameter geändert (niedrigere Konzentration, niedrigere Spannung, Abstand der Elektroden, Eintauchtiefe der Elektroden, geringere Dauer der Elektrolyse).

**Tätigkeit mit Gefahrstoffen:** *Ja*

**Graphit, Stäbe** bzw. **Rasierscherfolien**
AGW: -

**Kalilauge**, $c \leq 5$ mol/L
AGW: -    H290, H314
          P280, P301+P330+P331,
          P305+P351+P338, P308+P310    GEFAHR

**Wasser;** Edukt/Produkt
AGW: -

**Wasserstoff**; Produkt/Edukt
AGW: -    H220
          P210, P377, P381, P403    GEFAHR

**Sauerstoff**; Produkt/Edukt
AGW: -    H270
          P244, P220, P370+P376, P403    GEFAHR

| Gefahren durch Einatmen: Nein | Brandgefahr: Ja | Sonstige Gefahren: Nein |
| Gefahren durch Hautkontakt: Ja | Explosionsgefahr: Nein | |

**Substitution möglich:** *Nein* (Vgl. Begründung auf Seite 4.)

## Ergebnis der Gefährdungsbeurteilung
Folgende Schutzmaßnahmen sind zu beachten:

| Mindeststandards (TRGS 500) | Schutzbrille | Schutzhandschuhe | Abzug | geschlossenes System | Lüftungsmaßnahmen | Brandschutzmaßnahmen | Weitere Maßnahmen: keine |
|---|---|---|---|---|---|---|---|
| ✓ | ✓ | ☐ | ☐ | ☐ | ☐ | ✓ | ☐ |

Stand der Gefährdungsbeurteilung: September 2014

# 138
## Gefährdungsbeurteilung
*Hofmann'scher Wasserzersetzungsapparat*   S. 106, V1

**Tätigkeitsbeschreibung**
In einen Hofmann'schen Wasserzersetzungsapparat wird Schwefelsäure, $c$ = 0,5 mol/L, gefüllt. Über die zwei Platin-Elektroden wird eine Spannung von 10 bis 20 V angelegt. Mit einem in den Stromkreis eingebauten Amperemeter wird die Stromstärke gemessen und möglichst zwischen 200 und 500 mA gehalten. Die Elektrolyse lässt man einige Minuten laufen und die entstehenden Gase über beide offenen Hähne entweichen. Die Hähne werden gleichzeitig geschlossen und die entstehenden Gasvolumina in Abständen von 1 Minute abgelesen. Mit dem Kathodengas wird die Knallgasprobe durchgeführt, mit dem Anodengas die Glimmspanprobe. Der Versuch wird mit einer anderen Stromstärke wiederholt.

**Tätigkeit mit Gefahrstoffen:** *Ja*

**Schwefelsäure**, $c$ = 0,5 mol/L
  AGW: -      H290      ACHTUNG

**Wasser**; Edukt/Produkt
  AGW: -

**Wasserstoff**; Produkt/Edukt
  AGW: -      H220      GEFAHR
              P210, P377, P381, P403

**Sauerstoff**; Produkt/Edukt
  AGW: -      H270      GEFAHR
              P244, P220, P370+P376, P403

**Kohlenstoffdioxid**; Produkt
  AGW: 9100 mg/m³

| Gefahren durch Einatmen: Nein | Brandgefahr: Ja | Sonstige Gefahren: Nein |
| Gefahren durch Hautkontakt: Nein | Explosionsgefahr: Nein | |

**Substitution möglich:** *Nein* (Vgl. Begründung auf Seite 4.)

**Ergebnis der Gefährdungsbeurteilung**
Folgende Schutzmaßnahmen sind zu beachten:

| Mindeststandards (TRGS 500) | Schutzbrille | Schutzhandschuhe | Abzug | geschlossenes System | Lüftungsmaßnahmen | Brandschutzmaßnahmen | Weitere Maßnahmen: keine |
|---|---|---|---|---|---|---|---|
| ☑ | ☑ | ☐ | ☐ | ☐ | ☐ | ☑ | ☐ |

Stand der Gefährdungsbeurteilung: September 2014

# Gefährdungsbeurteilung
*Überpotenzial*

S. 112, V1

## Tätigkeitsbeschreibung
In ein U-Rohr wird Salzsäure, $c$ = 1 mol/L, gefüllt. Es werden einige Tropfen Phenolphthalein-Lösung hinzugegeben und Graphit-Elektroden in die Lösung gesteckt. Die Elektroden werden mit einer Gleichspannungsquelle verbunden und es wird einige Minuten bei $U$ = 6 V elektrolysiert.

**Tätigkeit mit Gefahrstoffen:** *Ja*

**Salzsäure**, $c$ = 1 mol/L; Edukt
- AGW: –
- H290

ACHTUNG

**Wasserstoff**; Produkt
- AGW: –
- H220
- P210, P377, P381, P403

GEFAHR

**Chlor**; Produkt
- AGW: –
- H270, H330, H319, H315, H335, H400, EUH071
- P260, P220, P280, P244, P273, P304+P340, P305+P351+P338, P332+313, P370+P376, P302+P352, P315, P405, P403

GEFAHR

**Phenolphthalein-Lösung**, $w$ < 1%
- AGW: –
- H225
- P210

GEFAHR

| Gefahren durch Einatmen: Ja<br>Gefahren durch Hautkontakt: Ja | Brandgefahr: Ja<br>Explosionsgefahr: Nein | Sonstige Gefahren: Nein |
|---|---|---|

**Substitution möglich:** *Nein* (Vgl. Begründung auf Seite 4.)

## Ergebnis der Gefährdungsbeurteilung
Folgende Schutzmaßnahmen sind zu beachten:

| Mindeststandards (TRGS 500) | Schutzbrille | Schutzhandschuhe | Abzug | geschlossenes System | Lüftungsmaßnahmen | Brandschutzmaßnahmen | Weitere Maßnahmen: keine |
|---|---|---|---|---|---|---|---|
| ✓ | ✓ | ☐ | ☐ | ☐ | ✓ | ✓ | ☐ |

Stand der Gefährdungsbeurteilung: September 2014

# 140
## Gefährdungsbeurteilung
*Lokalelement*   S. 114, V1

**Tätigkeitsbeschreibung**
In einem Reagenzglas wird eine Zinkgranalie zu verdünnter Salzsäure gegeben und die Gasentwicklung wird beobachtet. Anschließend wird ein Kupfer- oder Platindraht in die Salzsäure getaucht und mit der Zinkgranalie in Berührung gebracht. Es wird erneut beobachtet.

**Tätigkeit mit Gefahrstoffen:** *Ja*

**Zink**; Edukt, **Kupfer, Draht** bzw. **Platin, Draht**
| AGW: - | H290 |

**Salzsäure**, *c* = 1 mol/L; Edukt
| AGW: - | H290 |

**Wasserstoff**; Produkt
| AGW: - | H220 |
| | P210, P377, P381, P403 |

**Zinkchlorid-Lösung**; Produkt
| AGW: - | H302, H314, H410 |
| | P273, P280, P301+P330+P331, |
| | P305+P351+P338, P309+P310 |

| Gefahren durch Einatmen: *Nein* | Brandgefahr: *Ja* | Sonstige Gefahren: *Nein* |
| Gefahren durch Hautkontakt: *Ja* | Explosionsgefahr: *Nein* | |

**Substitution möglich:** *Nein* (Vgl. Begründung auf Seite 4.)

**Ergebnis der Gefährdungsbeurteilung**
Folgende Schutzmaßnahmen sind zu beachten:

| Mindeststandards (TRGS 500) | Schutzbrille | Schutzhandschuhe | Abzug | geschlossenes System | Lüftungsmaßnahmen | Brandschutzmaßnahmen | Weitere Maßnahmen: keine |
|---|---|---|---|---|---|---|---|
| ☑ | ☑ | ☐ | ☐ | ☐ | ☐ | ☐ | ☐ |

Stand der Gefährdungsbeurteilung: September 2014

# Gefährdungsbeurteilung
*Herstellung einer Agar-Platte mit Eisennägeln*   S. 116, V1

## Tätigkeitsbeschreibung
Ein Eisennagel wird mit einem Kupferdraht in der Mitte umwickelt, ein Eisennagel wird mit einem Stück Zink verbunden. Die zwei vorbereiteten Nägel werden mit einem dritten, unbehandelten Nagel so in eine Petrischale gelegt, dass sie sich nicht berühren. Sie werden mit der in V2 hergestellten Agar-Lösung übergossen. Die Schale wird ruhig stehen gelassen und beobachtet.

**Tätigkeit mit Gefahrstoffen:** *Nein*

### Agar-Lösung, Eisennägel; Edukte
AGW: -

### Agar-Platte; Produkt
AGW: -

| Gefahren durch Einatmen: *Nein*<br>Gefahren durch Hautkontakt: *Nein* | Brandgefahr: *Nein*<br>Explosionsgefahr: *Nein* | Sonstige Gefahren: *Nein* |
|---|---|---|

**Substitution möglich:** *Nein* (Vgl. Begründung auf Seite 4.)

## Ergebnis der Gefährdungsbeurteilung
Keine Gefährdungsbeurteilung nötig

Stand der Gefährdungsbeurteilung: September 2014

# Gefährdungsbeurteilung
*Herstellung der Agar-Lösung*                                    S. 116, V2

**Tätigkeitsbeschreibung**
In 100 mL Wasser werden 1 g Kaliumnitrat, 2 mL Phenolphthalein-Lösung, $w < 1\,\%$, und einige Kristalle Kaliumhexacyanoferrat(III) gelöst. Es werden 2 g Agar hinzugefügt und die Lösung wird kurz aufgekocht.

**Tätigkeit mit Gefahrstoffen:** *Ja*

**Kaliumnitrat**; Edukt
| AGW: - | H272 |
|        | P220 |

ACHTUNG

**Kaliumhexacyanoferrat(III)**; Edukt
| AGW: - | EUH032 |

**Phenolphthalein-Lösung**, $w < 1\,\%$; Edukt
| AGW: - | H220 |
|        | P210, P377, P381, P403 |

GEFAHR

**Agar**; Edukt, **Agar-Lösung**; Produkt
| AGW: - |

| Gefahren durch Einatmen: *Nein* | Brandgefahr: *Ja* | Sonstige Gefahren: *Nein* |
| Gefahren durch Hautkontakt: *Nein* | Explosionsgefahr: *Nein* | |

**Substitution möglich:** *Nein* (Vgl. Begründung auf Seite 4.)

**Ergebnis der Gefährdungsbeurteilung**
Folgende Schutzmaßnahmen sind zu beachten:

| Mindeststandards (TRGS 500) | Schutzbrille | Schutzhandschuhe | Abzug | geschlossenes System | Lüftungsmaßnahmen | Brandschutzmaßnahmen | Weitere Maßnahmen: keine |
|---|---|---|---|---|---|---|---|
| ✓ | ✓ | ☐ | ☐ | ☐ | ☐ | ✓ | ☐ |

Stand der Gefährdungsbeurteilung: September 2014

# Gefährdungsbeurteilung
*Kathodischer Korrosionsschutz*

S. 116, V3

## Tätigkeitsbeschreibung
In ein U-Rohr wird Kochsalz-Lösung gefüllt. Es werden einige Tropfen Phenolphthalein-Lösung und einige Kristalle Kaliumhexacyanoferrat(III) hinzugegeben. Es werden zwei Eisennägel eingetaucht und mit einer Spannungsquelle verbunden. Es wird eine Spannung von 1 V angelegt.

**Tätigkeit mit Gefahrstoffen:** *Ja*

### Natriumchlorid *Kochsalz*
AGW: -

### Kaliumhexacyanoferrat(III); Edukt
AGW: -   EUH032

### Phenolphthalein-Lösung, w < 1 %
AGW: -   H220
P210, P377, P381, P403

GEFAHR

### Eisen; Edukt, Berliner Blau, Natriumhydroxid-Lösung, c ≤ 0,1 mol/L; Produkte
AGW: -

### Wasserstoff; Produkt
AGW: -   H220
P210, P377, P381, P403

GEFAHR

| Gefahren durch Einatmen: Nein | Brandgefahr: Ja | Sonstige Gefahren: Nein |
|---|---|---|
| Gefahren durch Hautkontakt: Nein | Explosionsgefahr: Nein | |

**Substitution möglich:** *Nein* (Vgl. Begründung auf Seite 4.)

## Ergebnis der Gefährdungsbeurteilung
Folgende Schutzmaßnahmen sind zu beachten:

| Mindest-standards (TRGS 500) | Schutzbrille | Schutz-handschuhe | Abzug | geschlossenes System | Lüftungs-maßnahmen | Brandschutz-maßnahmen | Weitere Maßnahmen: keine |
|---|---|---|---|---|---|---|---|
| ☑ | ☑ | ☐ | ☐ | ☐ | ☐ | ☑ | ☐ |

Stand der Gefährdungsbeurteilung: September 2014

# 144
## Gefährdungsbeurteilung
*Galvanisierung*　　　　　　　　　　　　　　　　　　　　　　　　　　　　　S. 116, LV4

**Tätigkeitsbeschreibung**
In ein Becherglas werden 50 mL Kupfersulfat-Lösung, $c = 1$ mol/L, gegeben und mit 10 mL Schwefelsäure, $c = 1$ mol/L, angesäuert. Ein Kupferblech und ein zu verkupfernder Gegenstand werden in die Lösung getaucht. Das Kupferblech wird als Anode, das Metallstück als Kathode geschaltet. Eine Gleichspannung von 4 V wird angelegt.

**Tätigkeit mit Gefahrstoffen:** *Ja*

**Kupfersulfat**

| AGW: - | H302, H319, H315, H410 | ACHTUNG |
|---|---|---|
| | P273, P305+P351+P338, P302+P352 | |

**Schwefelsäure**, $c = 1$ mol/L

| AGW: - | H290, H314 | GEFAHR |
|---|---|---|
| | P280, P301+P330+P331, P305+P351+P338, P308+P310 | |

**zu verkupferndes Metallstück, Kupferblech**; Edukte, **verkupfertes Metallstück**; Produkt
AGW: -

| Gefahren durch Einatmen: *Nein* | Brandgefahr: *Nein* | Sonstige Gefahren: *Nein* |
|---|---|---|
| Gefahren durch Hautkontakt: *Ja* | Explosionsgefahr: *Nein* | |

**Substitution möglich:** *Nein* (Vgl. Begründung auf Seite 4.)

**Ergebnis der Gefährdungsbeurteilung**
Folgende Schutzmaßnahmen sind zu beachten:

| Mindeststandards (TRGS 500) | Schutzbrille | Schutzhandschuhe | Abzug | geschlossenes System | Lüftungsmaßnahmen | Brandschutzmaßnahmen | Weitere Maßnahmen: keine |
|---|---|---|---|---|---|---|---|
| ☑ | ☑ | ☐ | ☐ | ☐ | ☐ | ☐ | ☐ |

Stand der Gefährdungsbeurteilung: September 2014

# Gefährdungsbeurteilung
*Schmelzverhalten von PE, PP, PVC, PET, Bakelit und Gummi*   S. 126, V1

**Tätigkeitsbeschreibung**
Je eine Probe der Kunststoffe PE, PP, PVC, PET, Bakelit und Gummi wird mit einem Heißluftföhn erhitzt und ihre Verformbarkeit im erwärmten Zustand durch vorsichtiges Drücken mit einem Glasstab oder Spatel überprüft.

**Tätigkeit mit Gefahrstoffen:** *Nein*

**Kunststoffproben aus PE, PP, PVC, PET, Bakelit und Gummi**
   AGW: -

| Gefahren durch Einatmen: *Nein*  Gefahren durch Hautkontakt: *Nein* | Brandgefahr: *Nein*  Explosionsgefahr: *Nein* | Sonstige Gefahren: *Ja*  Verbrennungsgefahr durch Heißluftföhn |
|---|---|---|

**Substitution möglich:** *Nein* (Vgl. Begründung auf Seite 4.)

**Ergebnis der Gefährdungsbeurteilung**
Folgende Schutzmaßnahmen sind zu beachten:

| Mindeststandards (TRGS 500) | Schutzbrille | Schutzhandschuhe | Abzug | geschlossenes System | Lüftungsmaßnahmen | Brandschutzmaßnahmen | Weitere Maßnahmen: keine |
|---|---|---|---|---|---|---|---|
| ☑ | ☑ | ☐ | ☐ | ☐ | ☐ | ☐ | ☐ |

Stand der Gefährdungsbeurteilung: September 2014

# Gefährdungsbeurteilung
*Brennverhalten von PE, PP, PVC, PET, Bakelit und Gummi* S. 126, V2

**Tätigkeitsbeschreibung**
Je eine Probe der Kunststoffe PE, PP, PVC, PET, Bakelit und Gummi wird unter dem Abzug mit Hilfe eines Gasbrenners auf Brennbarkeit, Rußbildung und Schmelzverhalten überprüft, indem sie mit einer Tiegelzange in die Flamme gehalten werden.

**Tätigkeit mit Gefahrstoffen:** *Ja*

**Kunststoffproben aus PE, PP, PVC, PET, Bakelit und Gummi**; Edukte
AGW: -

**Kohlenstoffdioxid, Wasser, Kohlenstoff**; Produkte
AGW: -

**Kohlenstoffmonooxid**; mögl. Produkt
AGW: 35 mg/m³   H220, H360, H331, H372
P260, P210, P202, P377, P304+P340,
P308+P313, P381, P405, P403

| Gefahren durch Einatmen: *Ja* | Brandgefahr: *Ja* | Sonstige Gefahren: *Ja* |
| Gefahren durch Hautkontakt: *Nein* | Explosionsgefahr: *Nein* | Verbrennungsgefahr durch Brennerflamme |

**Substitution möglich:** *Nein* (Vgl. Begründung auf Seite 4.)

**Ergebnis der Gefährdungsbeurteilung**
Folgende Schutzmaßnahmen sind zu beachten:

| Mindeststandards (TRGS 500) | Schutzbrille | Schutzhandschuhe | Abzug | geschlossenes System | Lüftungsmaßnahmen | Brandschutzmaßnahmen | Weitere Maßnahmen: keine |
|---|---|---|---|---|---|---|---|
| ☑ | ☑ | ☐ | ☑ | ☐ | ☐ | ☑ | ☐ |

Stand der Gefährdungsbeurteilung: September 2014

# Gefährdungsbeurteilung
*Dichten von PE, PP, PVC, PET, Bakelit und Gummi*  S. 126, V3

### Tätigkeitsbeschreibung
Je eine Probe der Kunststoffe PE, PP, PVC, PET, Bakelit und Gummi wird zum einem in ein Becherglas mit Wasser, zum anderen in ein Becherglas mit konzentrierter Kochsalz-Lösung, $\beta$ = 1,18 g/mL, gegeben. Ihr Sink- bzw. Schwimmverhalten wird beobachtet.

**Tätigkeit mit Gefahrstoffen:** *Nein*

### Kunststoffproben aus PE, PP, PVC, PET, Bakelit und Gummi
AGW: -

### Wasser
AGW: -

### Natriumchlorid  *Kochsalz*
AGW: -

| Gefahren durch Einatmen: *Nein* <br> Gefahren durch Hautkontakt: *Nein* | Brandgefahr: *Nein* <br> Explosionsgefahr: *Nein* | Sonstige Gefahren: *Nein* |
|---|---|---|

**Substitution möglich:** *Nein*

### Ergebnis der Gefährdungsbeurteilung
Keine Gefährdungsbeurteilung notwendig

Stand der Gefährdungsbeurteilung: September 2014

# 148
## Gefährdungsbeurteilung
*Veränderung eines Gummibands beim Erwärmen*

S. 126, V4

**Tätigkeitsbeschreibung**
Ein Gewicht wird mit einem Gummiband an einem Stativ aufgehängt und so auf einer Waage abgelegt, dass das Gummiband einen geringen Teil des Gewichts der Probe auffängt. Das Gummiband wird nun mit einer Infrarotlampe erwärmt und der Messwert beobachtet. Anschließend wird die Lampe abgeschaltet und der Messwert beim Abkühlen des Gummibandes abgelesen.

**Tätigkeit mit Gefahrstoffen:** *Nein*

**Gewicht, Gummiband**
AGW: -

| Gefahren durch Einatmen: *Nein* | Brandgefahr: *Nein* | Sonstige Gefahren: *Nein* |
| Gefahren durch Hautkontakt: *Nein* | Explosionsgefahr: *Nein* | |

**Substitution möglich:** *Nein*

**Ergebnis der Gefährdungsbeurteilung**
Keine Gefährdungsbeurteilung notwendig

Stand der Gefährdungsbeurteilung: September 2014

# Gefährdungsbeurteilung
*Polymerisation von MMA - Vorversuche*  S. 130, V1

## Tätigkeitsbeschreibung
In vier Reagenzgläser werden je 5 mL Methylmethacrylat gegeben. Dem ersten werden 50 mg, dem zweiten 100 mg AIBN durch die Lehrperson zugesetzt, dem dritten 50 mg, dem vierten 100 mg BPO. Die Reagenzgläser werden in ein Wasserbad gehängt, das eine Temperatur von 60 °C, 70 °C oder 80°C hat. In 5-min-Abständen wird die Zähigkeit der Proben beobachtet. Die Proben werden bis zur nächsten Unterrichtsstunde stehen gelassen. Die festen Proben werden zerschlagen und die Inhalte erneut geprüft.

## Tätigkeit mit Gefahrstoffen: *Ja*

**Methylmethacrylat**; Edukt  MMA
AGW: 20 mg/m³  H225, H335, H315, H317
P210, P262, P280, P301+P310, P315  GEFAHR

**Methylmethacrylat mit α,α'-Azoisobutyronitril**, w < 3 %; Zwischenprodukt
AGW: 20 mg/m³  H225, H335, H315, H317
P210, P262, P280, P301+P310, P315  GEFAHR

**Methylmethacrylat mit Dibenzoylperoxid**, w < 3 %; Zwischenprodukt  BPO
AGW: 5 mg/m³  H225, H335, H315, H317
P210, P262, P280, P301+P310, P315  GEFAHR

**Polymethylmethacrylat**; Produkt  PMMA
AGW: -

| Gefahren durch Einatmen: *Ja* | Brandgefahr: *Ja* | Sonstige Gefahren: *Nein* |
| Gefahren durch Hautkontakt: *Ja* | Explosionsgefahr: *Nein* | |

**Substitution möglich:** *Nein* (Vgl. Begründung auf Seite 4.)

## Ergebnis der Gefährdungsbeurteilung
Folgende Schutzmaßnahmen sind zu beachten:

| Mindeststandards (TRGS 500) | Schutzbrille | Schutzhandschuhe | Abzug | geschlossenes System | Lüftungsmaßnahmen | Brandschutzmaßnahmen | Weitere Maßnahmen: keine |
|---|---|---|---|---|---|---|---|
| ☑ | ☑ | ☑ | ☑ | ☐ | ☐ | ☑ | ☐ |

Stand der Gefährdungsbeurteilung: September 2014

## 150
# Gefährdungsbeurteilung
*Polymerisation von MMA - Herstellung des Prepolymers*  S. 130, LV2; LV4  **Lehrerversuch**

**Tätigkeitsbeschreibung**
In einem 100-mL-Becherglas werden 10 mg AIBN in 30 mL MMA gelöst. Die Mischung wird 20 min lang mit einem Wasserbad auf 92 – 95 °C erwärmt. Die erhaltene zähflüssige Masse wird im Eisbad abgekühlt und weitere 10 mg AIBN werden unter Rühren hinzugefügt. Die Mischung wird in V3 weiterverwendet.
Für LV4 wird der Mischung noch ein Fluoreszenzfarbstoff, z. B. 10 mg Rubren, hinzugefügt.

**Tätigkeit mit Gefahrstoffen:** *Ja*

**Methylmethacrylat**; Edukt  MMA
AGW: 20 mg/m³  H225, H335, H315, H317
P210, P262, P280, P301+P310, P315  GEFAHR

**α,α'-Azoisobutyronitril**; Edukt  AIBN
AGW: -  H242, H332, H302, H412
P210, P280, P273  GEFAHR

**Rubren**; (LV4)
AGW: -

**Polymethylmethacrylat-Prepolymer**; Produkt
AGW: -

| Gefahren durch Einatmen: *Ja* | Brandgefahr: *Ja* | Sonstige Gefahren: *Nein* |
| Gefahren durch Hautkontakt: *Ja* | Explosionsgefahr: *Nein* | |

**Substitution möglich:** *Nein* (Vgl. Begründung auf Seite 4.)

**Ergebnis der Gefährdungsbeurteilung**
Folgende Schutzmaßnahmen sind zu beachten:

| Mindeststandards (TRGS 500) | Schutzbrille | Schutzhandschuhe | Abzug | geschlossenes System | Lüftungsmaßnahmen | Brandschutzmaßnahmen | Weitere Maßnahmen: keine |
|---|---|---|---|---|---|---|---|
| ☑ | ☑ | ☑ | ☑ | ☐ | ☐ | ☑ | ☐ |

Stand der Gefährdungsbeurteilung: September 2014

# Gefährdungsbeurteilung
*Herstellung von PMMA*  S. 130, V3

**Tätigkeitsbeschreibung**
Zur Herstellung einer Flachkammer wird ein Stück PVC-Schlauch U-förmig zwischen zwei Glasplatten eingeklemmt. Die Vorrichtung wird (z. B. mit Foldbackklammern) fixiert.
Das Prepolymer aus LV2 wird in die vorbereitete Flachkammer gegossen und diese entweder bei 55 °C im Trockenschrank über Nacht oder eine Stunde lang im Wasserbad auf 70 °C erhitzt. Anschließend wird die PMMA-Scheibe vorsichtig aus den Glasscheiben herausgelöst.

**Tätigkeit mit Gefahrstoffen:** *Nein*

**Polymethylmethacrylat-Prepolymer**; Edukt
AGW: -

**Polymethylmethacrylat**; Produkt  *PMMA*
AGW: -

| Gefahren durch Einatmen: *Nein*<br>Gefahren durch Hautkontakt: *Nein* | Brandgefahr: *Nein*<br>Explosionsgefahr: *Nein* | Sonstige Gefahren: *Nein* |

**Substitution möglich:** *Nein*

**Ergebnis der Gefährdungsbeurteilung**
Keine Gefährdungsbeurteilung notwendig

Stand der Gefährdungsbeurteilung: September 2014

## Gefährdungsbeurteilung
*Radikalische Bromierung von n-Heptan*

S. 132, V1

**Tätigkeitsbeschreibung**

In einem trockenen 100-mL-Erlenmeyerkolben werden 30 mL n-Heptan vorgelegt. Von der Lehrperson werden unter dem Abzug 5 – 6 Tropfen elementares Brom hinzugefügt und gut vermischt. Die Hälfte der Lösung wird in einen zweiten trockenen Erlenmeyerkolben abgegossen. Die Kolben werden mit einem Uhrglas abgedeckt und auf dem Overhead-Projektor durch eine rote bzw. blaue Glasscheibe belichtet. Die Unterschiede werden beobachtet, die Gasphasen werden mit einem Stück feuchten Indikatorpapier und einem Tropfen konz. Ammoniak-Lösung an einem Glasstab getestet. Die Erlenmeyerkolben werden mit je 30 mL Wasser gefüllt, gut vermischt und anschließend die Phasen getrennt. Mit den organischen Phasen wird die BEILSTEIN-Probe (LV2) durchgeführt.

**Tätigkeit mit Gefahrstoffen:** *Ja*

**n-Heptan, n-Heptan mit Brom**, $c < 0{,}1\ \%$; Edukt

AGW: 2100 mg/m³
H225, H304, H315, H336, H410
P210, P273, P301+P310, P331
P302+P352, P403+P235

GEFAHR

**n-Heptan mit verschiedenen Bromheptanen**, $c < 0{,}1\ \%$; Produkt

AGW: 2100 mg/m³
H225, H304, H315, H336, H410
P210, P273, P301+P310, P331
P302+P352, P403+P235

GEFAHR

**Bromwasserstoff**; Produkt/Edukt

AGW: 6,7 mg/m³
H331, H314, H280, H335
P260, P280, P304+P340,
P303+P361+P353, P305+P351+P338,
P405, P403

GEFAHR

**Ammoniak, konz.**; Edukt

AGW: -
H314, H335, H400
P273, P280, P301+P330+P331,
P304+P340, P305+P351+P338,
P309+P310

GEFAHR

**Ammoniumbromid**; Produkt

AGW: -
H315, H319
P280, P302+P352, P305+P351+P338,
P321, P332+P313, P362

ACHTUNG

| Gefahren durch Einatmen: Ja | Brandgefahr: Ja | Sonstige Gefahren: Nein |
| Gefahren durch Hautkontakt: Ja | Explosionsgefahr: Nein | |

**Substitution möglich:** *Nein* (Vgl. Begründung auf Seite 4.)

**Ergebnis der Gefährdungsbeurteilung**

Folgende Schutzmaßnahmen sind zu beachten:

| Mindeststandards (TRGS 500) | Schutzbrille | Schutzhandschuhe | Abzug | geschlossenes System | Lüftungsmaßnahmen | Brandschutzmaßnahmen | Weitere Maßnahmen: keine |
|---|---|---|---|---|---|---|---|
| ✓ | ✓ | ☐ | ✓ | ☐ | ☐ | ✓ | ☐ |

Stand der Gefährdungsbeurteilung: September 2014

# Gefährdungsbeurteilung
*BEILSTEIN-Probe*

S. 132, LV2 — Lehrerversuch

## Tätigkeitsbeschreibung
Ein Streifen Kupferblech wird ausgeglüht, bis keine Flammenfärbung mehr zu sehen ist, anschließend lässt man den Streifen abkühlen und gibt eine Probe der zu untersuchenden Substanz (bromheptanhaltige Lösung aus V1 bzw. reines n-Heptan) auf den Kupferstreifen und hält diesen erneut in die Flamme.

**Tätigkeit mit Gefahrstoffen:** *Ja*

### n-Heptan; Edukt
AGW: 2100 mg/m³  
H225, H304, H315, H336, H410  
P210, P273, P301+P310, P331  
P302+P352, P403+P235  
GEFAHR

### n-Heptan mit verschiedenen Bromheptanen, c < 0,1 %; Edukt
AGW: 2100 mg/m³  
H225, H304, H315, H336, H410  
P210, P273, P301+P310, P331  
P302+P352, P403+P235  
GEFAHR

### Kupfer; Edukt, Kupferoxid, Kohlenstoffdioxid, Wasser; Produkte
AGW: -

### weitere bromierte Kohlenwasserstoffe; mögl. Nebenprodukte
Keine Einstufung verfügbar.  
*Hinweis:* Bei der BEILSTEIN-Probe an PVC können hoch krebserregende Dioxine entstehen. Daher ist diese BEILSTEIN-Probe in der Schule unzulässig.

| | | |
|---|---|---|
| Gefahren durch Einatmen: *Ja* <br> Gefahren durch Hautkontakt: *Ja* | Brandgefahr: *Ja* <br> Explosionsgefahr: *Nein* | Sonstige Gefahren: *Nein* |

**Substitution möglich:** *Nein* (Vgl. Begründung auf Seite 4.)

## Ergebnis der Gefährdungsbeurteilung
Folgende Schutzmaßnahmen sind zu beachten:

| Mindeststandards (TRGS 500) | Schutzbrille | Schutzhandschuhe | Abzug | geschlossenes System | Lüftungsmaßnahmen | Brandschutzmaßnahmen | Weitere Maßnahmen: keine |
|---|---|---|---|---|---|---|---|
| ☑ | ☑ | ☐ | ☑ | ☐ | ☐ | ☑ | ☐ |

Stand der Gefährdungsbeurteilung: September 2014

# 154
## Gefährdungsbeurteilung
*Bromaddition an Verbindungen mit Doppelbindungen: Variante I*   S. 136, LV1-1   *Lehrerversuch*

**Tätigkeitsbeschreibung**
In einen trockenen Standzylinder werden unter dem Abzug vier Tropfen elementares Brom gegeben. Nachdem diese verdunstet sind, gibt man zehn Tropfen Hepten hinzu und verschließt das Gefäß wieder. Nach Ablauf der Reaktion testet man den Gasraum mit feuchtem $p$H-Indikatorpapier.

**Tätigkeit mit Gefahrstoffen:** *Ja*

**Brom**; Edukt
AGW: 0,7 mg/m³    H330, H314, H400
P210, P273, P304+P340,
P305+P351+P338, P309+P310,
P403+P233
GEFAHR

**Hept-1-en**; Edukt
AGW: -    H225, H304
P210, P301+P310, P331
GEFAHR

**1,2-Dibromheptan**; Produkt
keine Einstufung verfügbar

| Gefahren durch Einatmen: Ja | Brandgefahr: Ja | Sonstige Gefahren: Nein |
| Gefahren durch Hautkontakt: Ja | Explosionsgefahr: Nein | |

**Substitution möglich:** *Nein* (Vgl. Begründung auf Seite 4.)

**Ergebnis der Gefährdungsbeurteilung**
Folgende Schutzmaßnahmen sind zu beachten:

| Mindeststandards (TRGS 500) | Schutzbrille | Schutzhandschuhe | Abzug | geschlossenes System | Lüftungsmaßnahmen | Brandschutzmaßnahmen | Weitere Maßnahmen: keine |
|---|---|---|---|---|---|---|---|
| ☑ | ☑ | ☐ | ☑ | ☐ | ☐ | ☑ | ☐ |

Stand der Gefährdungsbeurteilung: September 2014

# Gefährdungsbeurteilung
*Bromaddition an Verbindungen mit Doppelbindungen: Variante II*  S. 136, LV1-2  **Lehrerversuch**

## Tätigkeitsbeschreibung
In einen trockenen Standzylinder werden unter dem Abzug vier Tropfen elementares Brom gegeben. Nachdem diese verdunstet sind, gibt man zehn Tropfen Cyclohexen hinzu und verschließt das Gefäß wieder. Nach Ablauf der Reaktion testet man den Gasraum mit feuchtem *p*H-Indikatorpapier.

**Tätigkeit mit Gefahrstoffen:** *Ja*

**Brom**; Edukt

| AGW: 0,7 mg/m$^3$ | H330, H314, H400<br>P210, P273, P304+P340,<br>P305+P351+P338, P309+P310,<br>P403+P233 | GEFAHR |

**Cyclohexen**; Edukt

| AGW: - | H225, H302, H304, H411<br>P210, P280, P301+P310, P312, P331 | GEFAHR |

**1,2-Dibromcyclohexan**; Produkt

keine Einstufung verfügbar

| Gefahren durch Einatmen: *Ja*<br>Gefahren durch Hautkontakt: *Ja* | Brandgefahr: *Ja*<br>Explosionsgefahr: *Nein* | Sonstige Gefahren: *Nein* |

**Substitution möglich:** *Nein* (Vgl. Begründung auf Seite 4.)

## Ergebnis der Gefährdungsbeurteilung
Folgende Schutzmaßnahmen sind zu beachten:

| Mindeststandards (TRGS 500) | Schutzbrille | Schutzhandschuhe | Abzug | geschlossenes System | Lüftungsmaßnahmen | Brandschutzmaßnahmen | Weitere Maßnahmen: keine |
|---|---|---|---|---|---|---|---|
| ☑ | ☑ | ☐ | ☑ | ☐ | ☐ | ☑ | ☐ |

Stand der Gefährdungsbeurteilung: September 2014

## Gefährdungsbeurteilung
*Entfärbung von Bromwasser durch Verbindungen mit Doppelbindungen*   S. 136, V2a

**Tätigkeitsbeschreibung**
In einem Erlenmeyerkolben werden 50 mL *tert.*-Butanol mit 2,5 mL konz. Schwefelsäure versetzt und unter Rückfluss zum Sieden erhitzt. Das entstehende Gas wird durch eine Waschflasche geleitet, die 60 mL gesättigtes Bromwasser enthält. Das entweichende Gas wird mit einem feuchten *p*H-Indikatorpapier getestet.

**Tätigkeit mit Gefahrstoffen:** *Ja*

**Bromwasser**, $w < 5\%$; Edukt
AGW: 0,7 mg/m³
H330, H314, H400
P210, P273, P304+P340,
P305+P351+P338, P309+P310,
P403+P233
GEFAHR

***tert.*-Butanol**; Edukt
AGW: 62 mg/m³
H225, H332, H319, H335
P210, P305+P351+P338, P403+P233
GEFAHR

**Schwefelsäure, konz.**
AGW: -
H314, H290
P280, P301+P330+P331, P309+P310,
P305+P351+P338
GEFAHR

**Isobuten**; Produkt/Edukt
AGW: -
H220
P210, P337, P381, P403
GEFAHR

**1,2-Dibrom-2-methylpropan**; Produkt
AGW: -
H302, H312, H315, H319, H332, H335,
H351
P261, P280, P305+P351+P338
ACHTUNG

**Bromwasserstoff-Lösung**; Produkt/Edukt
AGW: 6,7 mg/m³
H331, H314, H280, H335
P260, P280, P304+P340,
P303+P361+P353, P305+P351+P338,
P405, P403
GEFAHR

**1-Brom-2-methylpropan-2-ol, 2-Brom-2methylpropan-1-ol**; Produkte
keine Gefahrstoffdaten verfügbar

| Gefahren durch Einatmen: Ja | Brandgefahr: Ja | Sonstige Gefahren: Nein |
|---|---|---|
| Gefahren durch Hautkontakt: Ja | Explosionsgefahr: Nein | |

**Substitution möglich:** *Nein* (Vgl. Begründung auf Seite 4.)
**Ergebnis der Gefährdungsbeurteilung**
Folgende Schutzmaßnahmen sind zu beachten:

| Mindest-standards (TRGS 500) | Schutzbrille | Schutz-handschuhe | Abzug | geschlossenes System | Lüftungs-maßnahmen | Brandschutz-maßnahmen | Weitere Maßnahmen: keine |
|---|---|---|---|---|---|---|---|
| ✓ | ✓ | ☐ | ✓ | ☐ | ☐ | ✓ | ☐ |

Stand der Gefährdungsbeurteilung: September 2014

# Gefährdungsbeurteilung
*Entfärbung von Bromwasser durch Verbindungen mit Doppelbindungen*  S. 136, V2b — **Lehrerversuch** — 157

### Tätigkeitsbeschreibung
Wenn keine weitere Farbänderung in der Waschflasche aus V2a mehr beobachtet werden kann, wird der Inhalt mit 10 mL n-Heptan versetzt und geschüttelt. Die zwei Phasen werden mit Hilfe eines Scheidetrichters getrennt. Mit der organischen Phase wird die BEILSTEIN-Probe durchgeführt.

**Tätigkeit mit Gefahrstoffen:** *Ja*

### 1,2-Dibrom-2-methylpropan in Wasser; Edukt
AGW: -  
H302, H312, H315, H319, H332, H335, H351  
P261, P280, P305+P351+P338  
ACHTUNG

### n-Heptan; Edukt
AGW: 2100 mg/m³  
H225, H304, H315, H336, H410  
P210, P273, P301+P310, P331  
P302+P352, P403+P235  
GEFAHR

### 1,2-Dibrom-2-methylpropan in n-Heptan; Produkt/Edukt
AGW: 2100 mg/m³  
H225, H304, H315, H336, H410  
P210, P273, P301+P310, P331  
P302+P352, P403+P235  
GEFAHR

### Kupfer; Edukt, Kupferoxid, Kohlenstoffdioxid, Wasser; Produkte
AGW: -

### weitere bromierte Kohlenwasserstoffe; mögl. Nebenprodukte
Keine Einstufung verfügbar.  
*Hinweis*: Bei der BEILSTEIN-Probe an PVC können hoch krebserregende Dioxine entstehen. Daher ist diese BEILSTEIN-Probe in der Schule unzulässig.

### Bromwasserstoff-Lösung; Produkt/Edukt
AGW: 6,7 mg/m³  
H331, H314, H280, H335  
P260, P280, P304+P340,  
P303+P361+P353, P305+P351+P338,  
P405, P403  
GEFAHR

| Gefahren durch Einatmen: | Ja | Brandgefahr: | Ja | Sonstige Gefahren: | Nein |
|---|---|---|---|---|---|
| Gefahren durch Hautkontakt: | Ja | Explosionsgefahr: | Nein | | |

**Substitution möglich:** *Nein* (Vgl. Begründung auf Seite 4.)

### Ergebnis der Gefährdungsbeurteilung
Folgende Schutzmaßnahmen sind zu beachten:

| Mindeststandards (TRGS 500) | Schutzbrille | Schutzhandschuhe | Abzug | geschlossenes System | Lüftungsmaßnahmen | Brandschutzmaßnahmen | | Weitere Maßnahmen: keine |
|---|---|---|---|---|---|---|---|---|
| ☑ | ☑ | ☐ | ☑ | ☐ | ☐ | ☑ | ☐ | |

Stand der Gefährdungsbeurteilung: September 2014

## 158
# Gefährdungsbeurteilung
*Entfärbung von Bromwasser durch Verbindungen mit Doppelbindungen*  S. 136, V2c,d

**Tätigkeitsbeschreibung**
Die wässrige Phase aus V2b wird mit einem pH-Indikatorpapier getestet. 3 mL der wässrigen Phase werden mit 1 mL Silbernitrat-Lösung, w = 2 %, versetzt.

**Tätigkeit mit Gefahrstoffen:** *Ja*

**Bromwasserstoff-Lösung**; Edukt

| AGW: 6,7 mg/m$^3$ | H331, H314, H280, H335 <br> P260, P280, P304+P340, <br> P303+P361+P353, P305+P351+P338, <br> P405, P403 | GEFAHR |

**Silbernitrat-Lösung**, w = 2%; Edukt

| AGW: - | H315, H319, H410 <br> P273, P280, P305+P351+P338 | ACHTUNG |

**Silberbromid**; Produkt

AGW: -

| Gefahren durch Einatmen: Nein <br> Gefahren durch Hautkontakt: Ja | Brandgefahr: Nein <br> Explosionsgefahr: Nein | Sonstige Gefahren: Nein |

**Substitution möglich:** *Nein* (Vgl. Begründung auf Seite 4.)

**Ergebnis der Gefährdungsbeurteilung**
Folgende Schutzmaßnahmen sind zu beachten:

| Mindeststandards (TRGS 500) | Schutzbrille | Schutzhandschuhe | Abzug | geschlossenes System | Lüftungsmaßnahmen | Brandschutzmaßnahmen | Weitere Maßnahmen: keine |
|---|---|---|---|---|---|---|---|
| ☑ | ☑ | ☐ | ☐ | ☐ | ☐ | ☐ | ☐ |

Stand der Gefährdungsbeurteilung: September 2014

# Gefährdungsbeurteilung
*Eliminierung von Brom*

S. 140, V1-1

## Tätigkeitsbeschreibung
In einem 50-mL-Erlenmeyerkolben werden 2 mL 2-Brom-2-methylpropan mit 12 mL Kaliumhydroxid-Lösung in Ethanol, $c$ = 2 mol/L, versetzt. Zwei Siedesteine werden zugesetzt, der Kolben wird mit Stopfen und einem Glasrohr verschlossen, an dem ein Kolbenprober befestigt ist. Die Mischung wird 8 min lang schwach zum Sieden erhitzt.

**Tätigkeit mit Gefahrstoffen:** *Ja*

### 2-Brom-2-methylpropan; Edukt
| AGW: - | H225 |
|---|---|
| | P210, P304+P340, P262, P405 |

GEFAHR

### Kaliumhydroxid-Lösung, $w$ = 50%; Edukt
| AGW: - | H290, H302, H314 |
|---|---|
| | P280, P303+P361+P353, |
| | P301+P330+P331, P305+P351+P338, |
| | P310 |

ACHTUNG

### Ethanol
| AGW: 960 mg/m³ | H225 |
|---|---|
| | P210 |

GEFAHR

### Isobuten; Produkt
| AGW: - | H220 |
|---|---|
| | P210, P337, P381, P403 |

GEFAHR

### Kaliumbromid; Produkt
| AGW: - | H315, H319, H335 |
|---|---|
| | P261, P305+P351+P338 |

ACHTUNG

| Gefahren durch Einatmen: Nein | Brandgefahr: Ja | Sonstige Gefahren: Nein |
|---|---|---|
| Gefahren durch Hautkontakt: Ja | Explosionsgefahr: Nein | |

**Substitution möglich:** *Nein* (Vgl. Begründung auf Seite 4.)

## Ergebnis der Gefährdungsbeurteilung
Folgende Schutzmaßnahmen sind zu beachten:

| Mindeststandards (TRGS 500) | Schutzbrille | Schutzhandschuhe | Abzug | geschlossenes System | Lüftungsmaßnahmen | Brandschutzmaßnahmen | | Weitere Maßnahmen: keine |
|---|---|---|---|---|---|---|---|---|
| ✓ | ✓ | ☐ | ☐ | ☐ | ☐ | ✓ | ☐ | |

Stand der Gefährdungsbeurteilung: September 2014

## 160
# Gefährdungsbeurteilung
*Eliminierung von Brom: Nachweis von Kaliumbromid*   S. 140, V1-2

**Tätigkeitsbeschreibung**
Die Phasen des Produkts im Erlenmeyerkolben aus V1-1 werden getrennt. Die feste Phase wird mit 10 mL Wasser versetzt und mit halbkonzentrierter Salpetersäure angesäuert, bis $pH = 3$ erreicht ist. Zu der klaren Lösung werden einige Tropfen Silbernitrat-Lösung, $w = 2\,\%$, gegeben.

**Tätigkeit mit Gefahrstoffen:** *Ja*

**Kaliumbromid**; Edukt

| AGW: - | H315, H319, H335 |
| | P261, P305+P351+P338 |

ACHTUNG

**Salpetersäure**, $w = 50\%$; Edukt

| AGW: 2,6 mg/m³ | H290, H314 |
| | P280, P260, P303+P361+P353, |
| | P305+P351+P338, P310 |

GEFAHR

**Bromwasserstoff-Lösung**; Edukt

| AGW: 6,7 mg/m³ | H331, H314, H280, H335 |
| | P260, P280, P304+P340, |
| | P303+P361+P353, P305+P351+P338, |
| | P405, P403 |

GEFAHR

**Silbernitrat-Lösung**, $w = 2\%$; Edukt

| AGW: - | H315, H319, H410 |
| | P273, P280, P305+P351+P338 |

ACHTUNG

**Silberbromid**; Produkt
AGW: -

| Gefahren durch Einatmen: Ja | Brandgefahr: Ja | Sonstige Gefahren: Nein |
| Gefahren durch Hautkontakt: Ja | Explosionsgefahr: Nein | |

**Substitution möglich:** *Nein* (Vgl. Begründung auf Seite 4.)

**Ergebnis der Gefährdungsbeurteilung**
Folgende Schutzmaßnahmen sind zu beachten:

| Mindeststandards (TRGS 500) | Schutzbrille | Schutzhandschuhe | Abzug | geschlossenes System | Lüftungsmaßnahmen | Brandschutzmaßnahmen | Weitere Maßnahmen: keine |
|---|---|---|---|---|---|---|---|
| ☑ | ☑ | ☐ | ☐ | ☐ | ☑ | ☑ | ☐ |

Stand der Gefährdungsbeurteilung: September 2014

# Gefährdungsbeurteilung
*Eliminierung von Brom: Nachweis von Isobuten*  S. 140, V1-3

### Tätigkeitsbeschreibung
Das gasförmige Produkt im Kolbenprober aus V1-1 wird in ein Reagenzglas mit Bromwasser gegeben. Das Reagenzglas wird verschlossen und geschüttelt.

**Tätigkeit mit Gefahrstoffen:** *Ja*

### Bromwasser, w < 5%; Edukt

| AGW: 0,7 mg/m³ | H330, H314, H400 |
| --- | --- |
| | P210, P273, P304+P340, P305+P351+P338, P309+P310, P403+P233 |

GEFAHR

### Isobuten; Produkt/Edukt

| AGW: - | H220 |
| --- | --- |
| | P210, P337, P381, P403 |

GEFAHR

### 1,2-Dibrom-2-methylpropan; Produkt

| AGW: - | H302, H312, H315, H319, H332, H335, H351 |
| --- | --- |
| | P261, P280, P305+P351+P338 |

ACHTUNG

| Gefahren durch Einatmen: *Ja* | Brandgefahr: *Ja* | Sonstige Gefahren: *Nein* |
| --- | --- | --- |
| Gefahren durch Hautkontakt: *Ja* | Explosionsgefahr: *Nein* | |

**Substitution möglich:** *Nein* (Vgl. Begründung auf Seite 4.)

### Ergebnis der Gefährdungsbeurteilung
Folgende Schutzmaßnahmen sind zu beachten:

| Mindeststandards (TRGS 500) | Schutzbrille | Schutzhandschuhe | Abzug | geschlossenes System | Lüftungsmaßnahmen | Brandschutzmaßnahmen | Weitere Maßnahmen: keine |
| --- | --- | --- | --- | --- | --- | --- | --- |
| ✓ | ✓ | ☐ | ☐ | ☐ | ✓ | ✓ | ☐ |

Stand der Gefährdungsbeurteilung: September 2014

## 162
# Gefährdungsbeurteilung
*Eliminierung von Brom: Reagenzglasversuch* S. 140, V2

**Tätigkeitsbeschreibung**
In einem Reagenzglas werden 15 mL Wasser mit 1 mL 2-Brom-2-methylpropan versetzt. Das Reagenzglas wird mit einem Stopfen verschlossen und geschüttelt. Zwischendurch wird belüftet. Der $p$H-Wert wird mit einem $p$H-Indikatorpapier getestet. 2 mL der Flüssigkeit werden in ein weiteres Reagenzglas pipettiert und mit einigen Tropfen Silbernitrat-Lösung versetzt.

**Tätigkeit mit Gefahrstoffen:** *Ja*

### 2-Brom-2-methylpropan; Edukt
AGW: -   H225
P210, P304+P340, P262, P405

**GEFAHR**

### Bromwasserstoff-Lösung; Produkt/Edukt
AGW: 6,7 mg/m³   H331, H314, H280, H335
P260, P280, P304+P340,
P303+P361+P353, P305+P351+P338,
P405, P403

**GEFAHR**

### *tert.*-Butanol; Produkt
AGW: 62 mg/m³   H225, H332, H319, H335
P210, P305+P351+P338, P403+P233

**GEFAHR**

### Silbernitrat-Lösung, $w$ = 2%; Edukt
AGW: -   H315, H319, H410
P273, P280, P305+P351+P338

**ACHTUNG**

### Silberbromid; Produkt
AGW: -

| Gefahren durch Einatmen: Ja | Brandgefahr: Ja | Sonstige Gefahren: Nein |
|---|---|---|
| Gefahren durch Hautkontakt: Ja | Explosionsgefahr: Nein | |

**Substitution möglich:** *Nein* (Vgl. Begründung auf Seite 4.)

### Ergebnis der Gefährdungsbeurteilung
Folgende Schutzmaßnahmen sind zu beachten:

| Mindeststandards (TRGS 500) | Schutzbrille | Schutzhandschuhe | Abzug | geschlossenes System | Lüftungsmaßnahmen | Brandschutzmaßnahmen | Weitere Maßnahmen: keine |
|---|---|---|---|---|---|---|---|
| ✓ | ✓ | ☐ | ☐ | ☐ | ✓ | ✓ | ☐ |

Stand der Gefährdungsbeurteilung: September 2014

# Gefährdungsbeurteilung
*Eliminierung von Brom: Leitfähigkeitsmessung*  S. 142, V1

## Tätigkeitsbeschreibung
Auf einem Magnetrührer werden in ein Becherglas 100 mL dest. Wasser gegeben und ein Leitfähigkeitsprüfer gehängt, der über ein Amperemeter mit einer 6-V-Wechselstrom-Spannungsquelle verbunden wurde. Es wird magnetisch gerührt und 1 mL 2-Brom-2-methylpropan hinzugegeben, die Stromstärke wird in Intervallen von anfangs 20 s, später nach größeren Zeitintervallen notiert. Nach spätestens 20 min wird der Versuch beendet.

**Tätigkeit mit Gefahrstoffen:** *Ja*

### 2-Brom-2-methylpropan; Edukt
AGW: -  
H225  
P210, P304+P340, P262, P405  
GEFAHR

### Bromwasserstoff-Lösung; Produkt
AGW: 6,7 mg/m³  
H331, H314, H280, H335  
P260, P280, P304+P340,  
P303+P361+P353, P305+P351+P338,  
P405, P403  
GEFAHR

### *tert.*-Butanol; Produkt
AGW: 62 mg/m³  
H225, H332, H319, H335  
P210, P305+P351+P338, P403+P233  
GEFAHR

| | |
|---|---|
| Gefahren durch Einatmen: *Ja* | Brandgefahr: *Ja* |
| Gefahren durch Hautkontakt: *Ja* | Explosionsgefahr: *Nein* |

Sonstige Gefahren: *Nein*

**Substitution möglich:** *Nein* (Vgl. Begründung auf Seite 4.)

## Ergebnis der Gefährdungsbeurteilung
Folgende Schutzmaßnahmen sind zu beachten:

| Mindeststandards (TRGS 500) | Schutzbrille | Schutzhandschuhe | Abzug | geschlossenes System | Lüftungsmaßnahmen | Brandschutzmaßnahmen | Weitere Maßnahmen: keine |
|---|---|---|---|---|---|---|---|
| ✓ | ✓ | ☐ | ☐ | ☐ | ✓ | ✓ | ☐ |

Stand der Gefährdungsbeurteilung: September 2014

# 164
## Gefährdungsbeurteilung
*Eliminierung von Brom: Leitfähigkeitsmessung*  S. 142, V2

**Tätigkeitsbeschreibung**
Auf einem Magnetrührer werden in ein Becherglas 100 mL dest. Wasser gegeben und ein Leitfähigkeitsprüfer gehängt, der über ein Amperemeter mit einer 6-V-Wechselstrom-Spannungsquelle verbunden wurde. Es wird magnetisch gerührt und 1 mL Bromcyclohexan hinzugegeben, die Stromstärke wird in Intervallen von anfangs 20 s, später nach größeren Zeitintervallen notiert. Nach spätestens 20 min wird der Versuch beendet.

**Tätigkeit mit Gefahrstoffen:** *Ja*

**Bromcyclohexan**; Edukt
  AGW: -

**Bromwasserstoff-Lösung**; Produkt
  AGW: 6,7 mg/m³   H331, H314, H280, H335
                   P260, P280, P304+P340,
                   P303+P361+P353, P305+P351+P338,
                   P405, P403                            GEFAHR

**Cyclohexanol**; Produkt
  AGW: -           H302, H332, H315, H335
                   P261                                  ACHTUNG

| Gefahren durch Einatmen: *Ja* | Brandgefahr: *Nein* | Sonstige Gefahren: *Nein* |
| Gefahren durch Hautkontakt: *Ja* | Explosionsgefahr: *Nein* | |

**Substitution möglich:** *Nein* (Vgl. Begründung auf Seite 4.)

**Ergebnis der Gefährdungsbeurteilung**
Folgende Schutzmaßnahmen sind zu beachten:

| Mindeststandards (TRGS 500) | Schutzbrille | Schutzhandschuhe | Abzug | geschlossenes System | Lüftungsmaßnahmen | Brandschutzmaßnahmen | Weitere Maßnahmen: keine |
|---|---|---|---|---|---|---|---|
| ☑ | ☑ | ☐ | ☐ | ☐ | ☑ | ☐ | ☐ |

Stand der Gefährdungsbeurteilung: September 2014

# Gefährdungsbeurteilung
*Planversuch: Nachweis von Bromid-Ionen*  S. 142, Ausw. c)

## Tätigkeitsbeschreibung
Zu der zu untersuchenden Lösung (hier jeweils Bromwasserstoff-Lösung) werden einige Tropfen Silbernitrat-Lösung, $w$ = 2 %, gegeben.

**Tätigkeit mit Gefahrstoffen:** *Ja*

**Bromwasserstoff-Lösung**; Edukt

| AGW: 6,7 mg/m³ | H331, H314, H280, H335  P260, P280, P304+P340, P303+P361+P353, P305+P351+P338, P405, P403 | GEFAHR |

**Silbernitrat-Lösung**, $w$ = 2%; Edukt

| AGW: - | H315, H319, H410  P273, P280, P305+P351+P338 | ACHTUNG |

**Silberbromid**; Produkt

| AGW: - | | |

| Gefahren durch Einatmen: *Ja*  Gefahren durch Hautkontakt: *Ja* | Brandgefahr: *Nein*  Explosionsgefahr: *Nein* | Sonstige Gefahren: *Nein* |

**Substitution möglich:** *Nein* (Vgl. Begründung auf Seite 4.)

## Ergebnis der Gefährdungsbeurteilung
Folgende Schutzmaßnahmen sind zu beachten:

| Mindeststandards (TRGS 500) | Schutzbrille | Schutzhandschuhe | Abzug | geschlossenes System | Lüftungsmaßnahmen | Brandschutzmaßnahmen | Weitere Maßnahmen: keine |
|---|---|---|---|---|---|---|---|
| ✓ | ✓ | ☐ | ☐ | ☐ | ✓ | ☐ | ☐ |

Stand der Gefährdungsbeurteilung: September 2014

# Gefährdungsbeurteilung
*Nucleophiler Angriff bei Verbindungen mit einer Carbonyl-Gruppe*     S. 144, V1

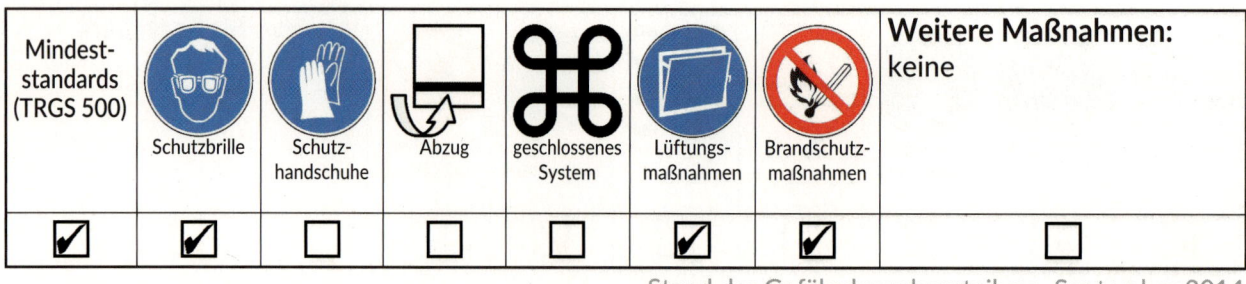

**Tätigkeitsbeschreibung**
In einem Reagenzglas werden 2 mL Aceton mit 2 mL gesättigter Natriumhydrogensulfit-Lösung, der zuvor 2 Tropfen Natriumhydroxid-Lösung, $c = 1$ mol/L, zugefügt wurden, versetzt. Die Veränderungen werden beobachtet, anschließend wird mit 10 mL angesäuertem Wasser verdünnt.

**Tätigkeit mit Gefahrstoffen:** *Ja*

**Aceton**; Edukt/Produkt

    AGW: 1200 mg/m³     H225, H319, H336, EUH066
                          P210, P233, P305+P351+P338     GEFAHR

**Natriumhydrogensulfit**; Edukt

    AGW: -     H302, EUH031
                 P233, P301+P312     ACHTUNG

**Natronlauge**, $c = 1$ mol/L

    AGW: -     H290, H315, H319
                 P305+P351+P338, P302+P352     GEFAHR

**Natrium-2-hydroxypropan-2-sulfonat**; Produkt/Edukt, **Natriumchlorid-Lösung**; Produkt

    AGW: -

**Salzsäure**, 0,1% <= w < 10%; Edukt     *angesäuertes Wasser*

    AGW: 3 mg/m³     H290     ACHTUNG

**schweflige Säure**; Produkt

    AGW: 3 mg/m³     H332, H314
                     P260, P301+P330+P331, P405,
                     P303+P361+P353, P305+P351+P338     GEFAHR

| Gefahren durch Einatmen: *Ja* <br> Gefahren durch Hautkontakt: *Ja* | Brandgefahr: *Ja* <br> Explosionsgefahr: *Nein* | Sonstige Gefahren: *Nein* |
|---|---|---|

**Substitution möglich:** *Nein* (Vgl. Begründung auf Seite 4.)

**Ergebnis der Gefährdungsbeurteilung**
Folgende Schutzmaßnahmen sind zu beachten:

| Mindeststandards (TRGS 500) | Schutzbrille | Schutzhandschuhe | Abzug | geschlossenes System | Lüftungsmaßnahmen | Brandschutzmaßnahmen | Weitere Maßnahmen: keine |
|---|---|---|---|---|---|---|---|
| | ✓ | ✓ | ☐ | ☐ | ☐ | ✓ | ✓ | ☐ |

Stand der Gefährdungsbeurteilung: September 2014

# Gefährdungsbeurteilung
*Herstellung eines Polyurethanschaums*

S. 144, V2

## Tätigkeitsbeschreibung
In einem kleinen Gefäß (z. B. Porzellanschale, Teelichtbehälter) werden gleiche Mengen Desmodur und Desmophen gegeben, so dass maximal ein Viertel des Volumens verbraucht wurde. Mit einem Holzsstab werden die beiden Stoffe gut vermengt, der Quellprozess wird beobachtet und anschließend die Festigkeit des Produkts mit einem Holzsstab getestet.
*Hinweis*: Beachten Sie die aktuellen Sicherheitsdatenblätter des Herstellers; ggf. ist die Gefährdungsbeurteilung neu zu erstellen.

**Tätigkeit mit Gefahrstoffen:** *Ja*

**Desmodur 44V20L**; Edukt [Hauptinhaltsstoff: Diphenylmethandiisocyanat] — *Desmodur*
AGW: 6,7 mg/m³
H351, H332, H373, H319, H335, H315, H334, H317
P281, P308+P313, P305+P351+P338, P302+P352, P304+P341

GEFAHR

**Baymer VP.PU 29HB74**; Edukt [Hauptinhaltsstoff: Alkylaminopoly(oxyalkylen)ol] — *Desmophen*
AGW: -
H319
P280, P264, P305+P351+P338, P337+P313

ACHTUNG

**Polyurethanschaum**; Produkt
AGW: -

**Kohlenstoffdioxid**; Produkt
AGW: 9100 mg/m³

| Gefahren durch Einatmen: **Ja**  Gefahren durch Hautkontakt: **Ja** | Brandgefahr: **Nein**  Explosionsgefahr: **Nein** | Sonstige Gefahren: **Nein** |
|---|---|---|

**Substitution möglich:** *Nein* (Vgl. Begründung auf Seite 4.)

## Ergebnis der Gefährdungsbeurteilung
Folgende Schutzmaßnahmen sind zu beachten:

| Mindeststandards (TRGS 500) | Schutzbrille | Schutzhandschuhe | Abzug | geschlossenes System | Lüftungsmaßnahmen | Brandschutzmaßnahmen | Weitere Maßnahmen: keine |
|---|---|---|---|---|---|---|---|
| ✓ | ✓ | ☐ | ☐ | ☐ | ✓ | ☐ | ☐ |

Stand der Gefährdungsbeurteilung: September 2014

# Gefährdungsbeurteilung
*Nylonseiltrick* S. 146, V1

**Tätigkeitsbeschreibung**
2,17 g Hexandiamin und 0,8 g Natriumhydroxid werden in 50 mL Wasser gelöst und mit 2 Tropfen Phenolphthalein-Lösung versetzt. Diese Lösung wird mit einer Lösung aus 2 mL Sebacinsäuredichlorid in 50 mL Heptan überschichtet. Die dünne Haut, die sich bildet, wird mit einer Pinzette herausgezogen, über den Rand eines Glasstabs (oder Becherglases) gelegt und das sich bildende Nylonseil wird aufgewickelt.

**Tätigkeit mit Gefahrstoffen:** *Ja*

**Hexandiamin**; Edukt

| AGW: - | H312, H302, H335, H314 |
|---|---|
| | P261, P280, P305+P351+P338, P310 |

GEFAHR

**Phenolphthalein-Lösung**, w < 1%

| AGW: - | H225 |
|---|---|
| | P210 |

GEFAHR

**Sebacinsäuredichlorid**; Edukt

| AGW: - | H302, H314, H335 |
|---|---|
| | P280, P302+P350, P301+P330+P331, P305+P351+P338, P310 |

GEFAHR

**Natriumchlorid, Nylon**; Produkte

AGW: -

**n-Heptan**

| AGW: 2100 mg/m³ | H225, H304, H315, H336, H410 |
|---|---|
| | P210, P273, P301+P310, P331 |
| | P302+P352, P403+P235 |

GEFAHR

| Gefahren durch Einatmen: *Ja* | Brandgefahr: *Ja* | Sonstige Gefahren: *Nein* |
|---|---|---|
| Gefahren durch Hautkontakt: *Ja* | Explosionsgefahr: *Nein* | |

**Substitution möglich:** *Nein* (Vgl. Begründung auf Seite 4.)

**Ergebnis der Gefährdungsbeurteilung**
Folgende Schutzmaßnahmen sind zu beachten:

| Mindeststandards (TRGS 500) | Schutzbrille | Schutzhandschuhe | Abzug | geschlossenes System | Lüftungsmaßnahmen | Brandschutzmaßnahmen | Weitere Maßnahmen: keine |
|---|---|---|---|---|---|---|---|
| ☑ | ☑ | ☐ | ☐ | ☐ | ☑ | ☑ | ☐ |

Stand der Gefährdungsbeurteilung: September 2014

# Gefährdungsbeurteilung
*Herstellung von Polyamid*  S. 146, V2

**Tätigkeitsbeschreibung**
In einem Reagenzglas werden 5 g AH-Salz langsam über der Brennerflamme bis zur Schmelze erhitzt. Die Schmelze wird auf eine Pappe gegossen und mit einem Holzstab werden Fäden gezogen. Biege- und Reißfestigkeit werden nach Abkühlung und Erstarrung getestet.

**Tätigkeit mit Gefahrstoffen:** *Ja*

**Hexamethylendiaminadipat**; Edukt  *AH-Salz*
AGW: -

**Nylon**; Produkt
AGW: -

| Gefahren durch Einatmen: *Nein*<br>Gefahren durch Hautkontakt: *Nein* | Brandgefahr: *Nein*<br>Explosionsgefahr: *Nein* | Sonstige Gefahren: *Ja*<br>Verbrennungsgefahr durch Brennerflamme |
|---|---|---|

**Substitution möglich:** *Nein* (Vgl. Begründung auf Seite 4.)

**Ergebnis der Gefährdungsbeurteilung**
Folgende Schutzmaßnahmen sind zu beachten:

| Mindeststandards (TRGS 500) | Schutzbrille | Schutzhandschuhe | Abzug | geschlossenes System | Lüftungsmaßnahmen | Brandschutzmaßnahmen | Weitere Maßnahmen:<br>keine |
|---|---|---|---|---|---|---|---|
| ✓ | ✓ | ☐ | ☐ | ☐ | ☐ | ☐ | ☐ |

Stand der Gefährdungsbeurteilung: September 2014

# 170
# Gefährdungsbeurteilung
*Brennverhalten verschiedener Textilien*    S. 146, V3

**Tätigkeitsbeschreibung**
Kleine Textilproben aus Wolle, Seide, Polyamid, Baumwolle, Polyacryl und Polyester werden vorsichtig erhitzt, unter dem Abzug entzündet und verbrannt. Das Verhalten bei den Vorgängen wird beobachtet.

**Tätigkeit mit Gefahrstoffen:** *Ja*

**Wolle, Seide, Polyamid, Baumwolle, Polyacryl, Polyester**; Edukte
AGW: -

**Kohlenstoffdioxid**; Produkt
AGW: 9100 mg/m³

**Kohlenstoffmonooxid**; mögl. Nebenprodukt
AGW: 35 mg/m³     H331, H220, H360D, H372
P260, P210, P304+P340, P308+P313,
P377, P381, P202                                                GEFAHR

**weitere Crackprodukte bei unvollständiger Verbrennung**; mögl. Produkt
Die genaue Zusammensetzung ist unbekannt, es wird angenommen, dass die meisten entstehenden Gefahrstoffe weniger gefährlich als Kohlenstoffmonooxid sind.

| Gefahren durch Einatmen: *Ja* | Brandgefahr: *Ja* | Sonstige Gefahren: *Nein* |
| Gefahren durch Hautkontakt: *Nein* | Explosionsgefahr: *Nein* | |

**Substitution möglich:** *Nein* (Vgl. Begründung auf Seite 4.)

**Ergebnis der Gefährdungsbeurteilung**
Folgende Schutzmaßnahmen sind zu beachten:

| Mindeststandards (TRGS 500) | Schutzbrille | Schutzhandschuhe | Abzug | geschlossenes System | Lüftungsmaßnahmen | Brandschutzmaßnahmen | Weitere Maßnahmen: keine |
|---|---|---|---|---|---|---|---|
| ☑ | ☑ | ☐ | ☑ | ☐ | ☐ | ☑ | ☐ |

Stand der Gefährdungsbeurteilung: September 2014

# Gefährdungsbeurteilung
*Herstellung eines Polyesters, Duroplast*  S. 148, V1

## Tätigkeitsbeschreibung
In einem Reagenzglas werden 2 g zermörsertes Phthalsäureanhydrid, 2 mL Glycerin und 2 Tropfen konz. Schwefelsäure vermischt. Das Reagenzglas wird mit Glaswolle verschlossen und über der Bunsenbrennerflamme erhitzt, bis sich eine klare Lösung bildet. Es wird weiter erhitzt und das Kondensat im oberen Teil des Reagenzglases mit weißem Kupfersulfat getestet. Die entstandene Masse wird nach dem Abkühlen mit einem Glasstab getestet.

**Tätigkeit mit Gefahrstoffen:** *Ja*

### Phthalsäureanhydrid; Edukt
AGW: -  H302, H315, H317, H318, H334, H335
P260, P262, P280, P302+P352,
P304+P340, P305+P351+P338, P313

**GEFAHR**

### Glycerin; Edukt
AGW: -

### Polyester; Produkt
AGW: -

### Wasser; Produkt
AGW: -

### Kupfer(II)-sulfat; Edukt, Kupfer(II)-sulfat-Pentahydrat; Produkt
AGW: -  H302, H315, H319, H410
P273, P305+P351+P338, P302+P352

**ACHTUNG**

| Gefahren durch Einatmen: Ja | Brandgefahr: Nein | Sonstige Gefahren: Nein |
|---|---|---|
| Gefahren durch Hautkontakt: Ja | Explosionsgefahr: Nein | |

**Substitution möglich:** *Nein* (Vgl. Begründung auf Seite 4.)

## Ergebnis der Gefährdungsbeurteilung
Folgende Schutzmaßnahmen sind zu beachten:

| Mindeststandards (TRGS 500) | Schutzbrille | Schutzhandschuhe | Abzug | geschlossenes System | Lüftungsmaßnahmen | Brandschutzmaßnahmen | Weitere Maßnahmen: keine |
|---|---|---|---|---|---|---|---|
| ☑ | ☑ | ☐ | ☑ | ☐ | ☐ | ☐ | ☐ |

Stand der Gefährdungsbeurteilung: September 2014

# Gefährdungsbeurteilung
*Herstellung von Polymilchsäure mit Katalysator*  S. 150, V1

**Tätigkeitsbeschreibung**
In ein Reagenzglas werden 2 mL Milchsäure gefüllt und mit einer Spatelspitze Zinn(II)-chlorid versetzt. Das Gemisch wird vorsichtig erhitzt, bis sich ein feinporiger Schaum entwickelt.

**Tätigkeit mit Gefahrstoffen:** *Ja*

**L(+)-2-Hydroxypropansäure**; Edukt  *Milchsäure*
AGW: -   H318, H315
         P280, P305+P351+P338, P313

GEFAHR

**Zinn(II)-chlorid**
AGW: -   H302, H315, H317, H319, H335
         P280, P302+P352, P305+P351+P338

ACHTUNG

**Polymilchsäure**; Produkt
AGW: -

**Wasser**; Produkt
AGW: -

| Gefahren durch Einatmen: *Ja* | Brandgefahr: *Nein* | Sonstige Gefahren: *Nein* |
|---|---|---|
| Gefahren durch Hautkontakt: *Ja* | Explosionsgefahr: *Nein* | |

**Substitution möglich:** *Nein* (Vgl. Begründung auf Seite 4.)

**Ergebnis der Gefährdungsbeurteilung**
Folgende Schutzmaßnahmen sind zu beachten:

| Mindeststandards (TRGS 500) | Schutzbrille | Schutzhandschuhe | Abzug | geschlossenes System | Lüftungsmaßnahmen | Brandschutzmaßnahmen | Weitere Maßnahmen: keine |
|---|---|---|---|---|---|---|---|
| ☑ | ☑ | ☐ | ☑ | ☐ | ☐ | ☐ | ☐ |

Stand der Gefährdungsbeurteilung: September 2014

# Gefährdungsbeurteilung
*Bestimmung des Polymerisationsgrades von Polymilchsäure*  S. 150, V2

## Tätigkeitsbeschreibung
In ein 50-mL-Becherglas wird ca. 1 cm hoch Milchsäure eingefüllt und für 5 Tage bei 120 °C in den Trockenschrank gestellt. Vom Produkt werden ca. 200 mg abgenommen, genau ausgewogen, in 20 mL Aceton gelöst und mit Natronlauge, $c$ = 0,1 mol/L, titriert.

**Tätigkeit mit Gefahrstoffen:** *Ja*

**L(+)-2-Hydroxypropansäure**; Edukt  *Milchsäure*
AGW: -   H318, H315
P280, P305+P351+P338, P313

GEFAHR

**Polymilchsäure**; Produkt/Edukt, **Wasser**; Produkt
AGW: -

**Aceton**
AGW: -   H225, H319, H336, EUH066
P210, P233, P305+P351+P338

GEFAHR

**Natronlauge**, $c$ = 0,1 mol/L; Edukt
AGW: -

**Natriumpolylactat**; Produkt
AGW: -

| Gefahren durch Einatmen: Ja | Brandgefahr: Ja | Sonstige Gefahren: Nein |
|---|---|---|
| Gefahren durch Hautkontakt: Ja | Explosionsgefahr: Nein | |

**Substitution möglich:** *Nein* (Vgl. Begründung auf Seite 4.)

## Ergebnis der Gefährdungsbeurteilung
Folgende Schutzmaßnahmen sind zu beachten:

| Mindeststandards (TRGS 500) | Schutzbrille | Schutzhandschuhe | Abzug | geschlossenes System | Lüftungsmaßnahmen | Brandschutzmaßnahmen | Weitere Maßnahmen: keine |
|---|---|---|---|---|---|---|---|
| ☑ | ☑ | ☐ | ☐ | ☐ | ☑ | ☑ | ☐ |

Stand der Gefährdungsbeurteilung: September 2014

# 174
## Gefährdungsbeurteilung
*Depolymerisation von Polymilchsäure*

S. 150, V3

**Tätigkeitsbeschreibung**
Zum Reaktionsprodukt aus V1, S. 150 wird etwas Wasser gegeben. Das Reagenzglas wird eine Woche lang stehen gelassen.

**Tätigkeit mit Gefahrstoffen:** *Ja*

**Polymilchsäure**; Edukt
AGW: -

**Wasser**; Edukt
AGW: -

**2-Hydroxypropansäure**; Produkt  *Milchsäure*
AGW: -   H318, H315
P280, P305+P351+P338, P313

GEFAHR

**Zinn(II)-chlorid**
AGW: -   H302, H315, H317, H319, H335
P280, P302+P352, P305+P351+P338

ACHTUNG

| Gefahren durch Einatmen: *Nein* | Brandgefahr: *Nein* | Sonstige Gefahren: *Nein* |
| Gefahren durch Hautkontakt: *Ja* | Explosionsgefahr: *Nein* | |

**Substitution möglich:** *Nein* (Vgl. Begründung auf Seite 4.)

**Ergebnis der Gefährdungsbeurteilung**
Folgende Schutzmaßnahmen sind zu beachten:

| Mindeststandards (TRGS 500) | Schutzbrille | Schutzhandschuhe | Abzug | geschlossenes System | Lüftungsmaßnahmen | Brandschutzmaßnahmen | Weitere Maßnahmen: keine |
|---|---|---|---|---|---|---|---|
| ☑ | ☑ | ☐ | ☐ | ☐ | ☐ | ☐ | ☐ |

Stand der Gefährdungsbeurteilung: September 2014

# Gefährdungsbeurteilung
*Siliconherstellung - Vorversuch*  S. 152, V1

### Tätigkeitsbeschreibung
In ein Reagenzglas werden 2 mL Chlortrimethylsilan pipettiert. Unter dem Abzug werden in einer Portion zügig 6 mL dest. Wasser hinzugegeben. Aus der wässrigen Phase wird nach 1 min ein Tropfen auf einen Streifen Indikatorpapier und 2 Tropfen in 1 mL Silbernitrat-Lösung gegeben.

**Tätigkeit mit Gefahrstoffen:** *Ja*

### Chlortrimethylsilan; Edukt
AGW: -  
H225, H312, H314, H331, H335  
P201, P261, P280, P305+P351+P338, P310  
GEFAHR

### Wasser; Edukt
AGW: -

### Chlorwasserstoff, Salzsäure; Produkte
AGW: 3 mg/m³  
H331, H314, H280, EUH071  
P260, P280, P304+P340, P303+P361+P353, P305+P351+P338, P315  
GEFAHR

### Hexamethyldisiloxan; Produkt
AGW: -  
H225  
P210  
GEFAHR

### Silbernitrat-Lösung, w = 2%; Edukt
AGW: -  
H315, H319, H410  
P273, P280, P305+P351+P338  
ACHTUNG

### Silberchlorid; Produkt
AGW: -

| Gefahren durch Einatmen: *Ja* | Brandgefahr: *Ja* | Sonstige Gefahren: *Nein* |
|---|---|---|
| Gefahren durch Hautkontakt: *Ja* | Explosionsgefahr: *Nein* | |

**Substitution möglich:** *Nein* (Vgl. Begründung auf Seite 4.)

### Ergebnis der Gefährdungsbeurteilung
Folgende Schutzmaßnahmen sind zu beachten:

| Mindeststandards (TRGS 500) | Schutzbrille | Schutzhandschuhe | Abzug | geschlossenes System | Lüftungsmaßnahmen | Brandschutzmaßnahmen | Weitere Maßnahmen: keine |
|---|---|---|---|---|---|---|---|
| ✓ | ✓ | ☐ | ✓ | ☐ | ☐ | ✓ | ☐ |

Stand der Gefährdungsbeurteilung: September 2014

# 176
## Gefährdungsbeurteilung
*Siliconherstellung - Teil A*  S. 152, V2a

**Tätigkeitsbeschreibung**
In ein Reagenzglas werden 2 mL Dichlordimethylsilan pipettiert. Unter dem Abzug werden in einer Portion zügig 12 mL dest. Wasser hinzugegeben.

**Tätigkeit mit Gefahrstoffen:** *Ja*

**Dichlordimethylsilan;** Edukt
- AGW: -
- H225, H319, H3335, H315
- P210, P261, P305+P351+P338

GEFAHR

**Wasser;** Edukt, **Silicon;** Produkt
- AGW: -

**Chlorwasserstoff, Salzsäure;** Produkte
- AGW: 3 mg/m³
- H331, H314, H280, EUH071
- P260, P280, P304+P340,
- P303+P361+P353, P305+P351+P338,
- P315

GEFAHR

| Gefahren durch Einatmen: *Ja* | Brandgefahr: *Ja* | Sonstige Gefahren: *Nein* |
| Gefahren durch Hautkontakt: *Ja* | Explosionsgefahr: *Nein* | |

**Substitution möglich:** *Nein* (Vgl. Begründung auf Seite 4.)

**Ergebnis der Gefährdungsbeurteilung**
Folgende Schutzmaßnahmen sind zu beachten:

| Mindeststandards (TRGS 500) | Schutzbrille | Schutzhandschuhe | Abzug | geschlossenes System | Lüftungsmaßnahmen | Brandschutzmaßnahmen | Weitere Maßnahmen: keine |
|---|---|---|---|---|---|---|---|
| ☑ | ☑ | ☐ | ☑ | ☐ | ☐ | ☑ | ☐ |

Stand der Gefährdungsbeurteilung: September 2014

# Gefährdungsbeurteilung
*Siliconherstellung - Teil B*     S. 152, V2b, V3

## Tätigkeitsbeschreibung
In ein Reagenzglas werden 2 mL Trichlormethylsilan pipettiert. Unter dem Abzug werden in einer Portion zügig 18 mL dest. Wasser hinzugegeben. Das Produkt wird mit viel Wasser gespült und die Beschaffenheit des hergestellten Silicons mit den Fingern geprüft.

**Tätigkeit mit Gefahrstoffen:** *Ja*

### Trichlormethylsilan; Edukt

| AGW: - | H225, H319, H3335, H315, EUH014<br>P302+P352, P304+P340,<br>P305+P351+P338, P403+P235 | GEFAHR |

### Wasser; Edukt, **Silicon**; Produkt

AGW: -

### Chlorwasserstoff, Salzsäure; Produkte

| AGW: 3 mg/m³ | H331, H314, H280, EUH071<br>P260, P280, P304+P340,<br>P303+P361+P353, P305+P351+P338,<br>P315 | GEFAHR |

| Gefahren durch Einatmen: *Ja*<br>Gefahren durch Hautkontakt: *Ja* | Brandgefahr: *Ja*<br>Explosionsgefahr: *Nein* | Sonstige Gefahren: *Nein* |

**Substitution möglich:** *Nein* (Vgl. Begründung auf Seite 4.)

## Ergebnis der Gefährdungsbeurteilung
Folgende Schutzmaßnahmen sind zu beachten:

| Mindeststandards (TRGS 500) | Schutzbrille | Schutzhandschuhe | Abzug | geschlossenes System | Lüftungsmaßnahmen | Brandschutzmaßnahmen | Weitere Maßnahmen: keine |
|---|---|---|---|---|---|---|---|
| ☑ | ☑ | ☐ | ☑ | ☐ | ☐ | ☑ | ☐ |

Stand der Gefährdungsbeurteilung: September 2014

# Gefährdungsbeurteilung
*Imprägnierung von Porenbetonstein*

S. 153, V4

**Tätigkeitsbeschreibung**

*Hinweis*: Diese Gefährdungsbeurteilung wurde mit einem Beispielstoff erstellt, bei Verwendung eines anderen Mittels muss die Gefährdungsbeurteilung neu erstellt werden.

Ein Gasbetonstein wird mit einer Bleistiftmarkierung in zwei Hälften unterteilt. In ein 100-mL-Becherglas werden 15 mL destilliertes Wasser gegeben und anschließend 1,5 mL der Siliconmicroemulsion unter Rühren zupipettiert. Die so hergestellte Lösung wird auf einer Hälfte des Gasbetonsteins rundum aufgetragen. Dieser wird bei 80 °C für ca. 15 Minuten im Trockenschrank getrocknet. Nach dem Abkühlen wird die Oberfläche des Steins betrachtet, ob diese sich sichtbar gegenüber der unbehandelten Fläche verändert hat.

In einem zweiten 100-mL-Becherglas werden 50 mL Wasser mit Tinte versetzt. Diese Lösung wird auf die behandelte und auf die unbehandelte Oberfläche des Steins pipettiert und das Verhalten des Tropfen beobachtet.

**Tätigkeit mit Gefahrstoffen:** *Ja*

**WACKER Siliconmicroemulsion SILRES® BS SMK 1311**; Edukt

AGW: 12 mg/m³  H226, H318
P280, P210, P233, P243,
P305+P351+P338, P310, P370+P378,
P403+P235, P501

GEFAHR

**Gasbetonstein, Wasser**; Edukte, **hydrophobierter Gasbetonstein**; Produkt

AGW: -

**Lebensmittelfarbe bzw. Tinte**

AGW: -

| Gefahren durch Einatmen: *Nein* | Brandgefahr: *Ja* | Sonstige Gefahren: *Nein* |
| Gefahren durch Hautkontakt: *Nein* | Explosionsgefahr: *Nein* | |

**Substitution möglich:** *Nein* (Vgl. Begründung auf Seite 4.)

**Ergebnis der Gefährdungsbeurteilung**

Folgende Schutzmaßnahmen sind zu beachten:

| Mindeststandards (TRGS 500) | Schutzbrille | Schutzhandschuhe | Abzug | geschlossenes System | Lüftungsmaßnahmen | Brandschutzmaßnahmen | Weitere Maßnahmen: keine |
|---|---|---|---|---|---|---|---|
| ☑ | ☑ | ☐ | ☐ | ☐ | ☐ | ☑ | ☐ |

Stand der Gefährdungsbeurteilung: September 2014

# Gefährdungsbeurteilung
*Funktioneller Kunststoff: Zahnprothese* S. 158, V1

### Tätigkeitsbeschreibung
*Hinweis*: Diese Gefährdungsbeurteilung wurde mit einem Beispielstoff erstellt, bei Verwendung eines anderen Mittels muss die Gefährdungsbeurteilung neu erstellt werden.
Auf zwei Teile des Pulvers einer kalthärtenden Mischung für Zahnprothesen wird ein Teil der Flüssigkeit gegeben, mit einem Holzstab gut vermischt und die Mischung in ein etwa 3 cm langes Stück Siliconschlauch (Innendurchmesser ca. 1 cm, ein Ende mit Siliconstopfen verschlossen) gefüllt. Während der Härtung wird die Temperatur mit den Fingern geprüft.
*Hinweis*: Medizinprodukte sind nicht kennzeichnungspflichtig im Sinne des Chemikaliengesetzes, die Angaben zu P-Sätzen stammen von den Angaben zu Methylmethacrylat der GESTIS-Stoffdatenbank des IFA.

**Tätigkeit mit Gefahrstoffen:** *Ja*

**Kallocryl Pulver**; Edukt
AGW: -

**Kallocryl A/C oder B Flüssigkeit**; Edukt [Hauptinhaltsstoff: Methylmethacrylat]
AGW: 210 mg/m³   H225, H335, H315, H317
P210, P262, P280, P301+P310, P315

GEFAHR

**Polymethylmethacrylat**
AGW: -

| Gefahren durch Einatmen: *Ja* | Brandgefahr: *Ja* | Sonstige Gefahren: *Nein* |
| Gefahren durch Hautkontakt: *Ja* | Explosionsgefahr: *Nein* | |

**Substitution möglich:** *Nein* (Vgl. Begründung auf Seite 4.)

### Ergebnis der Gefährdungsbeurteilung
Folgende Schutzmaßnahmen sind zu beachten:

| Mindeststandards (TRGS 500) | Schutzbrille | Schutzhandschuhe | Abzug | geschlossenes System | Lüftungsmaßnahmen | Brandschutzmaßnahmen | Weitere Maßnahmen: keine |
|---|---|---|---|---|---|---|---|
| ✓ | ✓ | ☐ | ☐ | ☐ | ✓ | ✓ | ☐ |

Stand der Gefährdungsbeurteilung: September 2014

## 180
# Gefährdungsbeurteilung
*Planversuch: Quellfähigkeit von Superabsorber*

S. 158, V2

**Tätigkeitsbeschreibung**
Drei breite Glasrohre werden auf einer Seite mit je einem Tuch bespannt, so dass dieses die Öffnung verschließt. Die Glasrohre werden über einem Becherglas in ein Stativ eingespannt und mit jeweils der gleichen, genau abgewogenen Menge Superabsorber (100 mg) gefüllt. Nun werden in diese Glasrohre die zu testenden Flüssigkeiten, Calciumchlorid-Lösung und Kaliumchlorid-Lösung, w = 2 %, sowie dest. Wasser, in je eines der Rohre gefüllt. Es wird geprüft, wie weit das Volumen des Superabsorbers zunimmt.

**Tätigkeit mit Gefahrstoffen:** *Nein*

**Superabsorber**
  AGW: -

**Kaliumchlorid-Lösung**, w = 2%, **Calciumchlorid-Lösung**, w = 2%, **dest. Wasser**
  AGW: -

| Gefahren durch Einatmen: *Nein* | Brandgefahr: *Nein* | Sonstige Gefahren: *Nein* |
| Gefahren durch Hautkontakt: *Nein* | Explosionsgefahr: *Nein* | |

**Substitution möglich:** *Nein*

**Ergebnis der Gefährdungsbeurteilung**
Keine Gefährdungsbeurteilung nötig

Stand der Gefährdungsbeurteilung: September 2014

# Gefährdungsbeurteilung
*Planversuch: Sink-Schwimm-Trennung von Kunststoffen*  S. 160, V1

## Tätigkeitsbeschreibung
In einem großen Becherglas wird Wasser vorgelegt, in das die zu trennenden (sauberen) Kunststoffstücke gegeben werden. PE schwimmt aufgrund seiner Dichte oben und kann abgeschöpft werden. Durch die Zugabe von Kochsalz in das Wasser wird die Dichte des Wassers erhöht und nach einiger Zeit werden die PP-Stücke auf dem Wasser schwimmen und können nun ebenfalls abgeschöpft werden. Durch Abgießen des Wassers erhält man die verbleibenden PVC-Stücke.

**Tätigkeit mit Gefahrstoffen:** *Nein*

### Kunststoffproben aus PE, PP und PVC
AGW: -

### Wasser, Natriumchlorid
AGW: -

| Gefahren durch Einatmen: *Nein* <br> Gefahren durch Hautkontakt: *Nein* | Brandgefahr: *Nein* <br> Explosionsgefahr: *Nein* | Sonstige Gefahren: *Nein* |

**Substitution möglich:** *Nein*

## Ergebnis der Gefährdungsbeurteilung
Keine Gefährdungsbeurteilung nötig

Stand der Gefährdungsbeurteilung: September 2014

# Gefährdungsbeurteilung
*Depolymerisation von PMMA*

S. 160, V2-1

**Tätigkeitsbeschreibung**
In ein großes Reagenzglas mit seitlichem Ansatz werden einige Raspel aus PMMA und einige Kupferspäne gegeben. Das PMMA wird im Abzug mit dem Bunsenbrenner zum Schmelzen gebracht und vorsichtig weiter erhitzt. Die austretenden Dämpfe werden mit einem Glasrohr auf den Boden eines mit Eiswasser gekühlten Reagenzglases eingeleitet und sollten dort kondensieren. Die Temperatur der austretenden Dämpfe wird beobachtet. Der Versuch wird fortgeführt, bis ca. 1 mL Kondensat erhalten wurde. Der Geruch des Kondensats wird mit dem von Methylmethacrylat verglichen. In einem anderen Reagenzglas werden einige Tropfen des Kondensats zu 3 mL Bromwasser gegeben.

**Tätigkeit mit Gefahrstoffen:** *Ja*

**PMMA**; Edukt, **Kupferspäne**
AGW: -

**Methylmethacrylat**; Produkt/Edukt
AGW: 20 mg/m³  H225, H335, H315, H317
P210, P262, P280, P301+P310, P315

GEFAHR

**Bromwasser**, $w < 5\%$; Edukt
AGW: 0,7 mg/m³  H330, H314, H400
P210, P273, P304+P340,
P305+P351+P338, P309+P310,
P403+P233

GEFAHR

**2,3-Dibrompropionsäuremethylester**; Produkt
AGW: -  H319, H335
P261, P305+P351+P338

ACHTUNG

| Gefahren durch Einatmen: *Ja* | Brandgefahr: *Ja* | Sonstige Gefahren: *Nein* |
|---|---|---|
| Gefahren durch Hautkontakt: *Ja* | Explosionsgefahr: *Nein* | |

**Substitution möglich:** *Nein* (Vgl. Begründung auf Seite 4.)

**Ergebnis der Gefährdungsbeurteilung**
Folgende Schutzmaßnahmen sind zu beachten:

| Mindeststandards (TRGS 500) | Schutzbrille | Schutzhandschuhe | Abzug | geschlossenes System | Lüftungsmaßnahmen | Brandschutzmaßnahmen | Weitere Maßnahmen: keine |
|---|---|---|---|---|---|---|---|
| ✓ | ✓ | ☐ | ✓ | ☐ | ☐ | ✓ | ☐ |

Stand der Gefährdungsbeurteilung: September 2014

# Gefährdungsbeurteilung
*Depolymerisation von Polystyrol*

S. 160, V2-2

## Tätigkeitsbeschreibung
In ein großes Reagenzglas mit seitlichem Ansatz werden einige Raspel aus Polystyrol und einige Kupferspäne gegeben. Das Polystyrol wird im Abzug mit dem Bunsenbrenner zum Schmelzen gebracht und vorsichtig weiter erhitzt. Die austretenden Dämpfe werden mit einem Glasrohr auf den Boden eines mit Eiswasser gekühlten Reagenzglases eingeleitet und sollten dort kondensieren. Die Temperatur der austretenden Dämpfe wird beobachtet. Der Versuch wird fortgeführt, bis ca. 1 mL Kondensat erhalten wurde. Der Geruch des Kondensats wird mit dem von Styrol verglichen. In einem anderen Reagenzglas werden einige Tropfen des Kondensats zu 3 mL Bromwasser gegeben.

**Tätigkeit mit Gefahrstoffen:** *Ja*

### Polystyrol; Edukt, Kupferspäne
AGW: -

### Styrol; Produkt/Edukt
AGW: 86 mg/m³

H226, H315, H319, H332
P305+P351+P338

GEFAHR

### Bromwasser, w < 5%; Edukt
AGW: 0,7 mg/m³

H330, H314, H400
P210, P273, P304+P340,
P305+P351+P338, P309+P310,
P403+P233

GEFAHR

### 1,2-Dibromo-1-phenylethan; Produkt
AGW: -

H314
P280, P305+P351+P338, P310

GEFAHR

| Gefahren durch Einatmen: *Ja* | Brandgefahr: *Ja* | Sonstige Gefahren: *Nein* |
|---|---|---|
| Gefahren durch Hautkontakt: *Ja* | Explosionsgefahr: *Nein* | |

**Substitution möglich:** *Nein* (Vgl. Begründung auf Seite 4.)

## Ergebnis der Gefährdungsbeurteilung
Folgende Schutzmaßnahmen sind zu beachten:

| Mindeststandards (TRGS 500) | Schutzbrille | Schutzhandschuhe | Abzug | geschlossenes System | Lüftungsmaßnahmen | Brandschutzmaßnahmen | Weitere Maßnahmen: keine |
|---|---|---|---|---|---|---|---|
| ☑ | ☑ | ☐ | ☑ | ☐ | ☐ | ☑ | ☐ |

Stand der Gefährdungsbeurteilung: September 2014

# Gefährdungsbeurteilung
*Depolymerisation von PET*

S. 160, LV3

**Tätigkeitsbeschreibung**
In einen Kolben mit Rückflusskühler werden 50 mL Natronlauge, $c$ = 5 mol/L, und 20 mL Ethanol gegeben. Die Lösung wird zum Sieden erhitzt und kleingeschnittene PET-Stücke werden hinzugegeben. Der Kunststoff löst sich mit der Zeit auf. Nach einiger Zeit lässt man abkühlen, gibt die Lösung in 50 mL Wasser, filtriert und säuert eine Probe aus ca. 20 mL Filtrat mit konz. Salzsäure an. Der weiße Brei, der sich abscheidet, ist Terephthalsäure.
*Hinweis*: Bei Verwendung eines anderen Polyesters ist die Gefährdungsbeurteilung neu zu erstellen.

**Tätigkeit mit Gefahrstoffen:** *Ja*

**PET**; Edukt, **Terephthalsäure**; Produkt
  AGW: -

**Natronlauge**, $c$ = 5 mol/L
  AGW: -   H314, H290
           P280, P301+P330+P331,
           P305+P351+P338, P309+P310   **GEFAHR**

**Ethanol**
  AGW: 960 mg/m³   H225
                   P210   **GEFAHR**

**Ethylenglycol**
  AGW: -   H302   **ACHTUNG**

**Salzsäure, konz.**
  AGW: 3 mg/m³   H314, H335, H290
                 P280, P301+P330+P331,
                 P305+P351+P338, P308+P310   **GEFAHR**

| Gefahren durch Einatmen: **Nein**  Gefahren durch Hautkontakt: **Ja** | Brandgefahr: **Ja**  Explosionsgefahr: **Nein** | Sonstige Gefahren: **Ja**  Starke Hitzeentwicklung bei Zugabe der Salzsäure möglich |
|---|---|---|

**Substitution möglich:** *Nein* (Vgl. Begründung auf Seite 4.)

**Ergebnis der Gefährdungsbeurteilung**
Folgende Schutzmaßnahmen sind zu beachten:

| Mindeststandards (TRGS 500) | Schutzbrille | Schutzhandschuhe | Abzug | geschlossenes System | Lüftungsmaßnahmen | Brandschutzmaßnahmen | Weitere Maßnahmen: keine |
|---|---|---|---|---|---|---|---|
| ✔ | ✔ | ☐ | ☐ | ☐ | ☐ | ✔ | ☐ |

Stand der Gefährdungsbeurteilung: September 2014

# Gefährdungsbeurteilung
*Vorbereitung der Blattgrünextrakt-Lösung*     S. 166, V1-1

**Tätigkeitsbeschreibung**
Einige grüne Pflanzenblätter werden zusammen mit Ethanol in einen Mörser gegeben und zusammen mit etwas Seesand zerrieben. Die Lösung wird anschließend abfiltriert.

**Tätigkeit mit Gefahrstoffen:** *Ja*

**Ethanol**; Edukt
- AGW: 960 mg/m³    H225
-                      P210

GEFAHR (Flammensymbol)

**Blätter**; Edukt
- AGW: -

**Seesand**
- AGW: -

**Blattgrünextrakt in Ethanol**; Produkt
- AGW: 960 mg/m³    H225
-                      P210

GEFAHR (Flammensymbol)

| Gefahren durch Einatmen: Nein | Brandgefahr: Ja | Sonstige Gefahren: Nein |
| --- | --- | --- |
| Gefahren durch Hautkontakt: Nein | Explosionsgefahr: Nein | |

**Substitution möglich:** *Nein* (Vgl. Begründung auf Seite 4.)

**Ergebnis der Gefährdungsbeurteilung**
Folgende Schutzmaßnahmen sind zu beachten:

| Mindest-standards (TRGS 500) | Schutzbrille | Schutz-handschuhe | Abzug | geschlossenes System | Lüftungs-maßnahmen | Brandschutz-maßnahmen | Weitere Maßnahmen: keine |
| --- | --- | --- | --- | --- | --- | --- | --- |
| ☑ | ☑ | ☐ | ☐ | ☐ | ☐ | ☑ | ☐ |

Stand der Gefährdungsbeurteilung: September 2014

# 186
## Gefährdungsbeurteilung
*Absorptionsspektren farbiger Lösungen*  S. 166, V1-2, V2

**Tätigkeitsbeschreibung**
V1: Drei Flachküvetten werden mit farbigen Lösungen gefüllt: 1. Blattgrünextrakt in Ethanol, 2. Bromthymolblau-Lösung (alkalisch), 3. Bromthymolblau-Lösung (sauer). Die Küvetten werden in den Strahlengang eines Projektors gestellt und das austetende Licht wird mit Hilfe eines Prismas aufgeteilt und auf eine Projektionsfläche geworfen. Es wird eine Sammellinse zwischen Prisma und Projektionsfläche gehalten und die entstehende Farbe beobachtet. Die erhaltenen Spektren werden mit dem vollen Spektrum des Projektors verglichen.
V2: Mit Hilfe eines Photometers werden Absorptionsspektren der Lösungen aufgenommen.

**Tätigkeit mit Gefahrstoffen:** *Ja*

**Bromthymolblau-Lösung in Salzsäure**, $c$ = 0,1 mol/L
  AGW: -

**Bromthymolblau-Lösung in Natronlauge**, $c$ = 0,1 mol/L
  AGW: -

**Blattgrünextrakt-Lösung in Ethanol**
  AGW: 960 mg/m³   H225
                   P210                                                    GEFAHR

| Gefahren durch Einatmen: *Nein* | Brandgefahr: *Ja* | Sonstige Gefahren: *Nein* |
| Gefahren durch Hautkontakt: *Ja* | Explosionsgefahr: *Nein* | |

**Substitution möglich:** *Nein* (Vgl. Begründung auf Seite 4.)

**Ergebnis der Gefährdungsbeurteilung**
Folgende Schutzmaßnahmen sind zu beachten:

| Mindeststandards (TRGS 500) | Schutzbrille | Schutzhandschuhe | Abzug | geschlossenes System | Lüftungsmaßnahmen | Brandschutzmaßnahmen | Weitere Maßnahmen: keine |
|---|---|---|---|---|---|---|---|
| ☑ | ☑ | ☐ | ☐ | ☐ | ☐ | ☑ | ☐ |

Stand der Gefährdungsbeurteilung: September 2014

# Gefährdungsbeurteilung
*Alltagsgegenstände im UV-Licht* S. 168, V1

**Tätigkeitsbeschreibung**
Einige Alltagsgegenstände (Personalausweis, Führerschein, Geldscheine, Kreditkarten, Leuchtgegenstände aus dem Bastel- oder Spielzeugladen) werden im Dunkeln unter dem Licht einer UV-Lampe ($\lambda$ = 366 nm und $\lambda$ = 254 nm) betrachtet. Die Unterschiede der Farben im Vergleich zu Tageslicht werden untersucht, sowie was beim Ausschalten der Lampe geschieht.

**Tätigkeit mit Gefahrstoffen:** *Nein*

**Alltagsgegenstände**
AGW: -

| Gefahren durch Einatmen: *Nein*<br>Gefahren durch Hautkontakt: *Nein* | Brandgefahr: *Nein*<br>Explosionsgefahr: *Nein* | Sonstige Gefahren: *Nein* |
|---|---|---|

**Substitution möglich:** *Nein*

**Ergebnis der Gefährdungsbeurteilung**
Keine Gefährdungsbeurteilung nötig

Stand der Gefährdungsbeurteilung: September 2014

## Gefährdungsbeurteilung
*Fluoreszein-Lösung im UV-Licht*

S. 168, V2

**Tätigkeitsbeschreibung**
Eine kleine Spatelspitze Fluoreszein-Natriumsalz (< 1 mg) wird in etwas Wasser gelöst. Die Lösung wird im Dunkeln unter UV-Licht ($\lambda$ = 366 nm) betrachtet. Es wird beobachtet, was beim Ausschalten der Lampe geschieht, und die Farbe der Lösung unter UV-Licht wird mit der bei Tageslicht verglichen.

**Tätigkeit mit Gefahrstoffen:** *Nein*

**Fluoreszein-Natriumsalz**
AGW: -

**Wasser**
AGW: -

| Gefahren durch Einatmen: *Nein* | Brandgefahr: *Nein* | Sonstige Gefahren: *Nein* |
| Gefahren durch Hautkontakt: *Nein* | Explosionsgefahr: *Nein* | |

**Substitution möglich:** *Nein*

*Ergebnis der Gefährdungsbeurteilung*
Keine Gefährdungsbeurteilung nötig

Stand der Gefährdungsbeurteilung: September 2014

# Gefährdungsbeurteilung
*Der weinende Kastanienzweig* S. 168, V3

**Tätigkeitsbeschreibung**
Ein abgeschnittener Kastanienzweig wird in ein mit Wasser gefülltes 1-L-Becherglas gestellt und die Schnittfläche wird im Dunkeln im Licht einer UV-Lampe ($\lambda$ = 366 nm) betrachtet.

**Tätigkeit mit Gefahrstoffen:** *Nein*

**Kastanienzweig, Wasser**
AGW: -

| Gefahren durch Einatmen: *Nein* <br> Gefahren durch Hautkontakt: *Nein* | Brandgefahr: *Nein* <br> Explosionsgefahr: *Nein* | Sonstige Gefahren: *Nein* |
|---|---|---|

**Substitution möglich:** *Nein*

**Ergebnis der Gefährdungsbeurteilung**
Keine Gefährdungsbeurteilung nötig

Stand der Gefährdungsbeurteilung: September 2014

# 190
## Gefährdungsbeurteilung
*Phosphoreszenzproben* S. 168, V4

**Tätigkeitsbeschreibung**
In zwei Mörsern werden 25 mg Fluoreszein-Natriumsalz bzw. Aesculin mit je 10 g Weinsäure vermischt und gemörsert. Mit den Mischungen werden je drei große Reagenzgläser beschickt und die Mischungen werden über der Brennerflamme (so dass die Flamme das Reagenzglas nicht berührt) vorsichtig zum Schmelzen gebracht. Durch vorsichtiges Drehen während des Schmelzvorgangs wird verhindert, dass die Mischung an einer Stelle zu heiß wird. Wenn die Schmelze großzügig am Rand des Reagenzglases verteilt und erstarrt ist, wird eine Probe im Eisbad oder Eisfach gelagert (bei ca. −5 °C), eine bei Raumtemperatur und eine im Wasserbad (ca. 70 °C). Die Proben werden jeweils im Dunkeln im Licht der UV-Lampe ($\lambda$ = 366 nm) und beim Ausschalten der Lampe beobachtet.

**Tätigkeit mit Gefahrstoffen:** *Ja*

### Aesculin
AGW: -

### Fluoreszein-Natriumsalz
AGW: -

### L(+)-2,3-Dihydroxybutandisäure *Weinsäure*
AGW: -   H315, H319, H335
P261, P305+P351+P338

ACHTUNG

| Gefahren durch Einatmen: Nein | Brandgefahr: Nein | Sonstige Gefahren: Ja |
| Gefahren durch Hautkontakt: Ja | Explosionsgefahr: Nein | Verbrennungsgefahr |

**Substitution möglich:** *Nein* (Vgl. Begründung auf Seite 4.)

### Ergebnis der Gefährdungsbeurteilung
Folgende Schutzmaßnahmen sind zu beachten:

| Mindeststandards (TRGS 500) | Schutzbrille | Schutzhandschuhe | Abzug | geschlossenes System | Lüftungsmaßnahmen | Brandschutzmaßnahmen | Weitere Maßnahmen: keine |
|---|---|---|---|---|---|---|---|
| ☑ | ☑ | ☐ | ☐ | ☐ | ☐ | ☐ | ☐ |

Stand der Gefährdungsbeurteilung: September 2014

# Gefährdungsbeurteilung
*Herstellung einer Kristallviolett-Lösung*  S. 170, V1-1

**Tätigkeitsbeschreibung**
Es wird eine Kristallviolett-Lösung, $c = 10^{-5}$ mol/L hergestellt.
*Hinweis*: Es wird empfohlen, diese Lösung von der Lehrperson ansetzen zu lassen.

**Tätigkeit mit Gefahrstoffen:** *Ja*

**Kristallviolett**; Edukt

| AGW: - | H351, H302, H318, H410<br>P273, P280, P305+P351+P338,<br>P308+P313 | GEFAHR |
|---|---|---|

**Wasser**; Edukt
AGW: -

**Kristallviolett-Lösung**, $c = 10^{-5}$ mol/L; Produkt
AGW: -

| Gefahren durch Einatmen: *Nein*<br>Gefahren durch Hautkontakt: *Nein* | Brandgefahr: *Nein*<br>Explosionsgefahr: *Nein* | Sonstige Gefahren: *Nein* |
|---|---|---|

**Substitution möglich:** *Nein* (Vgl. Begründung auf Seite 4.)

**Ergebnis der Gefährdungsbeurteilung**
Folgende Schutzmaßnahmen sind zu beachten:

| Mindest-<br>standards<br>(TRGS 500) | Schutzbrille | Schutz-<br>handschuhe | Abzug | geschlossenes<br>System | Lüftungs-<br>maßnahmen | Brandschutz-<br>maßnahmen | Weitere Maßnahmen:<br>keine |
|---|---|---|---|---|---|---|---|
| ✓ | ✓ | ☐ | ☐ | ☐ | ☐ | ☐ | ☐ |

Stand der Gefährdungsbeurteilung: September 2014

# Gefährdungsbeurteilung
*Konzentrationsbestimmung mit photometrischen Messungen* S. 170, V1-2, V2

**Tätigkeitsbeschreibung**
V1: Zur Bestimmung der Eichgerade werden von einer Kristallviolett-Lösung, $c = 10^{-5}$ mol/L, ausgehend Lösungen hergestellt, die halb, drei viertel und ein viertel so konzentriert sind. Die Extinktionen der vier Lösungen werden mit dem Photometer bei Wellenlänge $\lambda = 560$ nm gemessen und auf eine Eichgerade aufgetragen.
V2: Kristallviolett-Lösungen unbekannter Konzentration werden hergestellt. Die Extinktionen der Lösungen bei Wellenlänge $\lambda = 560$ nm werden gemessen.

**Tätigkeit mit Gefahrstoffen:** *Nein*

**Kristallviolett-Lösung**, $c \leq 10^{-5}$ mol/L
AGW: -

| | | |
|---|---|---|
| **Gefahren durch Einatmen:** *Nein* <br> **Gefahren durch Hautkontakt:** *Nein* | **Brandgefahr:** *Nein* <br> **Explosionsgefahr:** *Nein* | **Sonstige Gefahren:** *Nein* |

**Substitution möglich:** *Nein*

**Ergebnis der Gefährdungsbeurteilung**
Keine Gefährdungsbeurteilung nötig

Stand der Gefährdungsbeurteilung: September 2014

# Gefährdungsbeurteilung
*Echtfarben-Emissionsspektren*  S. 172, V1

**Tätigkeitsbeschreibung**
Mit Hilfe eines optischen Gitters und einer Spaltblende, die zusammen mit einer Fluoreszenzprobe auf einer optischen Bank aufgebaut wurden, werden die Echtfarben-Emmissionspektren der Proben sichtbar gemacht. Die Fluoreszenzprobe wird mit einer UV-Handlampe ($\lambda$ = 366 nm) im 90°-Winkel zur optischen Bank angestrahlt. Es werden jeweils stark verdünnte Lösungen ($w$ < 1%) verwendet.

**Tätigkeit mit Gefahrstoffen:** *Nein*

**Aesculin-Lösung, Fluoreszein-Lösung, UV-Aufheller-Lösung**, $w$ < 1%
　　AGW: -

| Gefahren durch Einatmen: *Nein*<br>Gefahren durch Hautkontakt: *Nein* | Brandgefahr: *Nein*<br>Explosionsgefahr: *Nein* | Sonstige Gefahren: *Nein* |
|---|---|---|

**Substitution möglich:** *Nein*

**Ergebnis der Gefährdungsbeurteilung**
Keine Gefährdungsbeurteilung nötig

Stand der Gefährdungsbeurteilung: September 2014

# 194
## Gefährdungsbeurteilung
*Wirksamkeit von Fluoreszenzkollektoren bei Solarzellen* S. 173, V2

**Tätigkeitsbeschreibung**
Eine Solarzelle wird so abgeklebt, dass die Kante eines Fluoreszenzkollektors auf die Solarzelle passt. Nun wird untersucht, wie viel Leistung die Solarzelle ohne und wie viel sie mit einem Fluoreszenzkollektor bringt.

**Tätigkeit mit Gefahrstoffen:** *Nein*

**Fluoreszenzkollektor**
AGW: -

| Gefahren durch Einatmen: *Nein* | Brandgefahr: *Nein* | Sonstige Gefahren: *Nein* |
|---|---|---|
| Gefahren durch Hautkontakt: *Nein* | Explosionsgefahr: *Nein* | |

**Substitution möglich:** *Nein*

**Ergebnis der Gefährdungsbeurteilung**
Keine Gefährdungsbeurteilung nötig

Stand der Gefährdungsbeurteilung: September 2014

# Gefährdungsbeurteilung
*Eigenschaften von Phenol*  S. 182, LV1

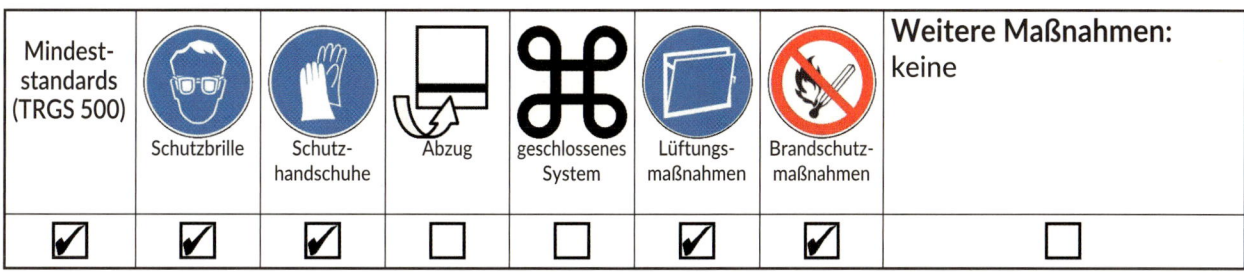

## Tätigkeitsbeschreibung
In ein Reagenzglas wird ca. 0,5 cm hoch kristallines Phenol gegeben, das mit zwei Tropfen Wasser versetzt wird. Man beobachtet und tropft weiter Wasser hinzu, bis sich das Phenol vollständig gelöst hat. Der *p*H-Wert der Lösung wird gemessen und mit den *p*H-Werten etwa gleich konzentrierter Essigsäure- und Ethanol-Lösungen verglichen. Die Phenol-Lösung wird für LV3 aufbewahrt.
*Hinweis*: Auch wenn der Umgang mit Phenol für Schüler ab Klasse 5 erlaubt ist, wird empfohlen, diesen Versuch als Lehrerversuch durchzuführen.

**Tätigkeit mit Gefahrstoffen:** *Ja*

### Phenol
AGW: 8 mg/m$^3$  
H331, H301, H311, H314, H341, H373  
P280, P302+P352, P301+P330+P331,  
P309+P310, P305+P351+P338  
GEFAHR

### Wasser
AGW: -

### Ethanol
AGW: 960 mg/m$^3$  
H225  
P210  
GEFAHR

### Ethansäure  *Essigsäure*
AGW: -  
H226, H314  
P280, P301+P330+P331, P307+P310,  
P305+P351+P338  
GEFAHR

| Gefahren durch Einatmen: Ja | Brandgefahr: Ja | Sonstige Gefahren: Nein |
|---|---|---|
| Gefahren durch Hautkontakt: Ja | Explosionsgefahr: Nein | |

**Substitution möglich:** *Nein*
Experimentell lässt sich der mesomere Effekt auf die Hydroxy-Gruppe nur mit ähnlich gesundheitsschädlichen Chemikalien zeigen.

## Ergebnis der Gefährdungsbeurteilung
Folgende Schutzmaßnahmen sind zu beachten:

| Mindeststandards (TRGS 500) | Schutzbrille | Schutzhandschuhe | Abzug | geschlossenes System | Lüftungsmaßnahmen | Brandschutzmaßnahmen | Weitere Maßnahmen: keine |
|---|---|---|---|---|---|---|---|
| ✓ | ✓ | ✓ | ☐ | ☐ | ✓ | ✓ | ☐ |

Stand der Gefährdungsbeurteilung: September 2014

## Gefährdungsbeurteilung
*Herstellung von Natriumphenolat*

S. 182, LV2

**Tätigkeitsbeschreibung**
Zu etwa 4 mL einer Phenol-Wasser-Emulsion werden in einem Reagenzglas zuerst tropfenweise Natronlauge, $c = 1$ mol/L, hinzugegeben, anschließend Salzsäure, $c = 1$ mol/L.
*Hinweis*: Auch wenn der Umgang mit Phenol für Schüler ab Klasse 5 erlaubt ist, wird empfohlen, diesen Versuch als Lehrerversuch durchzuführen.

**Tätigkeit mit Gefahrstoffen:** *Ja*

**Phenol**; Edukt/Produkt

AGW: 8 mg/m³ — H331, H301, H311, H314, H341, H373
P280, P302+P352, P301+P330+P331,
P309+P310, P305+P351+P338 — GEFAHR

**Wasser, Natriumchlorid**; Produkt

AGW: -

**Natriumphenolat**; Produkt

AGW: — H302, H314
P280, P303+P361+P353,
P305+P351+P338, P310 — GEFAHR

**Natronlauge**, $c = 1$ mol/L; Edukt

AGW: — H290, H314
P280, P301+P330+P331,
P305+P351+P338, P308+P310 — GEFAHR

**Salzsäure**, $c = 1$ mol/L; Edukt

AGW: 3 mg/m³ — H290 — ACHTUNG

| Gefahren durch Einatmen: Ja | Brandgefahr: Nein | Sonstige Gefahren: Nein |
|---|---|---|
| Gefahren durch Hautkontakt: Ja | Explosionsgefahr: Nein | |

**Substitution möglich:** *Nein* (Vgl. Begründung auf Seite 195.)

### Ergebnis der Gefährdungsbeurteilung
Folgende Schutzmaßnahmen sind zu beachten:

| Mindeststandards (TRGS 500) | Schutzbrille | Schutzhandschuhe | Abzug | geschlossenes System | Lüftungsmaßnahmen | Brandschutzmaßnahmen | Weitere Maßnahmen: keine |
|---|---|---|---|---|---|---|---|
| ✓ | ✓ | ✓ | ☐ | ☐ | ✓ | ☐ | ☐ |

Stand der Gefährdungsbeurteilung: September 2014

# Gefährdungsbeurteilung
*Bromierung von Phenol*  S. 182, LV3

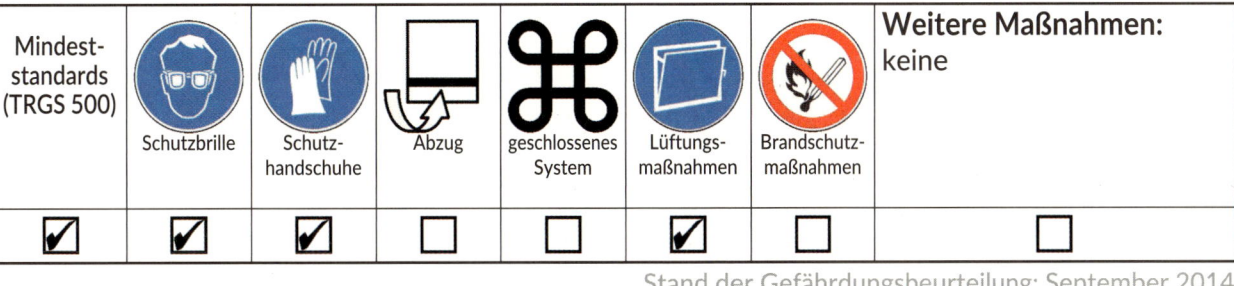

### Tätigkeitsbeschreibung
Die Phenol-Lösung aus LV1 wird portionsweise mit Bromwasser versetzt. Man beobachtet und prüft den *p*H-Wert.
*Hinweis*: Auch wenn der Umgang mit Phenol für Schüler ab Klasse 5 erlaubt ist, wird empfohlen, diesen Versuch als Lehrerversuch durchzuführen.

**Tätigkeit mit Gefahrstoffen:** *Ja*

**Phenol**; Edukt

| AGW: 8 mg/m³ | H331, H301, H311, H314, H341, H373 P280, P302+P352, P301+P330+P331, P309+P310, P305+P351+P338 | GEFAHR |

**Bromwasser**, w < 5%; Edukt

| AGW: 0,7 mg/m³ | H330, H314, H400 P210, P273, P304+P340, P305+P351+P338, P309+P310, P403+P233 | GEFAHR |

**Bromwasserstoff**; Produkt

| AGW: 6,7 mg/m³ | H331, H314, H280, H335 P260, P280, P304+P340, P303+P361+P353, P305+P351+P338, P405, P403 | GEFAHR |

**2-Bromphenol**; (Zwischen-/Neben-)Produkt

| AGW: | H226, H302, H315, H319, H335, H400 P261, P273, P305+P351+P338 | ACHTUNG |

**4-Bromphenol**; (Zwischen-/Neben-)Produkt

| AGW: - | H302, H315, H319, H335 P261, P305+P351+P338 | ACHTUNG |

**2,6-Dibromphenol**; (Zwischen-/Neben-)Produkt

| AGW: - | H302, H312, H332 P280 | ACHTUNG |

**2,4-Dibromphenol**; (Zwischen-/Neben-)Produkt

| AGW: - | H300, H315, H319, H335 P261, P264, P301+P310, P305+P351+P338 | GEFAHR |

**2,4,6-Tribromphenol**; Produkt

| AGW: - | H317, H319, H400 P273, P280, P305+P351+P338 | ACHTUNG |

| Gefahren durch Einatmen: **Ja** | Brandgefahr: **Nein** | Sonstige Gefahren: **Nein** |
| Gefahren durch Hautkontakt: **Ja** | Explosionsgefahr: **Nein** | |

**Substitution möglich:** *Nein* (Vgl. Begründung auf Seite 195.)

### Ergebnis der Gefährdungsbeurteilung
Folgende Schutzmaßnahmen sind zu beachten:

| Mindeststandards (TRGS 500) | Schutzbrille | Schutzhandschuhe | Abzug | geschlossenes System | Lüftungsmaßnahmen | Brandschutzmaßnahmen | Weitere Maßnahmen: keine |
|---|---|---|---|---|---|---|---|
| | ✓ | ✓ | ☐ | ☐ | ✓ | ☐ | ☐ |

✓

Stand der Gefährdungsbeurteilung: September 2014

# Gefährdungsbeurteilung
*Herstellung eines Azofarbstoffs* S. 184, V1

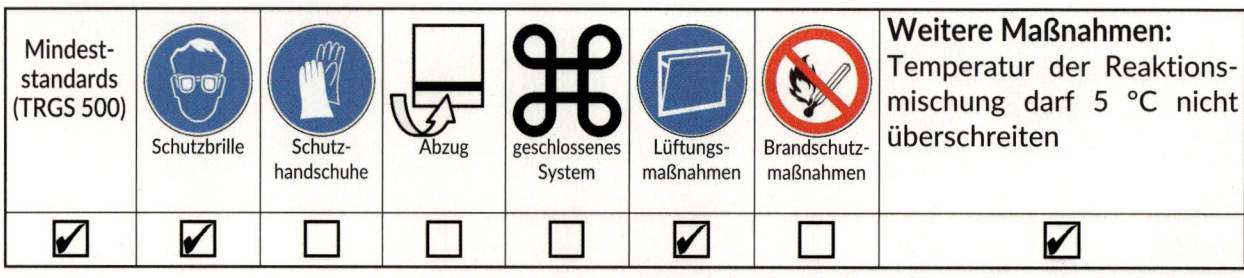

**Tätigkeitsbeschreibung**
In einem Becherglas wird 1 g Sulfanilsäure in 25 mL Natronlauge, $c = 2$ mol/L, gelöst, in einem anderen 0,4 g Natriumnitrit in 25 mL Wasser. Diese Lösungen werden vorsichtig zu eisgekühlter Salzsäure, $c = 4$ mol/L, gegeben, wobei darauf zu achten ist, dass die Temperatur nicht über 5 °C ansteigt. In einem vierten Becherglas werden 0,8 g $\beta$-Naphthol in 50 mL Natronlauge, $c = 2$ mol/L, gelöst und zur Lösung in Becherglas 3 gegeben.

**Tätigkeit mit Gefahrstoffen:** *Ja*

**4-Aminobenzolsulfonsäure**; Edukt *Sulfanilsäure*

| | |
|---|---|
| AGW: - | H319, H315, H317 |
| | P280, P302+P352, P305+P351+P338 |

ACHTUNG

**Natronlauge**, $c = 2$ mol/L; Edukt

| | |
|---|---|
| AGW: - | H314, H290 |
| | P280, P301+P330+P331, P309+P310, |
| | P305+P351+P338 |

GEFAHR

**Salzsäure**, $c = 2$ mol/L; Produkt

| | |
|---|---|
| AGW: 3 mg/m³ | H290, H315, H319, H335 |
| | P302+P352, P305+P351+P338 |

ACHTUNG

**Natriumnitrit**; Edukt

| | |
|---|---|
| AGW: - | H272, H301, H319, H400 |
| | P220, P273, P301+P310, |
| | P305+P351+P338 |

GEFAHR

**$\beta$-Naphthol**; Edukt

| | |
|---|---|
| AGW: - | H332, H302, H400 |
| | P273 |

ACHTUNG

**$\beta$-Naphtholorange**; Produkt

| | |
|---|---|
| AGW: - | H315, H319, H335 |
| | P261, P305+P351+P338 |

ACHTUNG

| | | |
|---|---|---|
| Gefahren durch Einatmen: *Ja*<br>Gefahren durch Hautkontakt: *Ja* | Brandgefahr: *Nein*<br>Explosionsgefahr: *Nein* | Sonstige Gefahren: *Ja*<br>Freisetzung von Nitrosen Gasen möglich |

**Substitution möglich:** *Nein* (Vgl. Begründung auf Seite 4.)

**Ergebnis der Gefährdungsbeurteilung**
Folgende Schutzmaßnahmen sind zu beachten:

| Mindeststandards (TRGS 500) | Schutzbrille | Schutzhandschuhe | Abzug | geschlossenes System | Lüftungsmaßnahmen | Brandschutzmaßnahmen | Weitere Maßnahmen: Temperatur der Reaktionsmischung darf 5 °C nicht überschreiten |
|---|---|---|---|---|---|---|---|
| ☑ | ☑ | ☐ | ☐ | ☐ | ☑ | ☐ | ☑ |

Stand der Gefährdungsbeurteilung: September 2014

# Gefährdungsbeurteilung
*Nitrit- und Nitrat-Test*

S. 184, V2

## Tätigkeitsbeschreibung
Ein Nitrit- bzw. Nitrat-Teststäbchen wird in eine verdünnte Natriumnitrit-, und eine verdünnte Natriumnitrat-Lösung getaucht. Anschließend wird etwas Zinkpulver zur Natriumnitrat-Lösung gegeben, gut geschüttelt, das überschüssige Zink abfiltriert und erneut ein Teststäbchen in die Lösung getaucht.

**Tätigkeit mit Gefahrstoffen:** *Ja*

**Natriumnitrit**; (Produkt)

| AGW: - | H272, H301, H319, H400 |
|---|---|
|  | P220, P273, P301+P310, P305+P351+P338 |

GEFAHR

**Natriumnitrat**; Edukt

| AGW: - | H272, H302 |
|---|---|
|  | P260 |

ACHTUNG

**Zinkpulver, stabilisiert**; Edukt

| AGW: - | H410 |
|---|---|
|  | P273 |

ACHTUNG

**Nitrit-Teststäbchen; Nitrat-Teststäbchen**

AGW: -

| Gefahren durch Einatmen: Nein | Brandgefahr: Ja | Sonstige Gefahren: Nein |
|---|---|---|
| Gefahren durch Hautkontakt: Nein | Explosionsgefahr: Nein |  |

**Substitution möglich:** *Nein* (Vgl. Begründung auf Seite 4.)

## Ergebnis der Gefährdungsbeurteilung
Folgende Schutzmaßnahmen sind zu beachten:

| Mindeststandards (TRGS 500) | Schutzbrille | Schutzhandschuhe | Abzug | geschlossenes System | Lüftungsmaßnahmen | Brandschutzmaßnahmen | Weitere Maßnahmen: keine |
|---|---|---|---|---|---|---|---|
| ☑ | ☑ | ☐ | ☐ | ☐ | ☐ | ☑ | ☐ |

Stand der Gefährdungsbeurteilung: September 2014

## 200
# Gefährdungsbeurteilung
*Synthese von Thymolphthalein*  S. 186, V1a

**Tätigkeitsbeschreibung**
In einem Reagenzglas wird eine Spatelspitze Phthalsäureanhydrid mit einer Spatelspitze Thymol vermischt. Einige Tropfen konz. Schwefelsäure werden hinzugegeben, dann wird auf kleiner Flamme für ca. 2 Minuten erhitzt und abkühlen gelassen. Zur abgekühlten Mischung wird Natronlauge, $w$ = 10 %, gegeben und die Lösung in einen großen Standzylinder mit Wasser gegossen.

**Tätigkeit mit Gefahrstoffen:** *Ja*

**Phthalsäureanhydrid**; Edukt

| AGW: - | H302, H315, H317, H318, H334, H335 |
| | P260, P262, P280, P302+P352, P304+P340, P305+P351+P338, P313 |

GEFAHR

**Thymol**; Edukt

| AGW: - | H302, H314, H411 |
| | P273, P301+P330+P331, P305+P351+P338, P309+P310 |

GEFAHR

**Schwefelsäure, konz.**

| AGW: - | H314, H290 |
| | P280, P301+P330+P331, P309+P310, P305+P351+P338 |

GEFAHR

**Natronlauge**, $w$ = 10%

| AGW: - | H314, H290 |
| | P280, P301+P330+P331, P305+P351+P338 |

GEFAHR

**Thymolphthalein**; Produkt
AGW: -

Gefahren durch Einatmen: *Ja*
Gefahren durch Hautkontakt: *Ja*

Brandgefahr: *Nein*
Explosionsgefahr: *Nein*

Sonstige Gefahren: *Nein*

**Substitution möglich:** *Nein* (Vgl. Begründung auf Seite 4.)

**Ergebnis der Gefährdungsbeurteilung**
Folgende Schutzmaßnahmen sind zu beachten:

| Mindeststandards (TRGS 500) | Schutzbrille | Schutzhandschuhe | Abzug | geschlossenes System | Lüftungsmaßnahmen | Brandschutzmaßnahmen | Weitere Maßnahmen: keine |
|---|---|---|---|---|---|---|---|
| ✓ | ✓ | ☐ | ☐ | ☐ | ✓ | ☐ | ☐ |

Stand der Gefährdungsbeurteilung: September 2014

# Gefährdungsbeurteilung
*Synthese von Fluoreszein*

S. 186, V1b

## Tätigkeitsbeschreibung
In einem Reagenzglas wird eine Spatelspitze Phthalsäureanhydrid mit einer Spatelspitze Resorcin vermischt. Einige Tropfen konz. Schwefelsäure werden hinzugegeben, dann wird auf kleiner Flamme für ca. 2 Minuten erhitzt und abkühlen gelassen. Zur abgekühlten Mischung wird Natronlauge, $w$ = 10 %, gegeben und die Lösung in einen großen Standzylinder mit Wasser gegossen.

**Tätigkeit mit Gefahrstoffen:** *Ja*

### Phthalsäureanhydrid; Edukt
AGW: -

H302, H315, H317, H318, H334, H335
P260, P262, P280, P302+P352, P304+P340, P305+P351+P338, P313

GEFAHR

### Resorcin; Edukt
AGW: 20 mg/m³

H302, H315, H319, H400
P273, P302+P352, P305+P351+P338

ACHTUNG

### Schwefelsäure, konz.
AGW: -

H314, H290
P280, P301+P330+P331, P309+P310, P305+P351+P338

GEFAHR

### Natronlauge, $w$ = 10%
AGW: -

H314, H290
P280, P301+P330+P331, P305+P351+P338

GEFAHR

### Fluoreszein; Produkt
AGW: -

H319
P305+P351+P338

ACHTUNG

| Gefahren durch Einatmen: Ja<br>Gefahren durch Hautkontakt: Ja | Brandgefahr: Nein<br>Explosionsgefahr: Nein | Sonstige Gefahren: Nein |
|---|---|---|

**Substitution möglich:** *Nein* (Vgl. Begründung auf Seite 4.)

## Ergebnis der Gefährdungsbeurteilung
Folgende Schutzmaßnahmen sind zu beachten:

| Mindeststandards (TRGS 500) | Schutzbrille | Schutzhandschuhe | Abzug | geschlossenes System | Lüftungsmaßnahmen | Brandschutzmaßnahmen | Weitere Maßnahmen: keine |
|---|---|---|---|---|---|---|---|
| ✓ | ✓ | ☐ | ☐ | ☐ | ✓ | ☐ | ☐ |

Stand der Gefährdungsbeurteilung: September 2014

## 202
# Gefährdungsbeurteilung
*Selbstentfärbende Phenolphthalein-Lösung*                          S. 186, V2

**Tätigkeitsbeschreibung**
Eine alkalische Phenolphtalein-Lösung wird für ca. 10 Minuten stehen gelassen und beobachtet.

**Tätigkeit mit Gefahrstoffen:** *Ja*

**Phenolpthalein-Lösung**, $w < 1\ \%$

AGW: 960 mg/m³   H225
                 P210

**GEFAHR**

**Natronlauge**, $w = 10\ \%$

AGW: -           H314, H290
                 P280, P301+P330+P331,
                 P305+P351+P338

**GEFAHR**

| Gefahren durch Einatmen: *Nein* | Brandgefahr: *Nein* | Sonstige Gefahren: *Nein* |
| Gefahren durch Hautkontakt: *Ja* | Explosionsgefahr: *Nein* | |

**Substitution möglich:** *Nein* (Vgl. Begründung auf Seite 4.)

**Ergebnis der Gefährdungsbeurteilung**
Folgende Schutzmaßnahmen sind zu beachten:

| Mindest-standards (TRGS 500) | Schutzbrille | Schutz-handschuhe | Abzug | geschlossenes System | Lüftungs-maßnahmen | Brandschutz-maßnahmen | **Weitere Maßnahmen:** keine |
|---|---|---|---|---|---|---|---|
| ☑ | ☑ | ☐ | ☐ | ☐ | ☐ | ☐ | ☐ |

Stand der Gefährdungsbeurteilung: September 2014

# Gefährdungsbeurteilung
*Nachweis von phenolischen Hydroxy-Gruppen: Teil 1*   S. 188, LV1-1

**Tätigkeitsbeschreibung**
Lösungen von Phenol, Brenzcatechin und Hydrochinon werden jeweils mit einigen Tropfen Eisen(III)-chlorid-Lösung versetzt.

**Tätigkeit mit Gefahrstoffen:** *Ja*

## Phenol

| AGW: 8 mg/m³ | H331, H301, H311, H314, H341, H373 P280, P302+P352, P301+P330+P331, P309+P310, P305+P351+P338 |
|---|---|

GEFAHR

## 1,2-Dihydroxybenzol — *Brenzcatechin*

| AGW: - | H301+H311, H315, H319 P301+P310, P302+P352, P305+P351+P338, P361, P405 |
|---|---|

GEFAHR

## 1,4-Dihydroxybenzol — *Hydrochinon*

| AGW: - | H351, H341, H302, H318, H317, H400 P273, P280, P308+P313, P305+P351+P338, P302+P352 |
|---|---|

GEFAHR

## Eisen(III)-chlorid

| AGW: - | H302, H315, H318, H317 P280, P301+P312, P302+P352, P305+P351+P338, P310 |
|---|---|

GEFAHR

| Gefahren durch Einatmen: *Ja* Gefahren durch Hautkontakt: *Ja* | Brandgefahr: *Nein* Explosionsgefahr: *Nein* | Sonstige Gefahren: *Nein* |
|---|---|---|

**Substitution möglich:** *Nein*
Der Vergleich mit einer phenolischen Hydroxy-Gruppe kann nur mit Phenol oder einer ähnlich gefährlichen Chemikalie durchgeführt werden.

## Ergebnis der Gefährdungsbeurteilung
Folgende Schutzmaßnahmen sind zu beachten:

| Mindeststandards (TRGS 500) | Schutzbrille | Schutzhandschuhe | Abzug | geschlossenes System | Lüftungsmaßnahmen | Brandschutzmaßnahmen | Weitere Maßnahmen: keine |
|---|---|---|---|---|---|---|---|
| ☑ | ☑ | ☑ | ☐ | ☐ | ☑ | ☐ | ☐ |

Stand der Gefährdungsbeurteilung: September 2014

## 204
# Gefährdungsbeurteilung
*Nachweis von phenolischen Hydroxy-Gruppen: Teil 2*  S. 188, LV1-2

**Tätigkeitsbeschreibung**
Lösungen von Resorcin, Gallussäure, Salicylsäure, Aspirin-Suspension, schwarzem Tee und verdünntem Kaffee werden jeweils mit einigen Tropfen Eisen(III)-chlorid-Lösung versetzt.

**Tätigkeit mit Gefahrstoffen:** *Ja*

### 1,3-Dihydroxybenzol *Resorcin*
AGW: -   H302, H315, H319, H400
P273, P302+P352, P305+P351+P338
**ACHTUNG**

### 3,4,5-Trihydroxybenzoesäure *Gallussäure*
AGW: -   H315, H319, H335
P261, P305+P351+P338
**ACHTUNG**

### o-Hydroxybenzoesäure *Salicylsäure*
AGW: -   H302, H315, H318, H335
P261, P270, P280, P302+P352,
P305+P351+P338
**GEFAHR**

### Aspirin-Suspension, schwarzer Tee, verdünnter Kaffee
AGW: -

### Eisen(III)-chlorid
AGW: -   H302, H315, H318, H317
P280, P301+P312, P302+P352,
P305+P351+P338, P310
**GEFAHR**

| Gefahren durch Einatmen: *Ja* | Brandgefahr: *Nein* | Sonstige Gefahren: *Nein* |
|---|---|---|
| Gefahren durch Hautkontakt: *Ja* | Explosionsgefahr: *Nein* | |

**Substitution möglich:** *Nein* (Vgl. Begründung auf Seite 4.)

### Ergebnis der Gefährdungsbeurteilung
Folgende Schutzmaßnahmen sind zu beachten:

| Mindeststandards (TRGS 500) | Schutzbrille | Schutzhandschuhe | Abzug | geschlossenes System | Lüftungsmaßnahmen | Brandschutzmaßnahmen | Weitere Maßnahmen: keine |
|---|---|---|---|---|---|---|---|
| ✓ | ✓ | ☐ | ☐ | ☐ | ✓ | ☐ | ☐ |

Stand der Gefährdungsbeurteilung: September 2014

# Gefährdungsbeurteilung
*Direktfärbung mit Siriuslichtblau*  S. 196, V1

**Tätigkeitsbeschreibung**
0,1 g Siriuslichtblau FBR (Direct Blue 71), 15 g Natriumchlorid und 0,5 g Natriumcarbonat werden in 100 mL heißem Wasser (60 °C) gelöst. In die Lösung wird ein Baumwolltuch gegeben und es wird für 10 Minuten zum Sieden erhitzt. Die Stoffprobe wird anschließend mit kaltem Wasser gewaschen. Der Versuch wird mit Textilproben aus Wolle, Polyester und Polyamid wiederholt.

**Tätigkeit mit Gefahrstoffen:** *Ja*

**Direct Blue 71**; Edukt *Siriuslichtblau*
AGW: -

**Textilproben aus Baumwolle, Wolle, Polyester und Polyamid**; Edukte
AGW: -

**Natriumchlorid**
AGW: -

**Natriumcarbonat**
AGW: -   H319
         P260, P305+P351+P338   ACHTUNG

**gefärbte Textilproben aus Baumwolle, Wolle, Polyester und Polyamid**; Produkte
AGW: -

| Gefahren durch Einatmen: Nein | Brandgefahr: Nein | Sonstige Gefahren: Ja |
| Gefahren durch Hautkontakt: Nein | Explosionsgefahr: Nein | heiße Kochplatte |

**Substitution möglich:** *Nein* (Vgl. Begründung auf Seite 4.)

**Ergebnis der Gefährdungsbeurteilung**
Folgende Schutzmaßnahmen sind zu beachten:

| Mindeststandards (TRGS 500) | Schutzbrille | Schutzhandschuhe | Abzug | geschlossenes System | Lüftungsmaßnahmen | Brandschutzmaßnahmen | Weitere Maßnahmen: keine |
|---|---|---|---|---|---|---|---|
| ☑ | ☑ | ☐ | ☐ | ☐ | ☐ | ☐ | ☐ |

Stand der Gefährdungsbeurteilung: September 2014

## 206
# Gefährdungsbeurteilung
*Färben mit einem ionischen Farbstoff*

S. 196, V2

**Tätigkeitsbeschreibung**
*Hinweis*: Diese Gefährdungsbeurteilung bezieht sich auf den Ersatzstoff Indigocarmin, da Supracen Blau® G nicht mehr erhältlich ist.

0,1 g Indigocarmin werden in 10 mL siedendem Wasser gelöst. Mit heißem Wasser (60 °C) wird auf 400 mL aufgefüllt. 10 mL Natriumsulfat-Lösung, $w = 10\%$, und 4 mL Schwefelsäure, $w = 10\%$, werden hinzugegeben. In diese Färbelösung werden Textilproben aus Baumwolle, Wolle, Polyester und Polyacrylnitril gegeben. Die Lösung wird für 15 min zum Sieden erhitzt und die Textilproben werden mit einem Glasstab bewegt. Anschließend werden die Textilproben mit kaltem Wasser gespült.

**Tätigkeit mit Gefahrstoffen:** *Ja*

**Indigocarmin**; Edukt
  AGW: -   H302   ACHTUNG (!)

**Textilproben aus Baumwolle, Wolle, Polyester und Polyacrylnitril**; Edukte
  AGW: -

**Natriumsulfat**
  AGW: -

**Schwefelsäure, w = 10%**
  AGW: -   H290, H315, H319
           P302+P352, P305+P351+P338   ACHTUNG (Ätzwirkung)

**gefärbte Textilproben aus Baumwolle, Wolle, Polyester und Polyamid**; Produkte
  AGW: -

| Gefahren durch Einatmen: *Nein* | Brandgefahr: *Nein* | Sonstige Gefahren: *Ja* |
| Gefahren durch Hautkontakt: *Ja* | Explosionsgefahr: *Nein* | heiße Kochplatte |

**Substitution möglich:** *Nein* (Vgl. Begründung auf Seite 4.)

**Ergebnis der Gefährdungsbeurteilung**
Folgende Schutzmaßnahmen sind zu beachten:

| Mindeststandards (TRGS 500) | Schutzbrille | Schutzhandschuhe | Abzug | geschlossenes System | Lüftungsmaßnahmen | Brandschutzmaßnahmen | Weitere Maßnahmen: keine |
|---|---|---|---|---|---|---|---|
| ✓ | ✓ | ☐ | ☐ | ☐ | ☐ | ☐ | ☐ |

Stand der Gefährdungsbeurteilung: September 2014

# Gefährdungsbeurteilung
*Färben mit einem ionischen Farbstoff: Alternative*  S. 196, V2

### Tätigkeitsbeschreibung
0,1 g β-Naphtholorange (Orange II) werden in 10 mL siedendem Wasser gelöst. Mit heißem Wasser (60 °C) wird auf 400 mL aufgefüllt. 10 mL Natriumsulfat-Lösung, $w = 10\%$, und 4 mL Schwefelsäure, $w = 10\%$, werden hinzugegeben. In diese Färbelösung werden Textilproben aus Baumwolle, Wolle, Polyester und Polyacrylnitril gegeben. Die Lösung wird für 15 min zum Sieden erhitzt und die Textilproben werden mit einem Glasstab bewegt. Anschließend werden die Textilproben mit kaltem Wasser gespült.

**Tätigkeit mit Gefahrstoffen:** *Ja*

### Orange II; Edukt
AGW: -  H315, H319, H335
P261, P305+P351+P338

### Textilproben aus Baumwolle, Wolle, Polyester und Polyacrylnitril; Edukte
AGW: -

### Natriumsulfat
AGW: -

### Schwefelsäure, w = 10%
AGW: -  H290, H315, H319
P302+P352, P305+P351+P338

### gefärbte Textilproben aus Baumwolle, Wolle, Polyester und Polyamid; Produkte
AGW: -

| Gefahren durch Einatmen: *Ja* | Brandgefahr: *Nein* | Sonstige Gefahren: *Ja* |
| Gefahren durch Hautkontakt: *Ja* | Explosionsgefahr: *Nein* | heiße Kochplatte |

**Substitution möglich:** *Nein* (Vgl. Begründung auf Seite 4.)

### Ergebnis der Gefährdungsbeurteilung
Folgende Schutzmaßnahmen sind zu beachten:

| Mindeststandards (TRGS 500) | Schutzbrille | Schutzhandschuhe | Abzug | geschlossenes System | Lüftungsmaßnahmen | Brandschutzmaßnahmen | Weitere Maßnahmen: keine |
|---|---|---|---|---|---|---|---|
| ☑ | ☑ | ☐ | ☐ | ☐ | ☑ | ☐ | ☐ |

Stand der Gefährdungsbeurteilung: September 2014

## 208
# Gefährdungsbeurteilung
*Küpenfärbung mit Indigo*  S. 196, V3

**Tätigkeitsbeschreibung**
In einem Reagenzglas werden 0,5 g Indigo und 5 g Natriumhydroxid-Plätzchen mit 10 mL heißem Wasser versetzt. Es wird gut geschüttelt und 1 g Natriumdithionit hinzugefügt. Das Reagenzglas wird verschlossen und ca. 1 min lang gut geschüttelt. Das Gemisch aus dem Reagenzglas wird in ein Becherglas mit 100 mL heißem Wasser überführt. Ein Baumwolltuch wird in die Küpe gegeben, anschließend wird das Tuch gründlich mit Wasser abgewaschen und an der Luft getrocknet.
*Hinweis*: Reines Indigo ist kennzeichnungsfrei. Die Einstufung von Indigo basiert auf einer synthesebedingten Verunreinigung von Anilin (0,2% <= w < 1%). Anilin ist vom Indigo ummantelt und wird beim Verküpen des Indigo-Farbstoffes wieder freigesetzt (*Quelle*: ECHA).

**Tätigkeit mit Gefahrstoffen:** *Ja*

**Indigo**
| AGW: - | H373 | ACHTUNG |
|---|---|---|
| | P260, P314 | |

**Natriumhydroxid**
| AGW: - | H314, H290 | GEFAHR |
|---|---|---|
| | P280, P301+P330+P331, P305+P351+P338, P309+P310 | |

**Natriumdithionit**
| AGW: - | H251, H302, EUH031 | GEFAHR |
|---|---|---|
| | P370+P378 | |

**Baumwolltuch**; Edukt, **gefärbtes Baumwolltuch**; Produkt
AGW: -

| Gefahren durch Einatmen: Nein | Brandgefahr: Ja | Sonstige Gefahren: Nein |
|---|---|---|
| Gefahren durch Hautkontakt: Ja | Explosionsgefahr: Nein | |

**Substitution möglich:** *Nein* (Vgl. Begründung auf Seite 4.)

**Ergebnis der Gefährdungsbeurteilung**
Folgende Schutzmaßnahmen sind zu beachten:

| Mindeststandards (TRGS 500) | Schutzbrille | Schutzhandschuhe | Abzug | geschlossenes System | Lüftungsmaßnahmen | Brandschutzmaßnahmen | Weitere Maßnahmen: keine |
|---|---|---|---|---|---|---|---|
| ☑ | ☑ | ☐ | ☐ | ☐ | ☐ | ☑ | ☐ |

Stand der Gefährdungsbeurteilung: September 2014

# Gefährdungsbeurteilung
*Anthocyane als pH-Indikatoren*

S. 200, V1

### Tätigkeitsbeschreibung
Die Farbstoffe aus kleingeschnittenen Rotkohlblättern werden extrahiert, indem sie mit Wasser gekocht werden. Es werden Verdünnungsreihen von Natronlauge und Salzsäure von $pH = 1$ bis $pH = 14$ hergestellt. Zu je 10 mL Lösung werden 0,5 mL Rotkohl-Extrakt gegeben und beobachtet.

**Tätigkeit mit Gefahrstoffen:** *Ja*

### Rotkohl, Rotkohlextrakt
AGW: -

### Natronlauge, $c = 1$ mol/L
AGW: -  H314, H290
P280, P301+P330+P331,
P305+P351+P338, P308+P310

**GEFAHR**

### Salzsäure, $c = 0,1$ mol/L
AGW: -  H290

**ACHTUNG**

| Gefahren durch Einatmen: *Nein* | Brandgefahr: *Nein* | Sonstige Gefahren: *Nein* |
| Gefahren durch Hautkontakt: *Ja* | Explosionsgefahr: *Nein* | |

**Substitution möglich:** *Nein* (Vgl. Begründung auf Seite 4.)

### Ergebnis der Gefährdungsbeurteilung
Folgende Schutzmaßnahmen sind zu beachten:

| Mindeststandards (TRGS 500) | Schutzbrille | Schutzhandschuhe | Abzug | geschlossenes System | Lüftungsmaßnahmen | Brandschutzmaßnahmen | Weitere Maßnahmen: keine |
|---|---|---|---|---|---|---|---|
| ☑ | ☑ | ☐ | ☐ | ☐ | ☐ | ☐ | ☐ |

Stand der Gefährdungsbeurteilung: September 2014

## 210
# Gefährdungsbeurteilung
*Anthocyane als Photosensibilatoren in Solarzellen*  S. 200, V2

**Tätigkeitsbeschreibung**
Eine mit Titandioxid beschichtete und gesinterte ITO-Glasplatte wird als Photoelektrode in eine Flachküvette mit Ethylendiamintetraessigsäure-Lösung, $c$ = 0,2 mol/L, getaucht, die mit Natronlauge, $c$ = 2 mol/L, auf $pH$ = 7 gebracht wurde, und mit dem Minuspol eines Spannungsmessgeräts verbunden. Eine zusammengerollte Rasierscherfolie wird neben der Photoelektrode in die Lösung getaucht und mit dem Pluspol des Spannungsmessgeräts verbunden. Die Spannung wird bei Bestrahlung mit verschiedenen Lichtquellen (violettes, grünes, rotes Licht von LED-Taschenlampen) abgelesen. Es wird beobachtet, was jeweils beim Abdunkeln passiert.
Die Photoelektrode wird vorsichtig herausgenommen und für 2 Minuten in Himbeersaft gelegt. Nach dem Abtropfen wird vorsichtig abgespült und der Versuch wiederholt.

**Tätigkeit mit Gefahrstoffen:** *Ja*

**Photoelektrode, Himbeersaft**
AGW: -

**Natronlauge**, $c$ = 2 mol/L
AGW: -   H314, H290
         P280, P301+P330+P331,
         P305+P351+P338, P309+P310

GEFAHR

**Ethylendiamintetraessigsäure-Dinatriumsalz**
AGW: -

| Gefahren durch Einatmen: *Nein* | Brandgefahr: *Nein* | Sonstige Gefahren: *Nein* |
| Gefahren durch Hautkontakt: *Ja* | Explosionsgefahr: *Nein* | |

**Substitution möglich:** *Nein* (Vgl. Begründung auf Seite 4.)

**Ergebnis der Gefährdungsbeurteilung**
Folgende Schutzmaßnahmen sind zu beachten:

| Mindeststandards (TRGS 500) | Schutzbrille | Schutzhandschuhe | Abzug | geschlossenes System | Lüftungsmaßnahmen | Brandschutzmaßnahmen | Weitere Maßnahmen: keine |
|---|---|---|---|---|---|---|---|
| ☑ | ☑ | ☐ | ☐ | ☐ | ☐ | ☐ | ☐ |

Stand der Gefährdungsbeurteilung: September 2014

# Gefährdungsbeurteilung
*Erhitzen verschiedener Zucker sowie von Stärke und Cellulose* — S. 214, V1

**Tätigkeitsbeschreibung**
In je einem Reagenzglas werden drei Spatelspitzen Glucose, Fructose, Saccharose, Stärke bzw. Cellulose erhitzt. Die kalten Zonen der Reagenzgläser werden beobachtet.

**Tätigkeit mit Gefahrstoffen:** *Nein*

**Glucose, Fructose, Saccharose, Stärke, Cellulose**; Edukte
  AGW: -

**Karamell**; Zwischenprodukt, **Wasser, Kohlenstoff**; Produkte
  AGW: -

| | | |
|---|---|---|
| Gefahren durch Einatmen: *Nein*  Gefahren durch Hautkontakt: *Nein* | Brandgefahr: *Nein*  Explosionsgefahr: *Nein* | Sonstige Gefahren: *Ja*  Verbrennungsgefahr an heißer Flamme/Rggl. |

**Substitution möglich:** *Nein* (Vgl. Begründung auf Seite 4.)

**Ergebnis der Gefährdungsbeurteilung**
Folgende Schutzmaßnahmen sind zu beachten:

| Mindeststandards (TRGS 500) | Schutzbrille | Schutzhandschuhe | Abzug | geschlossenes System | Lüftungsmaßnahmen | Brandschutzmaßnahmen | Weitere Maßnahmen: keine |
|---|---|---|---|---|---|---|---|
| ✓ | ✓ | ☐ | ☐ | ☐ | ☐ | ☐ | ☐ |

Stand der Gefährdungsbeurteilung: September 2014

# Gefährdungsbeurteilung
*Prüfen der Löslichkeit von Glucose und Saccharose in Wasser und in Heptan S. 214, V2*

**Tätigkeitsbeschreibung**
Die Löslichkeit von Glucose und Saccharose in Wasser und in Heptan wird geprüft, indem je eine Spatelspitze der zu untersuchenden Stoffe in Reagenzgläsern in wenige mL der zu prüfenden Lösemittel gegeben wird.

**Tätigkeit mit Gefahrstoffen:** *Ja*

**Glucose, Saccharose, Wasser**
AGW: -

**n-Heptan**
AGW: 2100 mg/m³   H225, H315, H304, H336, H410
P210, P261, P273, P301+P310, P331, P501

**GEFAHR**

| Gefahren durch Einatmen: *Ja* | Brandgefahr: *Ja* | Sonstige Gefahren: *Nein* |
| Gefahren durch Hautkontakt: *Ja* | Explosionsgefahr: *Nein* | |

**Substitution möglich:** *Nein* (Vgl. Begründung auf Seite 4.)

**Ergebnis der Gefährdungsbeurteilung**
Folgende Schutzmaßnahmen sind zu beachten:

| Mindeststandards (TRGS 500) | Schutzbrille | Schutzhandschuhe | Abzug | geschlossenes System | Lüftungsmaßnahmen | Brandschutzmaßnahmen | Weitere Maßnahmen: keine |
|---|---|---|---|---|---|---|---|
| ✓ | ✓ | ☐ | ☐ | ☐ | ✓ | ✓ | ☐ |

Stand der Gefährdungsbeurteilung: September 2014

# Gefährdungsbeurteilung
*Silberspiegel-Probe, Tollens-Reaktion*                                    S. 214, V3

### Tätigkeitsbeschreibung
Zu 5 mL Silbernitrat-Lösung, $w$ = 5 %, in einem neuen Reagenzglas wird tropfenweise Natronlauge, $w$ = 10 %, gegeben, bis sich ein schwarzbrauner Niederschlag bildet. Zu dieser Lösung wird so viel Ammoniak-Lösung, $w$ = 3 %, gegeben, bis sich der Niederschlag wieder auflöst.
*Hinweis*: Das so hergestellte Tollens-Reagenz ist stets frisch anzusetzen, da sich sonst explosive Silbersalze bilden können.
Es werden einige Tropfen einer Glucose-Lösung (0,5 g in wenig Wasser) hinzugegeben und die Mischung wird ohne zu schütteln vorsichtig in einem Wasserbad erwärmt.

**Tätigkeit mit Gefahrstoffen:** *Ja*

### Silbernitrat-Lösung, $w$ = 5 %; Edukt
| AGW: - | H272, H314, H410 | | GEFAHR |
|---|---|---|---|
| | P273, P280, P301+P330+P331, P305+P351+P338, P310 | | |

### Natronlauge, $w$ = 10 %; Edukt
| AGW: - | H314, H290 | | GEFAHR |
|---|---|---|---|
| | P280, P301+P330+P331, P305+P351+P338 | | |

### Ammoniak-Lösung, $w$ = 3 %; Edukt/Produkt
| AGW: 14 mg/m³ | H314, H335 | | GEFAHR |
|---|---|---|---|
| | P280, P301+P330+P331, P304+P340, P305+P351+P338 | | |

### Glucose; Edukt, **Silber**; Produkt
AGW: -

### Gluconsäure; Produkt
| AGW: - | H315, H319 | | ACHTUNG |
|---|---|---|---|
| | P305+P351+P338 | | |

| Gefahren durch Einatmen: *Ja* | Brandgefahr: *Nein* | Sonstige Gefahren: *Nein* |
|---|---|---|
| Gefahren durch Hautkontakt: *Ja* | Explosionsgefahr: *Nein* | |

**Substitution möglich:** *Nein* (Vgl. Begründung auf Seite 4.)

### Ergebnis der Gefährdungsbeurteilung
Folgende Schutzmaßnahmen sind zu beachten:

| Mindeststandards (TRGS 500) | Schutzbrille | Schutzhandschuhe | Abzug | geschlossenes System | Lüftungsmaßnahmen | Brandschutzmaßnahmen | Weitere Maßnahmen: keine |
|---|---|---|---|---|---|---|---|
| ✓ | ✓ | ☐ | ☐ | ☐ | ✓ | ☐ | ☐ |

Stand der Gefährdungsbeurteilung: September 2014

# Gefährdungsbeurteilung
*FEHLING-Probe*

S. 214, V4

**Tätigkeitsbeschreibung**
2 mL FEHLING I- und 2 mL FEHLING II-Lösung werden gemischt und mit 1 mL Glucose-Lösung versetzt. Die Lösung wird vorsichtig in einem heißen Wasserbad erwärmt und beobachtet.
Der Versuch wird mit Fructose-Lösung wiederholt.

**Tätigkeit mit Gefahrstoffen:** *Ja*

**FEHLING-Lösung I**; Edukt
AGW: -   H410
         P273, P501
ACHTUNG

**FEHLING-Lösung II**; Edukt
AGW: -   H314
         P280, P305+P351+P338, P310
GEFAHR

**Glucose-Lösung, Fructose-Lösung**; Edukte
AGW: -

**Kupfer(I)-oxid**; Produkt
AGW: -   H302, H410
         P273, P501
ACHTUNG

**Gluconsäure**; Produkt
AGW: -   H315, H319
         P305+P351+P338
ACHTUNG

| Gefahren durch Einatmen: *Nein* | Brandgefahr: *Nein* | Sonstige Gefahren: *Ja* |
|---|---|---|
| Gefahren durch Hautkontakt: *Ja* | Explosionsgefahr: *Nein* | heiße Kochplatte |

**Substitution möglich:** *Nein* (Vgl. Begründung auf Seite 4.)

**Ergebnis der Gefährdungsbeurteilung**
Folgende Schutzmaßnahmen sind zu beachten:

| Mindeststandards (TRGS 500) | Schutzbrille | Schutzhandschuhe | Abzug | geschlossenes System | Lüftungsmaßnahmen | Brandschutzmaßnahmen | Weitere Maßnahmen: keine |
|---|---|---|---|---|---|---|---|
| ☑ | ☑ | ☐ | ☐ | ☐ | ☐ | ☐ | ☐ |

Stand der Gefährdungsbeurteilung: September 2014

# Gefährdungsbeurteilung
*Spezifischer Fructose-Nachweis*

S. 214, V5

## Tätigkeitsbeschreibung
Eine Spatelspitze Resorcin wird zu 20 mL Salzsäure, $w = 10\,\%$, gegeben. Ca. 3 mL dieser Lösung werden in einem Reagenzglas zu 3 mL Fructose-Lösung gegeben. Das Reagenzglas wird in einem siedenden Wasserbad erhitzt und die Farbe wird beobachtet.

**Tätigkeit mit Gefahrstoffen:** *Ja*

### Resorcin; Edukt
AGW: -  
H302, H319, H315, H400  
P273, P302+P352, P305+P351+P338

ACHTUNG

### Salzsäure, $w = 10\,\%$; Edukt
AGW: 3 mg/m³  
H314, H335, H290  
P280, P301+P330+P331,  
P305+P351+P338, P308+P310

GEFAHR

### Fructose-Lösung; Edukt
AGW: -

### 9-[5-(Hydroxymethyl)furan-2-yl]-3-methylidene-3H-xanthen-6-ol; Produkt — *roter Farbstoff*
AGW: -    keine Gefahrstoffdaten vorhanden

---

| Gefahren durch Einatmen: **Ja** | Brandgefahr: **Nein** | Sonstige Gefahren: **Ja** |
| Gefahren durch Hautkontakt: **Ja** | Explosionsgefahr: **Nein** | heiße Kochplatte |

**Substitution möglich:** *Nein* (Vgl. Begründung auf Seite 4.)

## Ergebnis der Gefährdungsbeurteilung
Folgende Schutzmaßnahmen sind zu beachten:

| Mindeststandards (TRGS 500) | Schutzbrille | Schutzhandschuhe | Abzug | geschlossenes System | Lüftungsmaßnahmen | Brandschutzmaßnahmen | Weitere Maßnahmen: keine |
|---|---|---|---|---|---|---|---|
| ✓ | ✓ | ☐ | ☐ | ☐ | ✓ | ☐ | ☐ |

Stand der Gefährdungsbeurteilung: September 2014

# Gefährdungsbeurteilung
*GOD-Test (Glucose-Oxidase-Test)* S. 214, V6

**Tätigkeitsbeschreibung**
Es werden verschiedene wässrige Glucose-Lösungen hergestellt (zwischen 10 mg und 200 mg Glucose in 100 mL Wasser). In die Lösungen wird je ein Glucose-Teststäbchen getaucht und die Farben der Teststäbchen werden mit der Farbskala auf der Verpackung der Teststäbchen verglichen.

**Tätigkeit mit Gefahrstoffen:** *Nein*

**Glucose-Lösung, Glucose-Teststäbchen**
  AGW: -

| Gefahren durch Einatmen: *Nein*<br>Gefahren durch Hautkontakt: *Nein* | Brandgefahr: *Nein*<br>Explosionsgefahr: *Nein* | Sonstige Gefahren: *Nein* |
|---|---|---|

**Substitution möglich:** *Nein*

**Ergebnis der Gefährdungsbeurteilung**
Keine Gefährdungsbeurteilung nötig

Stand der Gefährdungsbeurteilung: September 2014

# Gefährdungsbeurteilung
*Reaktion von Saccharose mit Schwefelsäure*  S. 220, LV1

**Tätigkeitsbeschreibung**
In einem hohen Becherglas werden 5 Teelöffel Saccharose mit wenigen mL Wasser durchfeuchtet. Es werden 5 mL konz. Schwefelsäure hinzugegeben und beobachtet.
*Hinweis*: Es wird empfohlen, den Versuch als Lehrerversuch durchzuführen.

**Tätigkeit mit Gefahrstoffen:** *Ja*

**Saccharose**; Edukt
AGW: -

**Schwefelsäure**, konz.; Edukt
AGW: -   H314, H290
P280, P301+P330+P331, P309+P310
P305+P351+P338

GEFAHR

**Kohlenstoff, Wasser**; Produkte
AGW: -

**Kohlenstoffdioxid**; Produkt
AGW: 9100 mg/m³

**Schwefeldioxid**; Produkt
AGW: 1,3 mg/m³   H331, H314
P260, P280, P304+P340,
P303+P361+P353, P305+P351+P338,
P315, P405, P403

GEFAHR

| Gefahren durch Einatmen: Ja | Brandgefahr: Nein | Sonstige Gefahren: Ja |
| Gefahren durch Hautkontakt: Ja | Explosionsgefahr: Nein | stark exotherme Reaktion |

**Substitution möglich:** *Nein* (Vgl. Begründung auf Seite 4.)

**Ergebnis der Gefährdungsbeurteilung**
Folgende Schutzmaßnahmen sind zu beachten:

| Mindeststandards (TRGS 500) | Schutzbrille | Schutzhandschuhe | Abzug | geschlossenes System | Lüftungsmaßnahmen | Brandschutzmaßnahmen | Weitere Maßnahmen: keine |
|---|---|---|---|---|---|---|---|
| ✓ | ✓ | ☐ | ☐ | ☐ | ✓ | ☐ | ☐ |

Stand der Gefährdungsbeurteilung: September 2014

# 218
## Gefährdungsbeurteilung
*Fehling-Probe mit Saccharose*

S. 220, V2

**Tätigkeitsbeschreibung**
2 mL Fehling I- und 2 mL Fehling II-Lösung werden gemischt und mit 1 mL Saccharose-Lösung versetzt. Die Lösung wird vorsichtig in einem heißen Wasserbad erwärmt und beobachtet.

**Tätigkeit mit Gefahrstoffen:** *Ja*

### Fehling-Lösung I
AGW: -   H410
P273, P501

ACHTUNG

### Fehling-Lösung II
AGW: -   H314
P280, P305+P351+P338, P310

GEFAHR

### Saccharose-Lösung
AGW: -

| | | |
|---|---|---|
| Gefahren durch Einatmen: *Nein* | Brandgefahr: *Nein* | Sonstige Gefahren: *Ja* |
| Gefahren durch Hautkontakt: *Ja* | Explosionsgefahr: *Nein* | heiße Kochplatte |

**Substitution möglich:** *Nein* (Vgl. Begründung auf Seite 4.)

### Ergebnis der Gefährdungsbeurteilung
Folgende Schutzmaßnahmen sind zu beachten:

| Mindeststandards (TRGS 500) | Schutzbrille | Schutzhandschuhe | Abzug | geschlossenes System | Lüftungsmaßnahmen | Brandschutzmaßnahmen | Weitere Maßnahmen: keine |
|---|---|---|---|---|---|---|---|
| ☑ | ☑ | ☐ | ☐ | ☐ | ☐ | ☐ | ☐ |

Stand der Gefährdungsbeurteilung: September 2014

# Gefährdungsbeurteilung
*Hydrolyse von Saccharose*  S. 220, V3

### Tätigkeitsbeschreibung
10 mL Saccharose-Lösung, $w = 5\,\%$, werden mit 2 mL verd. Salzsäure versetzt und erhitzt. Wenn die Lösung 5 Minuten lang gesiedet hat, wird sie mit Natriumhydrogencarbonat neutralisiert.
Mit einem Teil der Lösung wird a) die FEHLING-Probe (vgl. S. 214, V4), b) der GOD-Test (vgl. S. 214, V6) und c) der Fructose-Nachweis (vgl. S. 214, V5) durchgeführt.

### Tätigkeit mit Gefahrstoffen: *Ja*

**Saccharose-Lösung**, $w = 5\%$; Edukt
AGW: -

**Salzsäure**, $c = 1\,\text{mol/L}$; Edukt
AGW: -   H290   ACHTUNG

**Glucose-Fructose-Lösung, Natriumchlorid-Lösung**; Produkt
AGW: -

**Natriumhydrogencarbonat**; Produkt
AGW: -

**Kohlenstoffdioxid**; Produkt
AGW: $9100\,\text{mg/m}^3$

| Gefahren durch Einatmen: *Nein* | Brandgefahr: *Nein* | Sonstige Gefahren: *Ja* |
| Gefahren durch Hautkontakt: *Nein* | Explosionsgefahr: *Nein* | heiße Kochplatte |

**Substitution möglich:** *Nein* (Vgl. Begründung auf Seite 4.)

### Ergebnis der Gefährdungsbeurteilung
Folgende Schutzmaßnahmen sind zu beachten:

| Mindeststandards (TRGS 500) | Schutzbrille | Schutzhandschuhe | Abzug | geschlossenes System | Lüftungsmaßnahmen | Brandschutzmaßnahmen | Weitere Maßnahmen: keine |
|---|---|---|---|---|---|---|---|
| ✓ | ✓ | ☐ | ☐ | ☐ | ☐ | ☐ | ☐ |

Stand der Gefährdungsbeurteilung: September 2014

# Gefährdungsbeurteilung
*Herstellung einer Stärke-Lösung*

S. 222, V1

**Tätigkeitsbeschreibung**
1 g Stärke wird in 100 mL Wasser durch Aufkochen gelöst. Nach dem Abkühlen wird die Lösung für weitere Versuche verwendet.
*Hinweis*: Die Stärke-Lösung ist nur wenige Tage im Kühlschrank haltbar.

**Tätigkeit mit Gefahrstoffen:** *Ja*

**Stärke, Wasser**; Edukte
    AGW: -

**Stärke-Lösung**; Produkt
    AGW: -

| | | |
|---|---|---|
| Gefahren durch Einatmen: *Nein* <br> Gefahren durch Hautkontakt: *Nein* | Brandgefahr: *Nein* <br> Explosionsgefahr: *Nein* | Sonstige Gefahren: *Ja* <br> heiße Kochplatte |

**Substitution möglich:** *Nein* (Vgl. Begründung auf Seite 4.)

**Ergebnis der Gefährdungsbeurteilung**
Folgende Schutzmaßnahmen sind zu beachten:

| Mindeststandards (TRGS 500) | Schutzbrille | Schutzhandschuhe | Abzug | geschlossenes System | Lüftungsmaßnahmen | Brandschutzmaßnahmen | Weitere Maßnahmen: keine |
|---|---|---|---|---|---|---|---|
| ☑ | ☑ | ☐ | ☐ | ☐ | ☐ | ☐ | ☐ |

Stand der Gefährdungsbeurteilung: September 2014

# Gefährdungsbeurteilung
*Stärkenachweis I*

S. 222, V2a,b

### Tätigkeitsbeschreibung
Etwas Iod-Kaliumiodid-Lösung wird zu a) einer Stärke-Lösung und b) auf eine Kartoffel oder einen Apfel gegeben.

**Tätigkeit mit Gefahrstoffen:** *Nein*

**Stärke-Lösung, Kartoffel, Apfel**
AGW: -

**Iod-Kaliumiodid-Lösung** *Lugol'sche Lösung*
AGW: -

| Gefahren durch Einatmen: *Nein* | Brandgefahr: *Nein* | Sonstige Gefahren: *Nein* |
| Gefahren durch Hautkontakt: *Nein* | Explosionsgefahr: *Nein* | |

**Substitution möglich:** *Nein*

### Ergebnis der Gefährdungsbeurteilung
Keine Gefährdungsbeurteilung nötig

Stand der Gefährdungsbeurteilung: September 2014

## 222
# Gefährdungsbeurteilung
*Stärkenachweis II*  S. 222, V2c

**Tätigkeitsbeschreibung**
Etwas Iod-Kaliumiodid-Lösung wird zu Wasser gegeben, in dem zuvor Nudeln oder Brotstücke gekocht wurden.

**Tätigkeit mit Gefahrstoffen:** *Ja*

**Stärke-Lösung, Wasser, Nudeln, Brotstücke**
　AGW: -

**Iod-Kaliumiodid-Lösung** *LUGOL'sche Lösung*
　AGW: -

| Gefahren durch Einatmen: *Nein*  Gefahren durch Hautkontakt: *Nein* | Brandgefahr: *Nein*  Explosionsgefahr: *Nein* | Sonstige Gefahren: *Ja*  heiße Kochplatte |

**Substitution möglich:** *Nein* (Vgl. Begründung auf Seite 4.)

**Ergebnis der Gefährdungsbeurteilung**
Folgende Schutzmaßnahmen sind zu beachten:

| Mindeststandards (TRGS 500) | Schutzbrille | Schutzhandschuhe | Abzug | geschlossenes System | Lüftungsmaßnahmen | Brandschutzmaßnahmen | Weitere Maßnahmen: keine |
|---|---|---|---|---|---|---|---|
| ✓ | ✓ | ☐ | ☐ | ☐ | ☐ | ☐ | ☐ |

Stand der Gefährdungsbeurteilung: September 2014

# Gefährdungsbeurteilung
*Hydrolyse von Stärke*

S. 222, V3

## Tätigkeitsbeschreibung

50 mL Stärke-Lösung werden in einem Erlenmeyerkolben mit 5 mL verd. Salzsäure versetzt und zum Sieden erhitzt. Alle 3 Minuten wird mit einer Pipette eine Probe entnommen und unter fließendem Wasser abgekühlt. Zu jeder Probe werden einige Tropfen Iod-Kaliumiodid-Lösung gegeben. Fällt der Stärkenachweis negativ aus, wird die abgekühlte Lösung mit Natriumhydrogencarbonat neutralisiert.
Mit der Lösung wird der GOD-Test (vgl. S. 214, V6) durchgeführt.

## Tätigkeit mit Gefahrstoffen: *Ja*

**Stärke-Lösung**; Edukt
AGW: -

**Salzsäure**, $c$ = 1 mol/L; Edukt
AGW: -     H290     ACHTUNG

**Glucose-Lösung, Natriumchlorid-Lösung**; Produkt
AGW: -

**Natriumhydrogencarbonat**; Produkt
AGW: -

**Kohlenstoffdioxid**; Produkt
AGW: 9100 mg/m³

**Iod-Kaliumiodid-Lösung**     *Lugol'sche Lösung*
AGW: -

| Gefahren durch Einatmen: Nein<br>Gefahren durch Hautkontakt: Nein | Brandgefahr: Nein<br>Explosionsgefahr: Nein | Sonstige Gefahren: Ja<br>heiße Kochplatte |

**Substitution möglich:** *Nein* (Vgl. Begründung auf Seite 4.)

## Ergebnis der Gefährdungsbeurteilung
Folgende Schutzmaßnahmen sind zu beachten:

| Mindeststandards (TRGS 500) | Schutzbrille | Schutzhandschuhe | Abzug | geschlossenes System | Lüftungsmaßnahmen | Brandschutzmaßnahmen | Weitere Maßnahmen: keine |
|---|---|---|---|---|---|---|---|
| ✓ | ✓ | ☐ | ☐ | ☐ | ☐ | ☐ | ☐ |

Stand der Gefährdungsbeurteilung: September 2014

## 224
# Gefährdungsbeurteilung
*Herstellung einer Stärkefolie*   S. 222, V4

**Tätigkeitsbeschreibung**
In einem Becherglas werden zu 4 g Stärke 20 mL Wasser und 2 mL Glycerin gegeben. Das Gemisch wird unter Rühren etwa 15 min lang zum Sieden erhitzt. Das entstandene Gel wird auf eine Plastikfolie gegossen und ca. 24 Stunden getrocknet. Die Stärkefolie lässt sich am nächsten Tag abziehen.

**Tätigkeit mit Gefahrstoffen:** *Ja*

**Stärke, Wasser**; Edukte
  AGW: -

**Glycerin**; Edukt
  AGW: 50 mg/m³

**Stärkefolie**; Produkt
  AGW: -

| Gefahren durch Einatmen: *Nein*  Gefahren durch Hautkontakt: *Nein* | Brandgefahr: *Nein*  Explosionsgefahr: *Nein* | Sonstige Gefahren: *Ja*  heiße Kochplatte |

**Substitution möglich:** *Nein* (Vgl. Begründung auf Seite 4.)

**Ergebnis der Gefährdungsbeurteilung**
Folgende Schutzmaßnahmen sind zu beachten:

| Mindeststandards (TRGS 500) | Schutzbrille | Schutzhandschuhe | Abzug | geschlossenes System | Lüftungsmaßnahmen | Brandschutzmaßnahmen | Weitere Maßnahmen: keine |
|---|---|---|---|---|---|---|---|
| ✓ | ✓ | ☐ | ☐ | ☐ | ☐ | ☐ | ☐ |

Stand der Gefährdungsbeurteilung: September 2014

# Gefährdungsbeurteilung
*Herstellung der Iod-Zinkchlorid-Lösung*

S. 224, V1-1

### Tätigkeitsbeschreibung
10 g wasserfreies Zinkchlorid wird in einem Becherglas in 5 mL dest. Wasser gelöst. In einem weiteren Becherglas werden 1,05 g Kaliumiodid und 0,25 g Iod in 2,5 mL dest. Wasser gelöst. Beide Lösungen werden in einer braunen Vorratsflasche vereinigt.

### Tätigkeit mit Gefahrstoffen: *Ja*

**Zinkchlorid**; Edukt

| AGW: - | H302, H314, H335, H410 |
|---|---|
| | P273, P280, P301+P330+P331, P305+P351+P338, P309+P310 |

GEFAHR

**Kaliumiodid**; Edukt

AGW: -

**Iod**; Edukt

| AGW: - | H332, H312, H400 |
|---|---|
| | P273, P302+P352 |

ACHTUNG

**Iod-Zinkchlorid-Lösung**; Produkt

| AGW: - | H302, H314, H410 |
|---|---|

GEFAHR

| Gefahren durch Einatmen: *Ja* | Brandgefahr: *Nein* | Sonstige Gefahren: *Nein* |
|---|---|---|
| Gefahren durch Hautkontakt: *Ja* | Explosionsgefahr: *Nein* | |

**Substitution möglich:** *Nein* (Vgl. Begründung auf Seite 4.)

### Ergebnis der Gefährdungsbeurteilung
Folgende Schutzmaßnahmen sind zu beachten:

| Mindeststandards (TRGS 500) | Schutzbrille | Schutzhandschuhe | Abzug | geschlossenes System | Lüftungsmaßnahmen | Brandschutzmaßnahmen | Weitere Maßnahmen: keine |
|---|---|---|---|---|---|---|---|
| ☑ | ☑ | ☐ | ☐ | ☐ | ☑ | ☐ | ☐ |

Stand der Gefährdungsbeurteilung: September 2014

## 226
# Gefährdungsbeurteilung
*Cellulose-Nachweis*                                                S. 224, V1-2

**Tätigkeitsbeschreibung**
Ein Stück Zellstoff oder Baumwolle wird mit Iod-Zinkchlorid-Lösung beträufelt.

**Tätigkeit mit Gefahrstoffen:** *Ja*

**Zellstoff, Baumwolle**
  AGW: -

**Iod-Zinkchlorid-Lösung***
  AGW: -          H302, H314, H410                                    GEFAHR

| Gefahren durch Einatmen: *Nein* | Brandgefahr: *Nein* | Sonstige Gefahren: *Nein* |
| Gefahren durch Hautkontakt: *Ja* | Explosionsgefahr: *Nein* | |

**Substitution möglich:** *Nein* (Vgl. Begründung auf Seite 4.)

**Ergebnis der Gefährdungsbeurteilung**
Folgende Schutzmaßnahmen sind zu beachten:

| Mindest-standards (TRGS 500) | Schutzbrille | Schutz-handschuhe | Abzug | geschlossenes System | Lüftungs-maßnahmen | Brandschutz-maßnahmen | Weitere Maßnahmen: keine |
|---|---|---|---|---|---|---|---|
| ☑ | ☑ | ☐ | ☐ | ☐ | ☐ | ☐ | ☐ |

Stand der Gefährdungsbeurteilung: September 2014

# Gefährdungsbeurteilung
*Beständigkeit von Baumwolle gegenüber Säuren und Laugen*  S. 224, V2

## Tätigkeitsbeschreibung
Je eine Stoffprobe Baumwolle wird für 15 bis 20 Minuten in Salzsäure, $c$ = 5 mol/L, bzw. Natronlauge, $c$ = 5 mol/L, eingelegt. Die Stoffproben werden mit Wasser ausgewaschen, getrocknet und auf ihre Beschaffenheit untersucht.

**Tätigkeit mit Gefahrstoffen:** *Ja*

### Baumwolle
AGW: -

### Salzsäure, $c$ = 5 mol/L
AGW: 3 mg/m³  H290, H315, H319, H335
P302+P352, P305+P351+P338

ACHTUNG

### Natronlauge, $c$ = 5 mol/L
AGW: -  H290, H314
P280, P301+P330+P331,
P305+P351+P338, P308+P310

GEFAHR

| Gefahren durch Einatmen: *Ja* | Brandgefahr: *Nein* | Sonstige Gefahren: *Nein* |
| Gefahren durch Hautkontakt: *Ja* | Explosionsgefahr: *Nein* | |

**Substitution möglich:** *Nein* (Vgl. Begründung auf Seite 4.)

## Ergebnis der Gefährdungsbeurteilung
Folgende Schutzmaßnahmen sind zu beachten:

| Mindeststandards (TRGS 500) | Schutzbrille | Schutzhandschuhe | Abzug | geschlossenes System | Lüftungsmaßnahmen | Brandschutzmaßnahmen | Weitere Maßnahmen: keine |
|---|---|---|---|---|---|---|---|
| ☑ | ☑ | ☐ | ☐ | ☐ | ☑ | ☐ | ☐ |

Stand der Gefährdungsbeurteilung: September 2014

# Gefährdungsbeurteilung

*Beständigkeit von Baumwolle gegenüber Oxidations- und Reduktionsmitteln*

S. 224, V3

**Tätigkeitsbeschreibung**

Je eine Stoffprobe Baumwolle wird für 15 bis 20 Minuten in Wasserstoffperoxid-Lösung, $w = 5\%$, bzw. Natriumdithionit-Lösung, $w = 5\%$, gelegt. Die Stoffproben werden anschließend mit Wasser ausgewaschen, getrocknet und auf ihre Beschaffenheit untersucht.

**Tätigkeit mit Gefahrstoffen:** *Ja*

**Baumwolle**

AGW: -

**Wasserstoffperoxid-Lösung**, $w = 5\%$

AGW: -   H315, H319
P305+P351+P338, P332+P313

ACHTUNG

**Natriumdithionit-Lösung**, $w = 5\%$

AGW: -

| Gefahren durch Einatmen: *Nein* | Brandgefahr: *Nein* | Sonstige Gefahren: *Nein* |
| Gefahren durch Hautkontakt: *Ja* | Explosionsgefahr: *Nein* | |

**Substitution möglich:** *Nein* (Vgl. Begründung auf Seite 4.)

**Ergebnis der Gefährdungsbeurteilung**

Folgende Schutzmaßnahmen sind zu beachten:

| Mindeststandards (TRGS 500) | Schutzbrille | Schutzhandschuhe | Abzug | geschlossenes System | Lüftungsmaßnahmen | Brandschutzmaßnahmen | Weitere Maßnahmen: keine |
|---|---|---|---|---|---|---|---|
| ☑ | ☑ | ☐ | ☐ | ☐ | ☐ | ☐ | ☐ |

Stand der Gefährdungsbeurteilung: September 2014

# Gefährdungsbeurteilung
*Reaktion von Cellulose mit Schwefelsäure*

S. 224, LV4

### Tätigkeitsbeschreibung
Ein Bausch Watte (oder mehrere Filterpapierschnipsel) wird mit 5 mL Schwefelsäure, $w = 80\ \%$, verrührt, bis sie sich gelöst hat. Es werden vorsichtig 40 mL Wasser hinzugegeben und 10 min lang wird zum Sieden erhitzt. Nach dem Abkühlen wird mit Natriumhydrogencarbonat neutralisiert und ein Glucose-Teststäbchen in die Lösung getaucht.
*Hinweis*: Es wird empfohlen den Versuch als Lehrerversuch durchzuführen.

### Tätigkeit mit Gefahrstoffen: *Ja*

**Watte, Filterpapier**; Edukt
- AGW: -

**Schwefelsäure**, $w = 80\ \%$; Edukt
- AGW: -
- H314, H290
- P280, P301+P330+P331, P309+P310
- P305+P351+P338

GEFAHR

**Kohlenstoff, Wasser**; Produkte, **Natriumhydrogencarbonat**; Edukt
- AGW: -

**Kohlenstoffdioxid**; Produkt
- AGW: 9100 mg/m³

**Schwefeldioxid**; Produkt
- AGW: 1,3 mg/m³
- H331, H314
- P260, P280, P304+P340,
- P303+P361+P353, P305+P351+P338,
- P315, P405, P403

GEFAHR

**Glucose-Lösung** (verunreinigt mit Kohlenstoff, Natriumsulfat); Produkt
- AGW:

| Gefahren durch Einatmen: *Ja* | Brandgefahr: *Nein* | Sonstige Gefahren: *Ja* |
| Gefahren durch Hautkontakt: *Ja* | Explosionsgefahr: *Nein* | stark exotherme Reaktionen |

**Substitution möglich:** *Nein* (Vgl. Begründung auf Seite 4.)

### Ergebnis der Gefährdungsbeurteilung
Folgende Schutzmaßnahmen sind zu beachten:

| Mindeststandards (TRGS 500) | Schutzbrille | Schutzhandschuhe | Abzug | geschlossenes System | Lüftungsmaßnahmen | Brandschutzmaßnahmen | Weitere Maßnahmen: keine |
|---|---|---|---|---|---|---|---|
| ✓ | ✓ | ☐ | ☐ | ☐ | ✓ | ☐ | ☐ |

Stand der Gefährdungsbeurteilung: September 2014

## 230
# Gefährdungsbeurteilung
*Hydrolyse von Peptiden und Nachweis der Aminosäuren*     S. 228, V1

**Tätigkeitsbeschreibung**

In je einen Erlenmeyerkolben werden 0,3 g Gluthation, 0,3 g Parmesankäse und 0,3 g Pepton gegeben und mit je 8 mL Wasser und je 20 mL konz. Salzsäure versetzt. Die Erlenmeyerkolben werden geschüttelt, gut verschlossen und mit gesichertem Glasstopfen über Nacht bei ca. 100 °C im Trockenschrank aufbewahrt. Die Lösungen werden auf *p*H = 5 eingestellt und auf eine DC-Folie aus Kieselgel aufgebracht. Vergleichslösungen einiger der Aminosäuren Gly, Ala, Glu, Cys oder Met werden ebenfalls aufgetragen. Die DC-Folie wird in eine Kammer gegeben, die wenige mL eines Gemischs aus Butan-1-ol, Eisessig und Wasser (1:1:4) enthält. Nach dem Entwickeln wird die DC-Folie mit Ninhydrin-Reagenz besprüht.

**Tätigkeit mit Gefahrstoffen:** *Ja*

**Gluthathion, Parmesankäse, Pepton**; Edukte, **Ninhydrin-Reagenz**, $w$ = 2 %
- AGW: –

**Salzsäure**, konz.
- AGW: –
- H290, H314, H335
- P280, P201+P330+P331, P305+P351+P338, P308+P310
- GEFAHR

**Cystein**; (Produkt)
- AGW: –
- H302
- ACHTUNG

**Glycin, Alanin, Glutaminsäure, Methionin**; (Produkte)
- AGW: –

**Butan-1-ol**
- AGW: –
- H226, H302, H318, H315, H335, H336
- P280, P302+P352, P305+P351+P338, P313
- GEFAHR

**Ethansäure**
- AGW: –
- H226, H314
- P280, P301+P330+P331, P307+P310, P305+P351+P338, P313
- GEFAHR

| Gefahren durch Einatmen: *Ja* | Brandgefahr: *Ja* | Sonstige Gefahren: *Nein* |
|---|---|---|
| Gefahren durch Hautkontakt: *Ja* | Explosionsgefahr: *Nein* | |

**Substitution möglich:** *Nein* (Vgl. Begründung auf Seite 4.)

**Ergebnis der Gefährdungsbeurteilung**
Folgende Schutzmaßnahmen sind zu beachten:

| Mindeststandards (TRGS 500) | Schutzbrille | Schutzhandschuhe | Abzug | geschlossenes System | Lüftungsmaßnahmen | Brandschutzmaßnahmen | |
|---|---|---|---|---|---|---|---|
| ☑ | ☑ | ☐ | ☐ | ☐ | ☑ | ☑ | ☐ |

**Weitere Maßnahmen:** keine

Stand der Gefährdungsbeurteilung: September 2014

# Gefährdungsbeurteilung
*Dauerwelle im Schulversuch*

S. 230, V1, V2

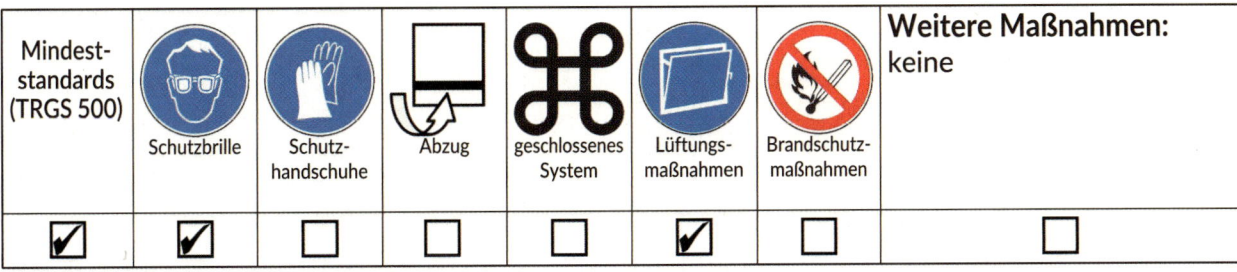

### Tätigkeitsbeschreibung
Eine abgeschnittene Haarlocke wird auf einem Lockenwickler befestigt und für ca. 15 Minuten in ein Bad aus 50 mL dest. Wasser, 10 mL Thioglycolsäure und 25 mL Ammoniak-Lösung, $w = 10\,\%$, getaucht. Anschließend wird die Dauerwelle gewaschen und fixiert, indem sie in Wasserstoffperoxid-Lösung, die mit Citronensäure auf $pH = 2{,}5$ bis $3$ gebracht wurde, eingetaucht wird. Nach dem Fixieren wird erneut gewaschen, der Lockenwickler entfernt und die Haarlocke geföhnt. Die Beständigkeit gegenüber Wind und Feuchtigkeit wird geprüft.
Der Versuch wird wiederholt und a) die Ammoniak-Lösung und b) das Fixieren weggelassen. Die Ergebnisse werden miteinander verglichen.

### Tätigkeit mit Gefahrstoffen: *Ja*

#### Ammoniak-Lösung, $w = 10\,\%$
AGW: 14 mg/m³
H314, H335
P280, P301+P330+P331,
P305+P351+P338, P304+P340,
P308+P310
**GEFAHR**

#### Thioglycolsäure; Edukt
AGW: -
H331, H311, H301, H314
P280, P304+P340, P302+P352,
P301+P330+P331, P309, P310,
P305+P351+P338
**GEFAHR**

#### Wasserstoffperoxid
AGW: -
H272, H302, H314, H335
P220, P261, P280, P305+P351+P338,
P310
**GEFAHR**

#### Citronensäure
AGW: -
H318
P305+P351+P338, P311
**GEFAHR**

#### Dithiodiglycolsäure; Produkt
AGW:
H315, H319, H335
P261, P305+P351+P338
**ACHTUNG**

| Gefahren durch Einatmen: *Ja* | Brandgefahr: *Nein* | Sonstige Gefahren: *Nein* |
|---|---|---|
| Gefahren durch Hautkontakt: *Ja* | Explosionsgefahr: *Nein* | |

### Substitution möglich: *Nein*
Thioglycolsäure ist Bestandteil von Mitteln zur Erzeugung von Dauerwellen und kann daher nicht ausgetauscht werden.

### Ergebnis der Gefährdungsbeurteilung
Folgende Schutzmaßnahmen sind zu beachten:

| Mindeststandards (TRGS 500) | Schutzbrille | Schutzhandschuhe | Abzug | geschlossenes System | Lüftungsmaßnahmen | Brandschutzmaßnahmen | Weitere Maßnahmen: keine |
|---|---|---|---|---|---|---|---|
| ☑ | ☑ | ☐ | ☐ | ☐ | ☑ | ☐ | ☐ |

Stand der Gefährdungsbeurteilung: September 2014

## 232
# Gefährdungsbeurteilung
*Denaturierung von Eiklar*  S. 232, V1

**Tätigkeitsbeschreibung**
Eiklar wird mit etwas Wasser verdünnt und mit wenig Kochsalz versetzt. 5 mL dieser Lösung werden in einem Reagenzglas erhitzt. In drei weiteren Reagenzgläser wird zu je 5 mL der Eiklar-Lösung a) 5 mL Salzsäure, $c$ = 5 mol/L, b) 5 mL Natronlauge, $c$ = 5 mol/L, und c) 5 mL gesättigte Eisen(III)-chlorid-Lösung gegeben. Die Ergebnisse werden miteinander verglichen.

**Tätigkeit mit Gefahrstoffen:** *Ja*

**Eiklar**; Edukt, **Natriumchlorid, denaturiertes Eiklar**; Produkt
AGW: -

**Salzsäure**, $c$ = 5 mol/L
AGW: 3 mg/m³    H290, H315, H319, H335
P302+P352, P305+P351+P338    ACHTUNG

**Natronlauge**, $c$ = 5 mol/L
AGW: -    H290, H314
P280, P301+P330+P331,
P305+P351+P338, P308+P310    GEFAHR

**Eisen(III)-chlorid**
AGW:    H302, H315, H318, H317
P280, P301+P312, P302+P352,
P305+P351+P338, P310, P501    GEFAHR

| Gefahren durch Einatmen: Ja | Brandgefahr: Nein | Sonstige Gefahren: Nein |
| Gefahren durch Hautkontakt: Ja | Explosionsgefahr: Nein | |

**Substitution möglich:** *Nein* (Vgl. Begründung auf Seite 4.)

**Ergebnis der Gefährdungsbeurteilung**
Folgende Schutzmaßnahmen sind zu beachten:

| Mindeststandards (TRGS 500) | Schutzbrille | Schutzhandschuhe | Abzug | geschlossenes System | Lüftungsmaßnahmen | Brandschutzmaßnahmen | Weitere Maßnahmen: keine |
|---|---|---|---|---|---|---|---|
| ☑ | ☑ | ☐ | ☐ | ☐ | ☑ | ☐ | ☐ |

Stand der Gefährdungsbeurteilung: September 2014

# Gefährdungsbeurteilung
*Denaturierung von Milch*

S. 232, V2

**Tätigkeitsbeschreibung**
Zu 100 mL Milch werden portionsweise 6 mL Essigsäure, $c$ = 2 mol/L, gegeben. Es wird beobachtet und das entstandende Gemisch durch Glaswolle filtriert.

**Tätigkeit mit Gefahrstoffen:** *Ja*

**Milch**; Edukt, **denaturierte Milch, Molke**; Produkte
  AGW: -

**Ethansäure**, $c$ = 2 mol/L *Essigsäure*
  AGW: 25 mg/m³   H315, H319
                  P280, P301+P330+P331, P307+P310,
                  P305+P351+P338

ACHTUNG

| Gefahren durch Einatmen: *Nein* | Brandgefahr: *Nein* | Sonstige Gefahren: *Nein* |
| Gefahren durch Hautkontakt: *Ja* | Explosionsgefahr: *Nein* | |

**Substitution möglich:** *Nein* (Vgl. Begründung auf Seite 4.)

**Ergebnis der Gefährdungsbeurteilung**
Folgende Schutzmaßnahmen sind zu beachten:

| Mindeststandards (TRGS 500) | Schutzbrille | Schutzhandschuhe | Abzug | geschlossenes System | Lüftungsmaßnahmen | Brandschutzmaßnahmen | Weitere Maßnahmen: keine |
|---|---|---|---|---|---|---|---|
| ✓ | ✓ | ☐ | ☐ | ☐ | ☐ | ☐ | ☐ |

Stand der Gefährdungsbeurteilung: September 2014

# 234
## Gefährdungsbeurteilung
*Extraktion von Blattgrün*  S. 232, V3

**Tätigkeitsbeschreibung**
Einige grüne Pflanzenblätter werden zerschnitten und auf zwei Mörser verteilt. Die Blätter werden zerrieben und zu einem der Mörser wird Ethanol oder Aceton gegeben, um die Blattpigmente zu extrahieren. Beide Mörser werden gleichzeitig im Licht einer UV-Lampe ($\lambda$ = 366 nm) betrachtet.

**Tätigkeit mit Gefahrstoffen:** *Ja*

### Blätter
AGW: –

### Aceton
AGW: 1200 mg/m³   H225, H319, H336, EUH066
P210, P233, P305+P351+P338

GEFAHR

### Ethanol
AGW: 960 mg/m³   H225
P210

GEFAHR

| Gefahren durch Einatmen: *Ja* | Brandgefahr: *Ja* | Sonstige Gefahren: *Nein* |
| Gefahren durch Hautkontakt: *Nein* | Explosionsgefahr: *Nein* | |

**Substitution möglich:** *Nein* (Vgl. Begründung auf Seite 4.)

### Ergebnis der Gefährdungsbeurteilung
Folgende Schutzmaßnahmen sind zu beachten:

| Mindest- standards (TRGS 500) | Schutzbrille | Schutz- handschuhe | Abzug | geschlossenes System | Lüftungs- maßnahmen | Brandschutz- maßnahmen | Weitere Maßnahmen: keine |
|---|---|---|---|---|---|---|---|
| ✓ | ✓ | ☐ | ☐ | ☐ | ✓ | ☐ | ☐ |

Stand der Gefährdungsbeurteilung: September 2014

# Gefährdungsbeurteilung
*Fettfleckprobe*

S. 236, V1

## Tätigkeitsbeschreibung
In einer Reibschale werden einige Sonnenblumenkerne, Erdnusskerne, Leinsamen oder Rapssamen verrieben. Nach Zugabe einiger Milliliter Heptan wird weiter verrieben. Die Lösung wird in eine Petrischale dekantiert und das Lösemittel verdampfen gelassen. Mit der Pipette wird eine kleine Menge des Rückstands auf ein Papiertuch getüpfelt. Zum Vergleich wird etwas reines Heptan auf eine andere Stelle getüpfelt.

**Tätigkeit mit Gefahrstoffen:** *Ja*

### Erdnusskerne, Leinsamen, Rapssamen oder Sonnenblumenkerne
AGW: -

### n-Heptan
AGW: 2000 mg/m³  H225, H304, H315, H336, H410
P210, P273, P301+P310, P331, P302+P352, P403+P235

**GEFAHR**

| Gefahren durch Einatmen: *Ja* | Brandgefahr: *Ja* | Sonstige Gefahren: *Nein* |
| Gefahren durch Hautkontakt: *Ja* | Explosionsgefahr: *Nein* | |

**Substitution möglich:** *Nein* (Vgl. Begründung auf Seite 4.)

## Ergebnis der Gefährdungsbeurteilung
Folgende Schutzmaßnahmen sind zu beachten:

| Mindeststandards (TRGS 500) | Schutzbrille | Schutzhandschuhe | Abzug | geschlossenes System | Lüftungsmaßnahmen | Brandschutzmaßnahmen | Weitere Maßnahmen: keine |
|---|---|---|---|---|---|---|---|
| ✓ | ✓ | ☐ | ☐ | ☐ | ✓ | ✓ | ☐ |

Stand der Gefährdungsbeurteilung: September 2014

# Gefährdungsbeurteilung
*Löslichkeitsversuche mit Öl, Butter, Margarine und Schweineschmalz*   S. 236, V2

**Tätigkeitsbeschreibung**
Die Löslichkeit von Öl, Butter, Margarine und Schweineschmalz in a) Wasser, b) Ethanol und c) Heptan (oder Leichtbenzin) wird überprüft, indem kleine Mengen der Stoffe in einem Reagenzglas mit wenigen Millilitern des Lösemittels vermengt werden.

**Tätigkeit mit Gefahrstoffen:** *Ja*

### Öl, Butter, Margarine, Schweineschmalz, Wasser
AGW: -

### n-Heptan
AGW: 2100 mg/m³   H225, H304, H315, H336, H410
P210, P273, P301+P310, P331,
P302+P352, P403+P235

GEFAHR

### oder **Leichtbenzin**
AGW: 1500 mg/m³   H225, H304, H315, H336, H411
P201, P210, P280, P301+P310,
P403+P233, P501

GEFAHR

### Ethanol
AGW: 960 mg/m³   H225
P210

GEFAHR

| Gefahren durch Einatmen: *Ja* | Brandgefahr: *Ja* | Sonstige Gefahren: *Nein* |
| Gefahren durch Hautkontakt: *Ja* | Explosionsgefahr: *Nein* | |

**Substitution möglich:** *Nein* (Vgl. Begründung auf Seite 4.)

### Ergebnis der Gefährdungsbeurteilung
Folgende Schutzmaßnahmen sind zu beachten:

| Mindest-standards (TRGS 500) | Schutzbrille | Schutzhandschuhe | Abzug | geschlossenes System | Lüftungsmaßnahmen | Brandschutzmaßnahmen | Weitere Maßnahmen: keine |
|---|---|---|---|---|---|---|---|
| ✓ | ✓ | ☐ | ☐ | ☐ | ✓ | ✓ | ☐ |

Stand der Gefährdungsbeurteilung: September 2014

# Gefährdungsbeurteilung
*Ermittlung der Schmelzbereiche verschiedener Fettproben*  S. 236, V3

**Tätigkeitsbeschreibung**
In getrennte Reagenzgläser werden Portionen von Butter, Butterschmalz, Kokosfett, verschiedenen Margarinesorten und Stearinsäure gegeben. Die Reagenzgläser werden in ein Wasserbad mit kaltem Wasser gestellt. Ein Thermometer wird in das Wasserbad getaucht und das Wasser wird langsam erhitzt. Das Schmelzverhalten der Fettproben wird beobachtet und die Temperaturen notiert.

**Tätigkeit mit Gefahrstoffen:** *Ja*

**Butter, Butterschmalz, Kokosfett, Margarine, Stearinsäure**
AGW: -

| Gefahren durch Einatmen: *Nein* | Brandgefahr: *Nein* | Sonstige Gefahren: *Ja* |
| Gefahren durch Hautkontakt: *Nein* | Explosionsgefahr: *Nein* | heiße Kochplatte |

**Substitution möglich:** *Nein* (Vgl. Begründung auf Seite 4.)

**Ergebnis der Gefährdungsbeurteilung**
Folgende Schutzmaßnahmen sind zu beachten:

| Mindeststandards (TRGS 500) | Schutzbrille | Schutzhandschuhe | Abzug | geschlossenes System | Lüftungsmaßnahmen | Brandschutzmaßnahmen | Weitere Maßnahmen: keine |
|---|---|---|---|---|---|---|---|
| ☑ | ☑ | ☐ | ☐ | ☐ | ☐ | ☐ | ☐ |

Stand der Gefährdungsbeurteilung: September 2014

# 238
# Gefährdungsbeurteilung
*Seifenherstellung* S. 236, V4

**Tätigkeitsbeschreibung**
In einem großen Reagenzglas (40 mL Volumen oder mehr) wird ein Spatellöffel Palminfett vorsichtig mit 10 mL Natronlauge, $c$ = 2 mol/L, versetzt. Das Gemisch wird erhitzt und unter leichtem Schwenken 5 Minuten lang schwach gesiedet. Nach dem Abkühlen werden 10 mL Kochsalz-Lösung hinzugefügt und mit 10 mL Wasser wird aufgefüllt. Das Reagenzglas wird mit einem Stopfen verschlossen und geschüttelt. Zum Vergleich wird Palminfett mit Wasser vermischt und ebenfalls geschüttelt.

**Tätigkeit mit Gefahrstoffen:** *Ja*

**Palminfett**; Edukt, **Seife**; Produkt, **Natriumchlorid**
AGW: -

**Natronlauge**, $c$ = 2 mol/L; Edukt
AGW: -   H290, H314
P280, P301+P330+P331,
P305+P351+P338, P308+P310

GEFAHR

**Glycerin**; Produkt
AGW: 50 mg/m³

| Gefahren durch Einatmen: Nein | Brandgefahr: Nein | Sonstige Gefahren: Ja |
| Gefahren durch Hautkontakt: Ja | Explosionsgefahr: Nein | heiße Brennerflamme |

**Substitution möglich:** *Nein* (Vgl. Begründung auf Seite 4.)

**Ergebnis der Gefährdungsbeurteilung**
Folgende Schutzmaßnahmen sind zu beachten:

| Mindeststandards (TRGS 500) | Schutzbrille | Schutzhandschuhe | Abzug | geschlossenes System | Lüftungsmaßnahmen | Brandschutzmaßnahmen | Weitere Maßnahmen: keine |
|---|---|---|---|---|---|---|---|
| ☑ | ☑ | ☐ | ☐ | ☐ | ☐ | ☐ | ☐ |

Stand der Gefährdungsbeurteilung: September 2014

# Gefährdungsbeurteilung
*Glycerin-Nachweis*

S. 236, LV5 — Lehrerversuch

## Tätigkeitsbeschreibung
In ein Reagenzglas wird 2 cm hoch Kaliumhydrogensulfat gefüllt. Es wird bis zur Schmelze erhitzt, dann werden mit einer Pipette vorsichtig 2 bis 3 Tropfen Glycerin hinzugefügt. Es wird ein mit Schiffs-Reagenz getränkter Wattebausch in die Öffnung des Reagenzglases gesteckt und weiter erhitzt. Der Versuch wird mit Olivenöl wiederholt.
*Hinweis*: Auf die Geruchsprobe sollte aufgrund des Verdachts der krebserregenden Wirkung von Acrolein verzichtet werden.

## Tätigkeit mit Gefahrstoffen: *Ja*

### Propan-1,2,3-triol; Edukt — *Glycerin*
AGW: -

### Kaliumhydrogensulfat
AGW: -
H314, H335
P280, P301+P330+P331,
P305+P351+P338, P309, P310
GEFAHR

### Propenal — *Acrolein*
AGW: -
H225, H330, H311, H301, H314, H400
P210, P260, P273, P280, P284,
P301+P310
GEFAHR

### Schiffs-Reagenz, Olivenöl
AGW: -

| Gefahren durch Einatmen: Ja | Brandgefahr: Ja | Sonstige Gefahren: Ja |
| Gefahren durch Hautkontakt: Ja | Explosionsgefahr: Nein | heiße Brennerflamme |

**Substitution möglich:** *Nein*
Dieser Versuch dient als indirekter Nachweis des Glycerins als Baustein in Fetten und Ölen. Ein Tausch der Edukte und somit der Produkte ist daher nicht möglich.

## Ergebnis der Gefährdungsbeurteilung
Folgende Schutzmaßnahmen sind zu beachten:

| Mindeststandards (TRGS 500) | Schutzbrille | Schutzhandschuhe | Abzug | geschlossenes System | Lüftungsmaßnahmen | Brandschutzmaßnahmen | Weitere Maßnahmen: keine |
|---|---|---|---|---|---|---|---|
| ✓ | ✓ | ☐ | ✓ | ☐ | ☐ | ✓ | ☐ |

Stand der Gefährdungsbeurteilung: September 2014

## 240
# Gefährdungsbeurteilung
*Charakterisierung von Fetten und Ölen mittels Bromierung*     S. 238, V1

**Tätigkeitsbeschreibung**
In einem Reagenzglas wird 1 g Schmalz, in einem weiteren 1 g Speiseöl in 10 mL Heptan gelöst. In die Reagenzgläser werden jeweils 5 mL Brom-Lösung aus 0,1 mL Brom in 20 mL Heptan gegeben. Die Reagenzgläser werden mit einem Stopfen verschlossen und gut geschüttelt.

**Tätigkeit mit Gefahrstoffen:** *Ja*

**Schmalz, Speiseöl**; Edukte
    AGW: -

**Brom-Lösung in Heptan**, w < 0,5 %; Edukt, **Heptan**
    AGW: 2100 mg/m$^3$    H225, H304, H315, H336, H410
                              P210, P273, P301+P310, P331,
                              P302+P352, P403+P235      **GEFAHR**

**bromierte Kohlenwasserstoffe**; Produkte
    AGW: -         genaue Zusammensetzung unbekannt, keine Gefahrstoffeinstufung möglich

| Gefahren durch Einatmen: *Ja* <br> Gefahren durch Hautkontakt: *Ja* | Brandgefahr: *Ja* <br> Explosionsgefahr: *Nein* | Sonstige Gefahren: *Nein* |
|---|---|---|

**Substitution möglich:** *Nein* (Vgl. Begründung auf Seite 4.)

**Ergebnis der Gefährdungsbeurteilung**
Folgende Schutzmaßnahmen sind zu beachten:

| Mindest-standards (TRGS 500) | Schutzbrille | Schutz-handschuhe | Abzug | geschlossenes System | Lüftungs-maßnahmen | Brandschutz-maßnahmen | Weitere Maßnahmen: keine |
|---|---|---|---|---|---|---|---|
| ☑ | ☑ | ☐ | ☐ | ☐ | ☑ | ☑ | ☐ |

Stand der Gefährdungsbeurteilung: September 2014

# Gefährdungsbeurteilung
*Charakterisierung von Kohlenwasserstoffen mittels Bromierung*  S. 238, V2

### Tätigkeitsbeschreibung
In vier verschiedenen Reagenzgläsern werden je 0,5 g Ölsäure, Stearinsäure, Kokosfett und Olivenöl in Heptan gelöst. Die Reagenzgläser werden tropfenweise mit Brom-Lösung versetzt (0,1 mL Brom in 20 mL Heptan) und leicht geschüttelt, bis die Bromfärbung bestehen bleibt. Die Anzahl der Tropfen bis zur bleibenden Färbung wird verglichen.

**Tätigkeit mit Gefahrstoffen:** *Ja*

### Ölsäure, Kokosfett, Olivenöl; Edukte, Stearinsäure
AGW: -

### Brom-Lösung in Heptan, w < 0,5 %; Edukt, Heptan
AGW: 2100 mg/m³   H225, H304, H315, H336, H410
P210, P273, P301+P310, P331, P302+P352, P403+P235

**GEFAHR**

### bromierte Kohlenwasserstoffe; Produkte
AGW: -   genaue Zusammensetzung unbekannt, keine Gefahrstoffeinstufung möglich

### 9,10-Dibromstearinsäure; Produkt
AGW: -   keine Gefahrstoffdaten vorhanden

| | |
|---|---|
| Gefahren durch Einatmen: *Ja*  Gefahren durch Hautkontakt: *Ja* | Brandgefahr: *Ja*  Explosionsgefahr: *Nein* |

Sonstige Gefahren: *Nein*

**Substitution möglich:** *Nein* (Vgl. Begründung auf Seite 4.)

### Ergebnis der Gefährdungsbeurteilung
Folgende Schutzmaßnahmen sind zu beachten:

| Mindeststandards (TRGS 500) | Schutzbrille | Schutzhandschuhe | Abzug | geschlossenes System | Lüftungsmaßnahmen | Brandschutzmaßnahmen | Weitere Maßnahmen: keine |
|---|---|---|---|---|---|---|---|
| ☑ | ☑ | ☐ | ☐ | ☐ | ☑ | ☑ | ☐ |

Stand der Gefährdungsbeurteilung: September 2014

# Gefährdungsbeurteilung

*Tensidwirkung auf die Oberflächenspannung des Wassers I*     S. 240, V1

**Tätigkeitsbeschreibung**
Auf ein Stück Baumwollstoff wird vorsichtig ein Tropfen Wasser und ein Tropfen Seifenlösung abgesetzt. Die Tropfenform wird jeweils beobachtet.

**Tätigkeit mit Gefahrstoffen:** *Nein*

**Baumwolle, Wasser, Seifenlösung**
    AGW: -

| Gefahren durch Einatmen: *Nein* <br> Gefahren durch Hautkontakt: *Nein* | Brandgefahr: *Nein* <br> Explosionsgefahr: *Nein* | Sonstige Gefahren: *Nein* |
|---|---|---|

**Substitution möglich:** *Nein*

**Ergebnis der Gefährdungsbeurteilung**
Keine Gefährdungsbeurteilung nötig

Stand der Gefährdungsbeurteilung: September 2014

# Gefährdungsbeurteilung
*Tensidwirkung auf die Oberflächenspannung des Wassers II* — S. 240, V2

**Tätigkeitsbeschreibung**
Eine Petrischale wird zur Hälfte mit Wasser gefüllt und mit Pfeffer- oder Kohlepulver bestreut. Mit einer Tropfpipette wird ein Tropfen Seifenlösung in die Mitte der Schale getropft.

**Tätigkeit mit Gefahrstoffen:** *Nein*

**Wasser, Pfefferpulver** oder **Kohlepulver, Seifenlösung**
 AGW: -

| Gefahren durch Einatmen: *Nein* | Brandgefahr: *Nein* | Sonstige Gefahren: *Nein* |
| Gefahren durch Hautkontakt: *Nein* | Explosionsgefahr: *Nein* | |

**Substitution möglich:** *Nein*

**Ergebnis der Gefährdungsbeurteilung**
Keine Gefährdungsbeurteilung nötig

Stand der Gefährdungsbeurteilung: September 2014

# 244
## Gefährdungsbeurteilung
*Desaktivierung von Tensiden durch Bildung von Kalkseife*     S. 240, V3

**Tätigkeitsbeschreibung**
Je ein Reagenzglas wird zur Hälfte mit dest. Wasser, Leitungswasser bzw. Calciumhydrogencarbonat-Lösung gefüllt. Es wird jeweils ein Tropfen Seifenlösung hinzugegeben, die Reagenzgläser werden verschlossen und eine Minute lang geschüttelt.

**Tätigkeit mit Gefahrstoffen:** *Nein*

dest. Wasser, Leitungswasser, Calciumhydrogencarbonat-Lösung, $pH \approx 7$
    AGW: -

| Gefahren durch Einatmen: *Nein*<br>Gefahren durch Hautkontakt: *Nein* | Brandgefahr: *Nein*<br>Explosionsgefahr: *Nein* | Sonstige Gefahren: *Nein* |
|---|---|---|

**Substitution möglich:** *Nein*

**Ergebnis der Gefährdungsbeurteilung**
Keine Gefährdungsbeurteilung nötig

Stand der Gefährdungsbeurteilung: September 2014

# Gefährdungsbeurteilung
*Emulgierende Wirkung von Tensiden*  S. 240, V4

**Tätigkeitsbeschreibung**
Je ein Reagenzglas wird zur Hälfte mit dest. Wasser bzw. Seifenlösung gefüllt. In beide Reagenzgläser wird 1 mL Salatöl gegeben. Die Reagenzgläser werden verschlossen, es wird kräftig geschüttelt und beobachtet, wie viel Zeit bis zur Trennung der Ölphase von der wässrigen Phase vergeht.

**Tätigkeit mit Gefahrstoffen:** *Nein*

**Wasser, Seifenlösung, Salatöl**
AGW: -

| Gefahren durch Einatmen: *Nein* | Brandgefahr: *Nein* | Sonstige Gefahren: *Nein* |
| Gefahren durch Hautkontakt: *Nein* | Explosionsgefahr: *Nein* | |

**Substitution möglich:** *Nein*

**Ergebnis der Gefährdungsbeurteilung**
Keine Gefährdungsbeurteilung nötig

Stand der Gefährdungsbeurteilung: September 2014

## 246
# Gefährdungsbeurteilung
*Leuchtstoffröhren zertrümmern*

S. 242, LV1 — Lehrerversuch

**Tätigkeitsbeschreibung**
Eine Leuchtstoffröhre und eine Energiesparlampe werden über einer Wanne zertrümmert. Eventuell herausfallende Quecksilbertröpfchen werden in einem Behälter fachgerecht zur Entsorgung gesammelt. Die Glasscherben werden für weitere Versuche aufbewahrt.

**Tätigkeit mit Gefahrstoffen:** *Ja*

**Leuchtstoffröhre, Energiesparlampe**; Edukte, **Scherben mit Fluorophoren**; Produkt
    AGW: -

**Quecksilber**; mögl. Produkt
    AGW: -    H360D, H330, H372, H410
               P201, P273, P309+P310, P304+P340

GEFAHR

| Gefahren durch Einatmen: *Ja* | Brandgefahr: *Nein* | Sonstige Gefahren: *Ja* |
|---|---|---|
| Gefahren durch Hautkontakt: *Ja* | Explosionsgefahr: *Nein* | Verletzungsgefahr an Scherben |

**Substitution möglich:** *Nein*
Energiesparlampen bzw. Leuchtstoffröhren enthalten sehr geringe Mengen Quecksilber, die Leuchtstoffschicht ist jedoch nur in solchen Lampen vorhanden.

**Ergebnis der Gefährdungsbeurteilung**
Folgende Schutzmaßnahmen sind zu beachten:

| Mindeststandards (TRGS 500) | Schutzbrille | Schutzhandschuhe | Abzug | geschlossenes System | Lüftungsmaßnahmen | Brandschutzmaßnahmen | Weitere Maßnahmen: Mit den Scherben vorsichtig hantieren und Pinzetten verwenden. |
|---|---|---|---|---|---|---|---|
| ✓ | ✓ | ✓ | ✓ | ☐ | ☐ | ☐ | ✓ |

Stand der Gefährdungsbeurteilung: September 2014

# Gefährdungsbeurteilung
*Untersuchung des Fluoreszenzfarbstoffs von Leuchtstoffröhren*  S. 242, V2

### Tätigkeitsbeschreibung
Eine Scherbe einer Leuchtstoffröhre bzw. Energiesparlampe wird unter dem Licht einer UV-Handlampe bei verschiedenen Wellenlängen ($\lambda$ = 254 nm bzw. $\lambda$ = 366 nm) betrachtet. Es wird ermittelt, ob die Schicht fluoresziert oder phosphoresziert.

### Tätigkeit mit Gefahrstoffen: *Ja*

### Scherben mit Fluorophoren

AGW: -   Die Zusammensetzung der Fluorophore ist unbekannt, Gefahren durch Hautkontakt sind nicht auszuschließen.

| Gefahren durch Einatmen: *Nein*  Gefahren durch Hautkontakt: *Ja* | Brandgefahr: *Nein*  Explosionsgefahr: *Nein* | Sonstige Gefahren: *Ja*  Verletzungsgefahr an Scherben |
|---|---|---|

**Substitution möglich:** *Nein* (Vgl. Begründung auf Seite 4.)

### Ergebnis der Gefährdungsbeurteilung
Folgende Schutzmaßnahmen sind zu beachten:

| Mindeststandards (TRGS 500) | Schutzbrille | Schutzhandschuhe | Abzug | geschlossenes System | Lüftungsmaßnahmen | Brandschutzmaßnahmen | Weitere Maßnahmen: Mit den Scherben vorsichtig hantieren und Pinzetten verwenden. |
|---|---|---|---|---|---|---|---|
| ✓ | ✓ | ☐ | ☐ | ☐ | ☐ | ☐ | ✓ |

Stand der Gefährdungsbeurteilung: September 2014

# Gefährdungsbeurteilung
*Löslichkeit des Fluoreszenzfarbstoffs von Leuchtstoffröhren* S. 242, V3

**Tätigkeitsbeschreibung**
Je eine Scherbe einer Leuchtstoffröhre bzw. Energiesparlampe wird dahingehend untersucht, ob sich der Fluoreszenzfarbstoff mit Heptan, Aceton, Wasser, Salzsäure, $c$ = 3 mol/L, und Natronlauge, $c$ = 3 mol/L, lösen lässt.

**Tätigkeit mit Gefahrstoffen:** *Ja*

### Scherben mit Fluorophoren
AGW: -   Die Zusammensetzung der Fluorophore ist unbekannt, Gefahren durch Hautkontakt sind nicht auszuschließen.

### Heptan
AGW: 2100 mg/m³   H225, H304, H315, H336, H410
P210, P273, P301+P310, P331, P302+P352, P403+P235 — GEFAHR

### Aceton
AGW: 1200 mg/m³   H225, H319, H336, EUH066
P210, P233, P305+P351+P338 — GEFAHR

### Salzsäure, $c$ = 5 mol/L
AGW: 3 mg/m³   H290, H315, H319, H335
P302+P352, P305+P351+P338 — ACHTUNG

### Natronlauge, $c$ = 5 mol/L
AGW: -   H290, H314
P280, P301+P330+P331, P305+P351+P338, P308+P310 — GEFAHR

| Gefahren durch Einatmen: *Ja* | Brandgefahr: *Ja* | Sonstige Gefahren: *Ja* |
|---|---|---|
| Gefahren durch Hautkontakt: *Ja* | Explosionsgefahr: *Nein* | Verletzungsgefahr an Scherben |

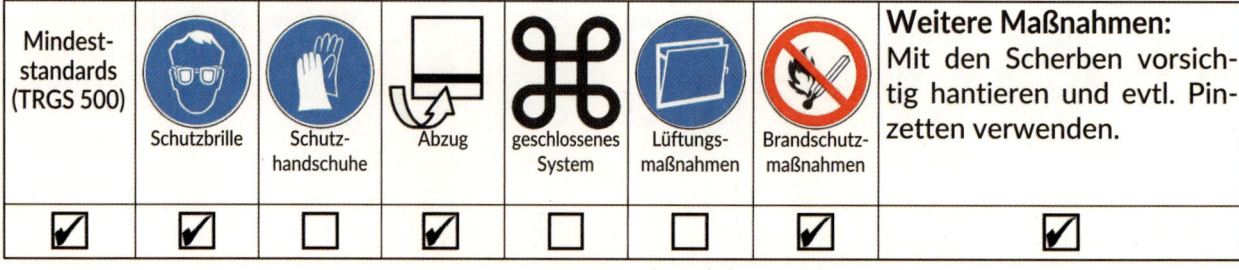

**Substitution möglich:** *Nein* (Vgl. Begründung auf Seite 4.)

### Ergebnis der Gefährdungsbeurteilung
Folgende Schutzmaßnahmen sind zu beachten:

| Mindeststandards (TRGS 500) | Schutzbrille | Schutzhandschuhe | Abzug | geschlossenes System | Lüftungsmaßnahmen | Brandschutzmaßnahmen | Weitere Maßnahmen: Mit den Scherben vorsichtig hantieren und evtl. Pinzetten verwenden. |
|---|---|---|---|---|---|---|---|
| ☑ | ☑ | ☐ | ☑ | ☐ | ☐ | ☑ | ☑ |

Stand der Gefährdungsbeurteilung: September 2014

# Gefährdungsbeurteilung
*"Kalte Weißglut"*  S. 244, LV1

## Tätigkeitsbeschreibung
Der Boden eines Erlenmeyerkolbens wird mit Kaliumhydroxid-Plätzchen bedeckt. Die Kaliumhydroxid-Plätzchen werden mit 1 bis 2 mL DMSO angefeuchtet, dann wird eine Spatelspitze Luminol hinzugegeben.

**Tätigkeit mit Gefahrstoffen:** *Ja*

### Kaliumhydroxid
AGW: -  
H302, H314  
P280, P301+P330+P331,  
P305+P351+P338, P309+P310  
**GEFAHR**

### Luminol; Edukt, 3-Aminophthalsäure; Produkt
AGW: -  
H315, H319, H335  
P261, P305+P351+P338  
**ACHTUNG**

### Dimethylsulfoxid   DMSO
AGW: -

| Gefahren durch Einatmen: Nein | Brandgefahr: Nein | Sonstige Gefahren: Nein |
| Gefahren durch Hautkontakt: Ja | Explosionsgefahr: Nein | |

**Substitution möglich:** *Nein* (Vgl. Begründung auf Seite 4.)

## Ergebnis der Gefährdungsbeurteilung
Folgende Schutzmaßnahmen sind zu beachten:

| Mindeststandards (TRGS 500) | Schutzbrille | Schutzhandschuhe | Abzug | geschlossenes System | Lüftungsmaßnahmen | Brandschutzmaßnahmen | Weitere Maßnahmen: keine |
|---|---|---|---|---|---|---|---|
| ☑ | ☑ | ☐ | ☐ | ☐ | ☐ | ☐ | ☐ |

Stand der Gefährdungsbeurteilung: September 2014

# Gefährdungsbeurteilung
*"Leuchtendes Scherblatt"*  S. 244, V2

**Tätigkeitsbeschreibung**
0,03938 g Tris-(1,10-phenanthrolin)ruthenium(II)-chlorid werden in 37,5 mL Wasser gelöst. Es werden 12,5 mL eines Puffers aus 0,12 g Natriumdihydrogenphosphat-Dihydrat und 2,67 g Dinatriumhydrogenphosphat-Dodecahydrat in 12,5 mL Wasser hinzugegeben. Dann werden 5 bis 10 mg EDTA hinzugegeben. Die Lösung wird in ein Becherglas mit Schraubdeckel gegeben. Es werden zwei gebrauchte Rasierscherblätter eines Elektrorasierers als Elektroden in die Lösung getaucht. Die Scherfolien werden mit einer 4,5-V-Batterie verbunden und es wird beobachtet, was mit und ohne Schwenken des Becherglases passiert.

**Tätigkeit mit Gefahrstoffen:** *Ja*

**Tris-(1,10-phenanthrolin)ruthenium(II)-chlorid**
AGW: -

**Natriumdihydrogenphosphat, Dinatriumhydrogenphosphat**
AGW: -

**Ethylendiamintetraessigsäure**; Edukt   *EDTA*
AGW: -   H319
P305+P351+P338   ACHTUNG

**Ethylendiamin-Lösung**; Produkt
AGW: -   H226, H312, H302, H314, H334, H317
P280, P305+P351+P338, P304+P340,
P302+P352, P309+P310   GEFAHR

**Kohlenstoffdioxid**; Produkt
AGW: 9100 mg/m³

**Wasserstoff**; Produkt
AGW: -   H220
P210, P377, P381, P403   GEFAHR

| Gefahren durch Einatmen: *Ja* | Brandgefahr: *Ja* | Sonstige Gefahren: *Nein* |
| Gefahren durch Hautkontakt: *Ja* | Explosionsgefahr: *Nein* | |

**Substitution möglich:** *Nein* (Vgl. Begründung auf Seite 4.)

**Ergebnis der Gefährdungsbeurteilung**
Folgende Schutzmaßnahmen sind zu beachten:

| Mindeststandards (TRGS 500) | Schutzbrille | Schutzhandschuhe | Abzug | geschlossenes System | Lüftungsmaßnahmen | Brandschutzmaßnahmen | Weitere Maßnahmen: keine |
|---|---|---|---|---|---|---|---|
| ☑ | ☑ | ☐ | ☐ | ☐ | ☑ | ☑ | ☐ |

Stand der Gefährdungsbeurteilung: September 2014

# Gefährdungsbeurteilung
*Untersuchung verschiedener LEDs*

S. 246, V1

**Tätigkeitsbeschreibung**
Der Aufbau verschiedener LEDs wird mit der Lupe untersucht. Anschließend werden die LEDs mit einer Gleichspannungsquelle verbunden und die Spannung wird vorsichtig von 0 V auf 5 V (entsprechend der maximal zulässigen Spannung laut Hersteller) geregelt. Die Farbe des Leuchtens wird notiert.

**Tätigkeit mit Gefahrstoffen:** *Nein*

## LEDs
AGW: -

| Gefahren durch Einatmen: *Nein* | Brandgefahr: *Nein* | Sonstige Gefahren: *Nein* |
|---|---|---|
| Gefahren durch Hautkontakt: *Nein* | Explosionsgefahr: *Nein* | |

**Substitution möglich:** *Nein*

**Ergebnis der Gefährdungsbeurteilung**
Keine Gefährdungsbeurteilung nötig

Stand der Gefährdungsbeurteilung: September 2014

### 252
# Gefährdungsbeurteilung
*Echtfarbenemissionsspektren EFES*        S. 246, V2

**Tätigkeitsbeschreibung**
Auf einer optischen Bank werden nacheinander in der folgenden Reihenfolge eine LED, ein Spalt, eine Sammellinse, ein optisches Gitter (D = 1/600) und ein Mattschirm installiert. Durch Verschieben der Elemente wird ein scharfes Bild auf dem Schirm eingestellt. Die Echtfarbenemissionsspektren verschiedener LEDs bei verschiedenen Spannungen werden so ermittelt.

**Tätigkeit mit Gefahrstoffen:** *Nein*

**LEDs**
    AGW: -

| Gefahren durch Einatmen: *Nein*<br>Gefahren durch Hautkontakt: *Nein* | Brandgefahr: *Nein*<br>Explosionsgefahr: *Nein* | Sonstige Gefahren: *Nein* |
|---|---|---|

**Substitution möglich:** *Nein*

**Ergebnis der Gefährdungsbeurteilung**
Keine Gefährdungsbeurteilung nötig

Stand der Gefährdungsbeurteilung: September 2014

# Gefährdungsbeurteilung
*Selbstbau-OLED*                                                          S. 251, V1

## Tätigkeitsbeschreibung
10 mg Superyellow® werden unter Rühren in 2 mL Toluol gelöst. Ein etwa 5 bis 10 mm breiter Streifen wird auf der leitfähigen Seite des FTO-Glases mit Tesafilm abgeklebt. Das so vorbereitete FTO-Glas wird mithilfe von doppelseitigem Klebeband auf einen CPU-Lüfter geklebt, der mit einer 9-V-Blockbatterie angetrieben wird. Auf die sich drehende Scheibe werden etwa 0,2 mL der Superyellow®-Lösung aufgetragen. Nach wenigen Sekunden wird die Batterie abgeklemmt und das fertige Glas vom CPU-Lüfter genommen. Der Tesafilm-Streifen wird entfernt.

Ein Objektträger wird mit drei Streifen einer selbstklebenden Kupferfolie vorbereitet. Als Abstandshalter werden dünne Streifen eines Fahrradschlauchs an den Rand des Objektträgers geklebt. Auf die Kupferfolien-Streifen werden aus einer Spritze drei Galinstan-Kügelchen so platziert, dass sie sich nicht berühren. Das zuvor vorbereitete FTO-Glas mit Superyellow® wird so auf den Objektträger gelegt, dass an die nicht beschichtete Stelle eine Krokodilklemme angeklemmt werden kann. Der Aufbau wird mit zwei kleinen Foldback-Klammern fixiert. Die Kupferstreifen werden an den Minus-, das FTO-Glas an den Pluspol der 9-V-Batterie angeschlossen und im Dunkeln geprüft, ob die selbst gebaute OLED leuchtet.

**Tätigkeit mit Gefahrstoffen:** *Ja*

### Toluol
| AGW: - | H225, H361d, H304, H373, H315, H336 |
|---|---|
|  | P210, P301+P310, P331, P302+P352 |

GEFAHR

### Superyellow®
| AGW: - | nicht Eingestuft |
|---|---|

### Gallium-Indium-Zinn-Eutektikum                                              *Galinstan*
AGW: -

| Gefahren durch Einatmen: *Ja* | Brandgefahr: *Ja* | Sonstige Gefahren: *Nein* |
|---|---|---|
| Gefahren durch Hautkontakt: *Ja* | Explosionsgefahr: *Nein* | |

**Substitution möglich:** *Nein* (Vgl. Begründung auf Seite 4.)

### Ergebnis der Gefährdungsbeurteilung
Folgende Schutzmaßnahmen sind zu beachten:

| Mindeststandards (TRGS 500) | Schutzbrille | Schutzhandschuhe | Abzug | geschlossenes System | Lüftungsmaßnahmen | Brandschutzmaßnahmen | Weitere Maßnahmen: keine |
|---|---|---|---|---|---|---|---|
| ☑ | ☑ | ☐ | ☐ | ☐ | ☑ | ☑ | ☐ |

Stand der Gefährdungsbeurteilung: September 2014

## Gefährdungsbeurteilung
*Polarisationsfilter*

S. 254, V1

**Tätigkeitsbeschreibung**
Auf eine schwach leuchtende Taschenlampe wird ein Polarisationsfilter gelegt. Durch einen zweiten Polarisationsfilter wird das Licht der Taschenlampe betrachtet. Dabei werden die Änderungen der Lichtstärke beim Drehen des zweiten Polarisationsfilters beobachtet.

**Tätigkeit mit Gefahrstoffen:** *Nein*

**Taschenlampe, Polarisationsfilter**
AGW: -

| Gefahren durch Einatmen: *Nein* | Brandgefahr: *Nein* | Sonstige Gefahren: *Nein* |
|---|---|---|
| Gefahren durch Hautkontakt: *Nein* | Explosionsgefahr: *Nein* | |

**Substitution möglich:** *Nein*

**Ergebnis der Gefährdungsbeurteilung**
Keine Gefährdungsbeurteilung nötig

Stand der Gefährdungsbeurteilung: September 2014

# Gefährdungsbeurteilung
*Wirkung verschiedener Stoffe auf polarisiertes Licht*

S. 254, V2

**Tätigkeitsbeschreibung**
Je ein Tropfen a) Wasser, b) Glycerin, c) MBBA und d) ein Glimmerplättchen werden auf je einen Objektträger gegeben. Ein zweiter Objektträger wird auf die ersten gelegt und mit zwei Foldback-Klammern fixiert. Die Anordnungen werden zwischen zwei gekreuzte Polarisationsfilter, d. h. volle Auslöschung des Lichts, gehalten und beobachtet.

**Tätigkeit mit Gefahrstoffen:** *Ja*

**Polarisationsfilter, Wasser, Glycerin, Glimmerplättchen**
AGW: -

**N-(4-Methoxybenzyliden)-4-butylanilin** — MBBA
AGW: -   H315, H319, H335
P261, P305+P351+P338

⚠ ACHTUNG

| Gefahren durch Einatmen: *Ja* | Brandgefahr: *Nein* | Sonstige Gefahren: *Nein* |
| Gefahren durch Hautkontakt: *Ja* | Explosionsgefahr: *Nein* | |

**Substitution möglich:** *Nein* (Vgl. Begründung auf Seite 4.)

**Ergebnis der Gefährdungsbeurteilung**
Folgende Schutzmaßnahmen sind zu beachten:

| Mindeststandards (TRGS 500) | Schutzbrille | Schutzhandschuhe | Abzug | geschlossenes System | Lüftungsmaßnahmen | Brandschutzmaßnahmen | Weitere Maßnahmen: keine |
|---|---|---|---|---|---|---|---|
| ✓ | ✓ | ☐ | ☐ | ☐ | ✓ | ☐ | ☐ |

Stand der Gefährdungsbeurteilung: September 2014

# Gefährdungsbeurteilung
*Auswirkungen verschiedener Temperaturen auf MBBA I*

S. 254, V3

**Tätigkeitsbeschreibung**
Ein Tropfen der Probe c) aus V1 (MBBA) wird auf einen Objektträger gegeben. Ein zweiter Objektträger wird auf den ersten gelegt und mit zwei Foldback-Klammern fixiert. Die Anordnung wird zwischen zwei gekreuzte Polarisationsfilter, d. h. volle Auslöschung des Lichts, gehalten und die Stellen werden beobachtet, an denen das MBBA besonders dünn ist. Es wird beobachtet, was passiert, wenn man die Probe mehrmals mit einem Föhn erwärmt und wieder abkühlt.

**Tätigkeit mit Gefahrstoffen:** *Ja*

**Polarisationsfilter**
AGW: -

**N-(4-Methoxybenzyliden)-4-butylanilin**  MBBA
AGW: -   H315, H319, H335
         P261, P305+P351+P338

ACHTUNG

| Gefahren durch Einatmen: *Ja* | Brandgefahr: *Nein* | Sonstige Gefahren: *Nein* |
| Gefahren durch Hautkontakt: *Ja* | Explosionsgefahr: *Nein* | |

**Substitution möglich:** *Nein* (Vgl. Begründung auf Seite 4.)

**Ergebnis der Gefährdungsbeurteilung**
Folgende Schutzmaßnahmen sind zu beachten:

| Mindeststandards (TRGS 500) | Schutzbrille | Schutzhandschuhe | Abzug | geschlossenes System | Lüftungsmaßnahmen | Brandschutzmaßnahmen | Weitere Maßnahmen: keine |
|---|---|---|---|---|---|---|---|
| ☑ | ☑ | ☐ | ☐ | ☐ | ☑ | ☐ | ☐ |

Stand der Gefährdungsbeurteilung: September 2014

# Gefährdungsbeurteilung
*Auswirkungen verschiedener Temperaturen auf MBBA II*  S. 254, V4

**Tätigkeitsbeschreibung**
Etwas MBBA wird etwa 1 bis 2 cm hoch in eine unten zugeschmolzene Pipette gegeben. Die Pipette wird mit einem Pipettierhütchen verschlossen und dann in ein 100-mL-Becherglas mit Eiswasser gestellt. Die Pipette mit dem MBBA wird nach kurzer Zeit entnommen und das MBBA beobachtet. Anschließend wird die Pipette wieder in das Becherglas gegeben und das Wasser auf ca. 60 °C erhitzt. Währenddessen wird das MBBA weiter beobachtet.

**Tätigkeit mit Gefahrstoffen:** *Ja*

**N-(4-Methoxybenzyliden)-4-butylanilin**  MBBA
 AGW: -  H315, H319, H335
  P261, P305+P351+P338

ACHTUNG

| Gefahren durch Einatmen: *Ja* | Brandgefahr: *Nein* | Sonstige Gefahren: *Nein* |
| Gefahren durch Hautkontakt: *Ja* | Explosionsgefahr: *Nein* | |

**Substitution möglich:** *Nein* (Vgl. Begründung auf Seite 4.)

**Ergebnis der Gefährdungsbeurteilung**
Folgende Schutzmaßnahmen sind zu beachten:

| Mindest-standards (TRGS 500) | Schutzbrille | Schutz-handschuhe | Abzug | geschlossenes System | Lüftungs-maßnahmen | Brandschutz-maßnahmen | Weitere Maßnahmen: keine |
|---|---|---|---|---|---|---|---|
| ☑ | ☑ | ☐ | ☐ | ☐ | ☑ | ☐ | ☐ |

Stand der Gefährdungsbeurteilung: September 2014

# 258
## Gefährdungsbeurteilung
*Herstellung und Versuche mit einer Spiropyran-Lösung*  S. 258, V1-3

**Tätigkeitsbeschreibung**

V1 In einem kleinen verschließbaren Reagenzglas (oder einer Küvette) werden 10 mg Spiropyran in 1,5 mL Toluol gelöst. Das Gefäß wird verschlossen und für wenige Sekunden in den Strahlengang eines Diaprojektors gehalten. Die Farbe der Lösung wird beobachtet und das Gefäß im Dunkeln aufbewahrt. Die Farbe der Lösung wird nach 25 s und nach 50 s notiert. Die Lösung wird erneut belichtet und anschließend wieder im Dunkeln aufbewahrt. Diese Arbeitsschritte werden dreimal wiederholt.

V2 Die hergestellte Lösung wird durch verschiedene Farbfilter oder mit verschiedenfarbigen LEDs bestrahlt. Es wird festgestellt, bei welchen Farben sich die Lösung verfärbt.

V3 Mit einem Eis-Wasser-Salz-Bad wird die Lösung auf ca. 0 °C abgekühlt. Die Lösung wird ca. 5 s lang mit dem Diaprojektor oder einer violetten LED-Taschenlampe bestrahlt. Die Geschwindigkeit der Blaufärbung wird beobachtet. Anschließend wird die Lösung ins Dunkle gestellt und die Farbe nach 25 s, 50 s und 100 s notiert. Die Beobachtungen werden mit denen bei V1 verglichen.

**Tätigkeit mit Gefahrstoffen:** *Ja*

**1',3'-Dihydro-1',3',3'-trimethyl-6-nitrospiro[2H-1-benzopyran-2,2'-[2H]indol]**  *Spiropyran*

AGW: -   H315, H319, H335
P261, P305+P351+P338

ACHTUNG

**Toluol**

AGW: 190 mg/m³   H225, H361d, H304, H373, H315, H336
P210, P301+P310, P331, P302+P352

GEFAHR

**Eis, Wasser, Natriumchlorid**

AGW: -

| Gefahren durch Einatmen: *Ja* | Brandgefahr: *Ja* | Sonstige Gefahren: *Nein* |
| Gefahren durch Hautkontakt: *Ja* | Explosionsgefahr: *Nein* | |

**Substitution möglich:** *Ja*
Toluol kann durch Xylol ersetzt werden, vgl. nächste Seite.

**Ergebnis der Gefährdungsbeurteilung**
Folgende Schutzmaßnahmen sind zu beachten:

| Mindeststandards (TRGS 500) | Schutzbrille | Schutzhandschuhe | Abzug | geschlossenes System | Lüftungsmaßnahmen | Brandschutzmaßnahmen | Weitere Maßnahmen: keine |
|---|---|---|---|---|---|---|---|
| ☑ | ☑ | ☐ | ☐ | ☐ | ☑ | ☑ | ☐ |

Stand der Gefährdungsbeurteilung: September 2014

# Gefährdungsbeurteilung
*Herstellung und Versuche mit einer Spiropyran-Lösung*     S. 258, V1-3

## Tätigkeitsbeschreibung

V1 In einem kleinen verschließbaren Reagenzglas (oder einer Küvette) werden 10 mg Spiropyran in 1,5 mL Xylol gelöst. Das Gefäß wird verschlossen und für wenige Sekunden in den Strahlengang eines Diaprojektors gehalten. Die Farbe der Lösung wird beobachtet und das Gefäß im Dunkeln aufbewahrt. Die Farbe der Lösung wird nach 25 s und nach 50 s notiert. Die Lösung wird erneut belichtet und anschließend wieder im Dunkeln aufbewahrt. Diese Arbeitsschritte werden dreimal wiederholt.

V2 Die hergestellte Lösung wird durch verschiedene Farbfilter oder mit verschiedenfarbigen LEDs bestrahlt. Es wird festgestellt, bei welchen Farben sich die Lösung verfärbt.

V3 Mit einem Eis-Wasser-Salz-Bad wird die Lösung auf ca. 0 °C abgekühlt. Die Lösung wird ca. 5 s lang mit dem Diaprojektor oder einer violetten LED-Taschenlampe bestrahlt. Die Geschwindigkeit der Blaufärbung wird beobachtet. Anschließend wird die Lösung ins Dunkle gestellt und die Farbe nach 25 s, 50 s und 100 s notiert. Die Beobachtungen werden mit denen bei V1 verglichen.

**Tätigkeit mit Gefahrstoffen:** *Ja*

### 1',3'-Dihydro-1',3',3'-trimethyl-6-nitrospiro[2H-1-benzopyran-2,2'-[2H]indol]     *Spiropyran*

AGW: -     H315, H319, H335
               P261, P305+P351+P338

### Xylol, Isomerengemisch

AGW: 440 mg/m³     H226, H312, H332, H315
                      P302+P352

### Eis, Wasser, Natriumchlorid

AGW: -

| Gefahren durch Einatmen: *Ja* | Brandgefahr: *Ja* | Sonstige Gefahren: *Nein* |
|---|---|---|
| Gefahren durch Hautkontakt: *Ja* | Explosionsgefahr: *Nein* | |

**Substitution möglich:** *Nein* (Vgl. Begründung auf Seite 4.)

## Ergebnis der Gefährdungsbeurteilung

Folgende Schutzmaßnahmen sind zu beachten:

| Mindeststandards (TRGS 500) | Schutzbrille | Schutzhandschuhe | Abzug | geschlossenes System | Lüftungsmaßnahmen | Brandschutzmaßnahmen | Weitere Maßnahmen: keine |
|---|---|---|---|---|---|---|---|
| ✓ | ✓ | ☐ | ☐ | ☐ | ✓ | ✓ | ☐ |

Stand der Gefährdungsbeurteilung: September 2014

# Gefährdungsbeurteilung
*Herstellung der intelligenten Folie*

S. 260, V1

**Tätigkeitsbeschreibung**
Zwei Kopierfolien in DIN-A5-Größe werden an allen Seiten ohne Lücke mit etwas dickerem Gewebeklebeband auf einer Arbeitsfläche fixiert. In ca. 15 mL Toluol werden 50 mg Spiropyran gelöst. In die Lösung werden stückweise ca. 3,5 bis 4 g Styropor gegeben, bis eine zähflüssige, noch gießbare Masse erhalten wird. Etwa die Hälfte der Masse wird am oberen Ende der einen, im hochformat liegenden DIN-A5-Kopierfolie gegeben. Die andere Hälfte auf die andere Folie. Mit einem langen Glasstab, den man vorsichtig über das Gewebeklebeband auf beiden Seiten legt, verteilt man die Masse auf der gesamten Folie. Die so erstellte Schicht lässt man für ca. 30 min unter dem Abzug trocknen.
Das Klebeband wird entfernt und die beschichteten Folien werden einlaminiert.

**Tätigkeit mit Gefahrstoffen:** *Ja*

**1',3'-Dihydro-1',3',3'-trimethyl-6-nitrospiro[2H-1-benzopyran-2,2'-[2H]indol]**; Edukt  *Spiropyran*

| AGW: - | H315, H319, H335 | ACHTUNG |
|---|---|---|
| | P261, P305+P351+P338 | |

**Toluol**; Edukt

| AGW: 190 mg/m³ | H225, H361d, H304, H373, H315, H336 | GEFAHR |
|---|---|---|
| | P210, P301+P310, P331, P302+P352 | |

**Kopierfolie, Laminierfolie**; Edukt, **intelligente Folie**; Produkt
AGW: -

| Gefahren durch Einatmen: Ja | Brandgefahr: Ja | Sonstige Gefahren: Nein |
|---|---|---|
| Gefahren durch Hautkontakt: Ja | Explosionsgefahr: Nein | |

**Substitution möglich:** *Ja*
Toluol kann durch Xylol ersetzt werden, vgl. nächste Seite.

**Ergebnis der Gefährdungsbeurteilung**
Folgende Schutzmaßnahmen sind zu beachten:

| Mindeststandards (TRGS 500) | Schutzbrille | Schutzhandschuhe | Abzug | geschlossenes System | Lüftungsmaßnahmen | Brandschutzmaßnahmen | Weitere Maßnahmen: keine |
|---|---|---|---|---|---|---|---|
| ✓ | ✓ | ☐ | ✓ | ☐ | ✓ | ✓ | ☐ |

Stand der Gefährdungsbeurteilung: September 2014

# Gefährdungsbeurteilung
*Herstellung der intelligenten Folie*

S. 260, V1

## Tätigkeitsbeschreibung

Zwei Kopierfolien in DIN-A5-Größe werden an allen Seiten ohne Lücke mit etwas dickerem Gewebeklebeband auf einer Arbeitsfläche fixiert. In ca. 15 mL Xylol werden 50 mg Spiropyran gelöst. In die Lösung werden stückeweise ca. 3,5 bis 4 g Styropor gegeben, bis eine zähflüssige, noch gießbare Masse erhalten wird. Etwa die Hälfte der Masse wird am oberen Ende der einen, im hochformat liegenden DIN-A5-Kopierfolie gegeben. Die andere Hälfte auf die andere Folie. Mit einem langen Glasstab, den man vorsichtig über das Gewebeklebeband auf beiden Seiten legt, verteilt man die Masse auf der gesamten Folie. Die so erstellte Schicht lässt man für ca. 40 min unter dem Abzug trocknen.

Das Klebeband wird entfernt und die beschichteten Folien werden einlaminiert.

**Tätigkeit mit Gefahrstoffen:** *Ja*

---

**1',3'-Dihydro-1',3',3'-trimethyl-6-nitrospiro[2H-1-benzopyran-2,2'-[2H]indol]**; Edukt — *Spiropyran*

AGW: -   H315, H319, H335
         P261, P305+P351+P338

ACHTUNG

---

**Xylol**, Isomerengemisch; Edukt

AGW: 440 mg/m³   H226, H312, H332, H315
                 P302+P352

ACHTUNG

---

**Kopierfolie, Laminierfolie**; Edukt, **intelligente Folie**; Produkt

AGW: -

---

| Gefahren durch Einatmen: *Ja* | Brandgefahr: *Ja* | Sonstige Gefahren: *Nein* |
| Gefahren durch Hautkontakt: *Ja* | Explosionsgefahr: *Nein* | |

**Substitution möglich:** *Nein* (Vgl. Begründung auf Seite 4.)

## Ergebnis der Gefährdungsbeurteilung
Folgende Schutzmaßnahmen sind zu beachten:

| Mindeststandards (TRGS 500) | Schutzbrille | Schutzhandschuhe | Abzug | geschlossenes System | Lüftungsmaßnahmen | Brandschutzmaßnahmen | Weitere Maßnahmen: keine |
|---|---|---|---|---|---|---|---|
| ✓ | ✓ | ☐ | ✓ | ☐ | ✓ | ✓ | ☐ |

Stand der Gefährdungsbeurteilung: September 2014

# 262
# Gefährdungsbeurteilung
*Versuche mit der intelligenten Folie*  S. 260, V2, V3

**Tätigkeitsbeschreibung**
V2 Die intelligente Folie wird für wenige Sekunden mit UV-Licht (z. B. UV-Handlampe, Sonnenlicht, violette LED-Taschenlamppe) bestrahlt. Die Farbänderungen werden, auch bei anschließender Aufbewahrung im Dunkeln, für mind. 15 min. beobachtet.
V3 Die intelligente Folie wird mit weißem Licht durch Lichtfilter oder verschiedenfarbige LEDs bestrahlt. Der Einfluss von verschiedenfarbigem Licht auch auf blaue Bereiche wird überprüft. Die Folie wird in ein Eis-Wasser-Salz-Bad getaucht und die Geschwindigkeit der Blau- und Entfärbung bei Licht wie auch im Dunkeln wird überprüft.

**Tätigkeit mit Gefahrstoffen:** *Nein*

**intelligente Folie, Eis, Wasser, Salz**
AGW: -

| Gefahren durch Einatmen: *Nein* | Brandgefahr: *Nein* | Sonstige Gefahren: *Nein* |
| Gefahren durch Hautkontakt: *Nein* | Explosionsgefahr: *Nein* | |

**Substitution möglich:** *Nein*

**Ergebnis der Gefährdungsbeurteilung**
Keine Gefährdungsbeurteilung nötig

Stand der Gefährdungsbeurteilung: September 2014

# Gefährdungsbeurteilung
*Extraktion von β-Carotin aus Möhren*

S. 262, V1a

## Tätigkeitsbeschreibung
Frische Möhren werden geraspelt, mit 20 mL Heptan übergossen und für wenige Minuten stehen gelassen. Der Extraktionsprozess kann durch schwaches Rühren oder Schwenken beschleunigt werden. Die entstehende Lösung wird abdekantiert.

**Tätigkeit mit Gefahrstoffen:** *Ja*

**Möhren**; Edukt

AGW: -

**n-Heptan**; Edukt

AGW: 2100 mg/m³   H225, H304, H315, H336, H410
P210, P273, P301+P310, P331, P302+P352, P403+P235

GEFAHR

**Möhrenextrakt in n-Heptan**; Produkt

AGW: 2100 mg/m³   H225, H304, H315, H336, H410
P210, P273, P301+P310, P331, P302+P352, P403+P235

GEFAHR

| Gefahren durch Einatmen: *Ja* | Brandgefahr: *Ja* | Sonstige Gefahren: *Nein* |
|---|---|---|
| Gefahren durch Hautkontakt: *Ja* | Explosionsgefahr: *Nein* | |

**Substitution möglich:** *Nein* (Vgl. Begründung auf Seite 4.)

## Ergebnis der Gefährdungsbeurteilung
Folgende Schutzmaßnahmen sind zu beachten:

| Mindeststandards (TRGS 500) | Schutzbrille | Schutzhandschuhe | Abzug | geschlossenes System | Lüftungsmaßnahmen | Brandschutzmaßnahmen | Weitere Maßnahmen: keine |
|---|---|---|---|---|---|---|---|
| ✓ | ✓ | ☐ | ☐ | ☐ | ✓ | ✓ | ☐ |

Stand der Gefährdungsbeurteilung: September 2014

# 264
## Gefährdungsbeurteilung
*Extraktion von Blattgrün aus Blättern*  S. 262, V1b

**Tätigkeitsbeschreibung**
Frische Blätter werden kleingeschnitten, in einen Mörser gegeben und mit 20 mL Aceton übergossen. Mit dem Pistill wird die Extraktion des Blattgrüns etwas beschleunigt. Die entstehende Lösung wird abdekantiert.

**Tätigkeit mit Gefahrstoffen:** *Ja*

**Blätter**; Edukt
    AGW: -

**Aceton**; Edukt
    AGW: 1200 mg/m³    H225, H319, H336, EUH066
                       P210, P233, P305+P351+P338        GEFAHR

**Blattgrünextrakt in Aceton**; Produkt
    AGW: 1200 mg/m³    H225, H319, H336, EUH066
                       P210, P233, P305+P351+P338        GEFAHR

| Gefahren durch Einatmen: *Ja* | Brandgefahr: *Ja* | Sonstige Gefahren: *Nein* |
| Gefahren durch Hautkontakt: *Ja* | Explosionsgefahr: *Nein* | |

**Substitution möglich:** *Nein* (Vgl. Begründung auf Seite 4.)

**Ergebnis der Gefährdungsbeurteilung**
Folgende Schutzmaßnahmen sind zu beachten:

| Mindeststandards (TRGS 500) | Schutzbrille | Schutzhandschuhe | Abzug | geschlossenes System | Lüftungsmaßnahmen | Brandschutzmaßnahmen | Weitere Maßnahmen: keine |
|---|---|---|---|---|---|---|---|
| ✓ | ✓ | ☐ | ☐ | ☐ | ✓ | ✓ | ☐ |

Stand der Gefährdungsbeurteilung: September 2014

# Gefährdungsbeurteilung
*Chromatographie von Blattgrün, Möhrenextrakt und β-Carotin*     S. 262, V2

### Tätigkeitsbeschreibung
Etwas β-Carotin wird in wenigen mL Heptan gelöst. Eine DC-Folie aus Kieselgel wird dreigeteilt. Auf einen Teil wird die β-Carotin-Lösung, auf einem zweiten Teil Möhrenextrakt aus V1 und auf den dritten Teil Blattgrünextrakt aus V1 aufgetragen. Die DC-Folie wird mit einer Mischung aus Petrolether, Petroleumbenzin und Propan-2-ol (Verhältnis 5:5:1) in einer zugedeckten DC-Kammer entwickelt. Es wird eine Farbkopie angefertigt und die Farbflecken werden verglichen.

**Tätigkeit mit Gefahrstoffen:** *Ja*

### Blattgrünextrakt in Aceton
AGW: 1200 mg/m³    H225, H319, H336, EUH066
                      P210, P233, P305+P351+P338    **GEFAHR**

### Möhrenextrakt in n-Heptan, β-Carotin in n-Heptan, n-Heptan
AGW: 2100 mg/m³    H225, H304, H315, H336, H410
                      P210, P273, P301+P310, P331,
                      P302+P352, P403+P235    **GEFAHR**

### Benzin, leicht                                         *Petrolether*
AGW: 1500 mg/m³    H225, H304, H315, H336, H411
                      P201, P210, P280, P301+P310,
                      P403+P233, P501    **GEFAHR**

### Benzin, schwer, Siedebereich 100-140 °C        *Petroleumbenzin*
AGW: -                H225, H304, H315, H336, H411
                      P210, P273, P302+P352, P301+P310,
                      P331    **GEFAHR**

### Propan-2-ol
AGW: -                H225, H319, H336
                      P210, P233, P305+P351+P338    **GEFAHR**

| Gefahren durch Einatmen: *Ja* | Brandgefahr: *Ja* | Sonstige Gefahren: *Nein* |
|---|---|---|
| Gefahren durch Hautkontakt: *Ja* | Explosionsgefahr: *Nein* | |

**Substitution möglich:** *Nein* (Vgl. Begründung auf Seite 4.)

### Ergebnis der Gefährdungsbeurteilung
Folgende Schutzmaßnahmen sind zu beachten:

| Mindeststandards (TRGS 500) | Schutzbrille | Schutzhandschuhe | Abzug | geschlossenes System | Lüftungsmaßnahmen | Brandschutzmaßnahmen | Weitere Maßnahmen: keine |
|---|---|---|---|---|---|---|---|
| ✓ | ✓ | ☐ | ☐ | ☐ | ✓ | ✓ | ☐ |

Stand der Gefährdungsbeurteilung: September 2014

# Gefährdungsbeurteilung
*Lichtbeständigkeit von β-Carotin*

S. 262, V3

**Tätigkeitsbeschreibung**
Ein Filterpapier wird unter dem Abzug mit einer Lösung aus Möhrenextrakt in Heptan getränkt, indem etwa 1 bis 2 mL der Lösung mit einer Pipette auf das Filterpapier aufgetragen werden. Das Filterpapier trocknet unter dem Abzug und wird anschließend halb mit einer Alufolie umwickelt. Das Filterpapier wird entweder ins Sonnenlicht oder in den Strahlengang einer starken Lichtquelle (z.B. Diaprojektor oder auf den Overheadprojektor) gehalten. Es werden verschiedene Farbfilter eingesetzt.

**Tätigkeit mit Gefahrstoffen:** *Ja*

**Möhrenextrakt in n-Heptan**; Edukt

AGW: 2100 mg/m³    H225, H304, H315, H336, H410
P210, P273, P301+P310, P331, P302+P352, P403+P235

GEFAHR

**diverse unbekannte Kohlenwasserstoffe**; Produkte

AGW: -    keine Gefahrstoffdaten verfügbar

| Gefahren durch Einatmen: *Ja* | Brandgefahr: *Ja* | Sonstige Gefahren: *Nein* |
|---|---|---|
| Gefahren durch Hautkontakt: *Ja* | Explosionsgefahr: *Nein* | |

**Substitution möglich:** *Nein* (Vgl. Begründung auf Seite 4.)

**Ergebnis der Gefährdungsbeurteilung**
Folgende Schutzmaßnahmen sind zu beachten:

| Mindeststandards (TRGS 500) | Schutzbrille | Schutzhandschuhe | Abzug | geschlossenes System | Lüftungsmaßnahmen | Brandschutzmaßnahmen | Weitere Maßnahmen: keine |
|---|---|---|---|---|---|---|---|
| ☑ | ☑ | ☐ | ☑ | ☐ | ☑ | ☑ | ☐ |

Stand der Gefährdungsbeurteilung: September 2014

# Gefährdungsbeurteilung
*β-Carotin als Radikalfänger*

S. 262, V4

**Tätigkeitsbeschreibung**
Zwei bis drei Kristalle Tetraiodethen werden in ca. 6 mL Heptan gelöst. Die Lösung wird auf zwei Reagenzgläser bzw. Küvetten verteilt. In eine der beiden Proben werden 2 bis 3 Tropfen β-Carotin-Lösung hinzugegeben. Beide Proben werden gleichzeitig bestrahlt und beobachtet.

**Tätigkeit mit Gefahrstoffen:** *Ja*

### β-Carotin in n-Heptan; Edukt, **n-Heptan**

AGW: 2100 mg/m³

H225, H304, H315, H336, H410
P210, P273, P301+P310, P331,
P302+P352, P403+P235

**GEFAHR**

### Tetraiodethen; Edukt

AGW: -

H302, H312, H315, H319, H332, H335
P261, P280, P305+P351+P338

**ACHTUNG**

### Iod; Produkt

AGW: -

H332, H312, H400
P273, P302+P352

**ACHTUNG**

### diverse (teilweise) iodierte unbekannte Kohlenwasserstoffe; Produkte

AGW: -    keine Gefahrstoffdaten verfügbar

| Gefahren durch Einatmen: *Ja* | Brandgefahr: *Ja* | Sonstige Gefahren: *Nein* |
|---|---|---|
| Gefahren durch Hautkontakt: *Ja* | Explosionsgefahr: *Nein* | |

**Substitution möglich:** *Nein* (Vgl. Begründung auf Seite 4.)

## Ergebnis der Gefährdungsbeurteilung
Folgende Schutzmaßnahmen sind zu beachten:

| Mindeststandards (TRGS 500) | Schutzbrille | Schutzhandschuhe | Abzug | geschlossenes System | Lüftungsmaßnahmen | Brandschutzmaßnahmen | Weitere Maßnahmen: keine |
|---|---|---|---|---|---|---|---|
| | ✓ | ✓ | ☐ | ☐ | ✓ | ✓ | ☐ |

Stand der Gefährdungsbeurteilung: September 2014

## 268
# Gefährdungsbeurteilung
*Fluoreszenzlöschung von Chlorophyll durch β-Carotin*  S. 264, V1

**Tätigkeitsbeschreibung**
Ein Filterpapier wird mit einer Lösung aus Blattgrünextrakt in Aceton oder Kürbiskernöl (1:1 mit Aceton verdünnt) getränkt. Mit einer Glaskapillare wird ein Fleck aus gesättigter β-Carotin-Lösung in Aceton auf das Filterpapier aufgebracht und im Licht einer UV-Handlampe ($\lambda$ = 365 nm) betrachtet.

**Tätigkeit mit Gefahrstoffen:** *Ja*

**Blattgrünextrakt in Aceton, β-Carotin in Aceton, Aceton**

AGW: 1200 mg/m³   H225, H319, H336, EUH066
                  P210, P233, P305+P351+P338

GEFAHR

**Kürbiskernöl**
AGW: -

| Gefahren durch Einatmen: *Ja* | Brandgefahr: *Ja* | Sonstige Gefahren: *Nein* |
| Gefahren durch Hautkontakt: *Ja* | Explosionsgefahr: *Nein* | |

**Substitution möglich:** *Nein* (Vgl. Begründung auf Seite 4.)

**Ergebnis der Gefährdungsbeurteilung**
Folgende Schutzmaßnahmen sind zu beachten:

| Mindeststandards (TRGS 500) | Schutzbrille | Schutzhandschuhe | Abzug | geschlossenes System | Lüftungsmaßnahmen | Brandschutzmaßnahmen | Weitere Maßnahmen: keine |
|---|---|---|---|---|---|---|---|
| ☑ | ☑ | ☐ | ☐ | ☐ | ☑ | ☑ | ☐ |

Stand der Gefährdungsbeurteilung: September 2014

# Gefährdungsbeurteilung
*Photochemischer Abbau von Chlorophyll und Photoprotektion durch β-Carotin*

S. 264, V2

## Tätigkeitsbeschreibung
Ein Filterpapier wird mit einer Lösung aus Blattgrünextrakt in Aceton oder Kürbiskernöl (1:1 mit Aceton verdünnt) getränkt. Mit einer Glaskapillare wird ein Fleck aus gesättigter β-Carotin-Lösung in Aceton auf das Filterpapier aufgebracht. Ein Teil des Filterpapiers wird 2 Minuten lang so in den Strahlengang eines Diaprojektors gehalten, dass eine Zone um den β-Carotinfleck herum bestrahlt wird. Das Ergebnis wird unter normalem Licht und unter einer UV-Handlampe ($\lambda$ = 365 nm) betrachtet.

**Tätigkeit mit Gefahrstoffen:** *Ja*

**Blattgrünextrakt in Aceton**; Edukt, **β-Carotin in Aceton**; Edukt, **Aceton**

AGW: 1200 mg/m³      H225, H319, H336, EUH066
P210, P233, P305+P351+P338

GEFAHR

**Kürbiskernöl**; Edukt
AGW: -

**diverse unbekannte Kohlenwasserstoffe**; Produkte
AGW: -      keine Gefahrstoffdaten verfügbar

| Gefahren durch Einatmen: *Ja* | Brandgefahr: *Ja* | Sonstige Gefahren: *Nein* |
|---|---|---|
| Gefahren durch Hautkontakt: *Ja* | Explosionsgefahr: *Nein* | |

**Substitution möglich:** *Nein* (Vgl. Begründung auf Seite 4.)

## Ergebnis der Gefährdungsbeurteilung
Folgende Schutzmaßnahmen sind zu beachten:

| Mindeststandards (TRGS 500) | Schutzbrille | Schutzhandschuhe | Abzug | geschlossenes System | Lüftungsmaßnahmen | Brandschutzmaßnahmen | Weitere Maßnahmen: keine |
|---|---|---|---|---|---|---|---|
| ☑ | ☑ | ☐ | ☐ | ☐ | ☑ | ☑ | ☐ |

Stand der Gefährdungsbeurteilung: September 2014

## 270
# Gefährdungsbeurteilung
*Test von Sonnencremes auf ihr UV-Licht-Absorptionsvermögen*   S. 266, V1 - V3

**Tätigkeitsbeschreibung**
V1 Auf einen transparenten Träger, z.B. eine Folie, wird etwas Sonnencreme sehr dünn aufgetragen. Der Träger wird auf eine Unterlage gelegt, die bei Bestrahlung mit Licht, $\lambda$ = 254 nm, fluoresziert. Der Schirm wird von oben mit einer UV-Handlampe, $\lambda$ = 254 nm, bestrahlt.
V2 Nach dem Schema von V1 werden verschiedene Sonnencremes, -lotionen und -öle verschiedener und gleicher Lichtschutzfaktoren miteinander verglichen.
V3 Als wasserfest bzw. als nicht wasserfest deklarierte Cremes werden auf einen Täger nach V1 aufgebracht und die UV-Absorption nach V1 getestet. Der Träger mit der wasserfesten Creme wird eine Minute lang unter fließendes Wasser gehalten, dann wird die UV-Absorption erneut getestet. Der Vorgang wird wiederholt.
In V2 und V3 kann die nach V4 (vgl. nächste Seite) hergestellte Creme mit einbezogen werden.

**Tätigkeit mit Gefahrstoffen:** *Nein*

**Sonnencremes, -öle, -lotionen verschiedener LSF**
AGW: -

**selbst hergestellte Sonnencreme**
AGW: -

| Gefahren durch Einatmen: *Nein* | Brandgefahr: *Nein* | Sonstige Gefahren: *Nein* |
| Gefahren durch Hautkontakt: *Nein* | Explosionsgefahr: *Nein* | |

**Substitution möglich:** *Nein*

**Ergebnis der Gefährdungsbeurteilung**
Keine Gefährdungsbeurteilung nötig

Stand der Gefährdungsbeurteilung: September 2014

# Gefährdungsbeurteilung
*Herstellen einer Sonnencreme*

S. 266, V4

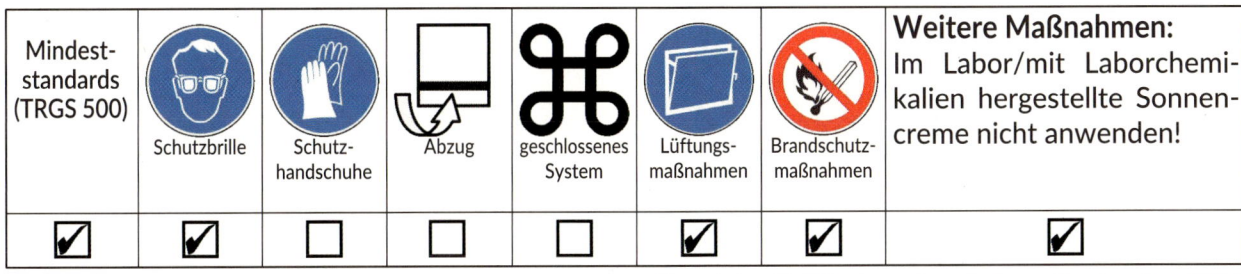

## Tätigkeitsbeschreibung
In einem 100-mL-Becherglas werden 30 mL Wasser auf 80 °C erhitzt. In einem 50-mL-Becherglas werden 10 mL Sojaöl, 2,5 mL Tegomuls, 2,5 mL Cetylalkohol und 2,5 mL Eusolex®2292 verrührt und auf 70 °C erhitzt. Der Inhalt des 50-mL-Becherglases wird in das Wasser gegeben und für 2 Minuten gut verrührt. Die Emulsion lässt man auf 50 °C abkühlen. 20 Tropfen D-Panthenol, 10 Tropfen Aloe Vera und 3 Tropfen Heliozimt werden hinzugegeben. Eventuell werden 5 Tropfen Parfum hinzugefügt. Die Creme wird in ein verschließbares Gefäß überführt.

**Tätigkeit mit Gefahrstoffen:** *Ja*

**Wasser, Sojaöl, Tegomuls, Cetylalkohol, Eusolex®2292, D-Panthenol, Aloe Vera**; Edukte
AGW: -

**Heliozimt\***; Edukt
AGW: -   H315, H319, H335   ACHTUNG

**Parfum\***; Edukt
AGW: 960 mg/m³   H225   GEFAHR

**selbst hergestellte Sonnencreme**; Produkt
AGW: -

| Gefahren durch Einatmen: Ja | Brandgefahr: Ja | Sonstige Gefahren: Nein |
| Gefahren durch Hautkontakt: Ja | Explosionsgefahr: Nein | |

**Substitution möglich:** *Nein* (Vgl. Begründung auf Seite 4.)

## Ergebnis der Gefährdungsbeurteilung
Folgende Schutzmaßnahmen sind zu beachten:

| Mindeststandards (TRGS 500) | Schutzbrille | Schutzhandschuhe | Abzug | geschlossenes System | Lüftungsmaßnahmen | Brandschutzmaßnahmen | Weitere Maßnahmen: Im Labor/mit Laborchemikalien hergestellte Sonnencreme nicht anwenden! |
|---|---|---|---|---|---|---|---|
| ✓ | ✓ | ☐ | ☐ | ☐ | ✓ | ✓ | ✓ |

Stand der Gefährdungsbeurteilung: September 2014

# Gefährdungsbeurteilung
*Herstellen und Testen einer Farbe*

S. 268, V1

**Tätigkeitsbeschreibung**

In einem Mörser werden etwa 4 g eines Pigments (rotes Eisenoxid, gelbes Eisenoxid, Titandioxid, Kupferphthalocyanin oder Pigment Red 179) mit der gleichen Menge Leinöl zu einer Paste vermischt. Es wird ein Gemisch aus 0,2 mL Bienenwachs und 0,6 mL Terpentinöl eingemischt. Die so hergestellte, homogen aussehende Farbe wird auf ein Stück Papier gestrichen und an der Luft getrocknet. Die Trocknung wird bei wenig und bei starkem Licht beobachtet.

**Tätigkeit mit Gefahrstoffen:** *Ja*

**rotes Eisenoxid, gelbes Eisenoxid, Titandioxid, Kupferphthalocyanin** oder **C.I. Pigment Red 179**; Edukt
AGW: -

**Leinöl, Bienenwachs**; Edukt
AGW: -

**Terpentinöl**; Edukt
AGW: -    H226, H302, H312, H332, H304, H315, H317, H319, H411
P273, P280, P301+P310, P305+P351+P338, P331    GEFAHR

**Farbe**; Produkt
AGW: -    H317, H412    ACHTUNG

| Gefahren durch Einatmen: *Ja* <br> Gefahren durch Hautkontakt: *Ja* | Brandgefahr: *Ja* <br> Explosionsgefahr: *Nein* | Sonstige Gefahren: *Nein* |

**Substitution möglich:** *Nein* (Vgl. Begründung auf Seite 4.)

**Ergebnis der Gefährdungsbeurteilung**

Folgende Schutzmaßnahmen sind zu beachten:

| Mindeststandards (TRGS 500) | Schutzbrille | Schutzhandschuhe | Abzug | geschlossenes System | Lüftungsmaßnahmen | Brandschutzmaßnahmen | Weitere Maßnahmen: Im Labor/mit Laborchemikalien hergestellte Farbe nicht außerhalb des Labors verwenden. |
|---|---|---|---|---|---|---|---|
| ✓ | ✓ | ☐ | ☐ | ☐ | ✓ | ✓ | ✓ |

Stand der Gefährdungsbeurteilung: September 2014

# Gefährdungsbeurteilung
*Herstellen und Testen eines Lacks*

S. 268, V2

### Tätigkeitsbeschreibung
In einem Mörser werden etwa 4 g eines wasserlöslichen Pigments (rotes Eisenoxid, gelbes Eisenoxid, Titandioxid) mit der gleichen Menge Wasser zu einer Paste vermischt. Es werden wenige Milliliter eines wasserverdünnbaren Klarlacks hinzugefügt. Der so hergestellte, homogen aussehende Lack wird auf ein Stück Papier gestrichen und an der Luft getrocknet. Die Trocknung wird bei wenig und bei starkem Licht beobachtet.
*Hinweis*: Bei Verwendung eines anderen Lacks ist die Gefährdungsbeurteilung neu zu erstellen.

### Tätigkeit mit Gefahrstoffen: *Nein*

**rotes Eisenoxid, gelbes Eisenoxid, Titandioxid**; Edukt
AGW: -

**wasserverdünnbarer Klarlack**; Edukt
AGW: -

**farbiger Lack**; Produkt
AGW: -

| | | |
|---|---|---|
| Gefahren durch Einatmen: *Nein* <br> Gefahren durch Hautkontakt: *Nein* | Brandgefahr: *Nein* <br> Explosionsgefahr: *Nein* | Sonstige Gefahren: *Nein* |

Substitution möglich: *Nein*

### Ergebnis der Gefährdungsbeurteilung
Keine Gefährdungsbeurteilung nötig

Stand der Gefährdungsbeurteilung: September 2014

## 274
# Gefährdungsbeurteilung
*Deckvermögen verschiedener weißer Pigmente*

S. 268, V3

**Tätigkeitsbeschreibung**
Je 5 g Bariumsulfat und Titandioxid werden mit jeweils 5 g Tapetenkleister und Wasser zu gut streichfähigen Gemischen verrührt. Mit den beiden Farben werden schwarze Pappen und Klarsichtfolien eingestrichen und das Deckvermögen sowie die Lichtdurchlässigkeit werden verglichen.

**Tätigkeit mit Gefahrstoffen:** *Nein*

**Bariumsulfat, Titandioxid (Rutil)**; Edukt
AGW: -

**Tapetenkleister**; Edukt
AGW: -

**weiße Farbe**; Produkt
AGW: -

| Gefahren durch Einatmen: *Nein* | Brandgefahr: *Nein* | Sonstige Gefahren: *Nein* |
|---|---|---|
| Gefahren durch Hautkontakt: *Nein* | Explosionsgefahr: *Nein* | |

**Substitution möglich:** *Nein*

**Ergebnis der Gefährdungsbeurteilung**
Keine Gefährdungsbeurteilung nötig

Stand der Gefährdungsbeurteilung: September 2014

# Gefährdungsbeurteilung
*Herstellung eines Metallpigments*

S. 268, V4

## Tätigkeitsbeschreibung
Etwas Metallglitter und etwas Nagellack werden miteinander vermischt.
*Hinweis*: Beim Nagellack wurde ein Gemisch aus < 30 % Ethylacetat, < 30 % n-Butylacetat, < 20 % Nitrocellulose und < 10 % Propan-2-ol betrachtet. Bei Verwendung eines anderen Nagellacks ist die Gefährdungsbeurteilung neu zu erstellen.

**Tätigkeit mit Gefahrstoffen:** *Ja*

### Metallglitter
AGW: -

### Nagellack*
AGW: -    H225, H319, H336

GEFAHR

| Gefahren durch Einatmen: *Ja* | Brandgefahr: *Ja* | Sonstige Gefahren: *Nein* |
| Gefahren durch Hautkontakt: *Nein* | Explosionsgefahr: *Nein* | |

**Substitution möglich:** *Nein* (Vgl. Begründung auf Seite 4.)

## Ergebnis der Gefährdungsbeurteilung
Folgende Schutzmaßnahmen sind zu beachten:

| Mindeststandards (TRGS 500) | Schutzbrille | Schutzhandschuhe | Abzug | geschlossenes System | Lüftungsmaßnahmen | Brandschutzmaßnahmen | Weitere Maßnahmen: keine |
|---|---|---|---|---|---|---|---|
| ☑ | ☑ | ☐ | ☐ | ☐ | ☑ | ☑ | ☐ |

Stand der Gefährdungsbeurteilung: September 2014

### 276
# Gefährdungsbeurteilung
*UV-Licht-Absorptionsvermögen von Stärke und Titandioxid*  S. 270, V1

**Tätigkeitsbeschreibung**
Auf je einen transparenten Träger, z.B. eine PE-Folie, wird ein Gemisch aus Glycerin und Stärke bzw. Glycerin und Titandioxid (Anatas) sehr dünn aufgetragen. Die Träger werden auf eine Unterlage gelegt, die bei Bestrahlung mit Licht, $\lambda$ = 254 nm, fluoresziert. Der Schirm wird von oben mit einer UV-Handlampe, $\lambda$ = 254 nm, bestrahlt. Das Absorptionsvermögen beider Gemische wird verglichen.

**Tätigkeit mit Gefahrstoffen:** *Nein*

**Stärke, Titandioxid (Anatas), Glycerin**
AGW: -

| Gefahren durch Einatmen: *Nein* | Brandgefahr: *Nein* | Sonstige Gefahren: *Nein* |
| Gefahren durch Hautkontakt: *Nein* | Explosionsgefahr: *Nein* | |

**Substitution möglich:** *Nein*

**Ergebnis der Gefährdungsbeurteilung**
Keine Gefährdungsbeurteilung nötig

Stand der Gefährdungsbeurteilung: September 2014

# Gefährdungsbeurteilung
*Titandioxid als Photokatalysator I*　　　　　　　　　　　　　　　　S. 270, V2

## Tätigkeitsbeschreibung
In ein dünnwandiges Reagenzglas werden 30 mL Methylenblau-Lösung, $c = 2 \cdot 10^{-5}$ mol/L, gegeben und 30 mg Titandioxid hinzugefügt. In die Suspension wird Stickstoff eingeleitet. Gleichzeitig wird die Suspension mit einer 200-Watt-Halogenlampe bestrahlt und mit einem wassergefüllten PE-Beutel gekühlt, der zwischen der Lampe und dem Reagenzglas platziert wird. Die Zeit bis zur vollständigen Entfärbung wird gemessen. Die Lampe wird ausgeschaltet, Luft bzw. Sauerstoff eingeleitet und die Farbänderung beobachtet.

**Tätigkeit mit Gefahrstoffen:** *Ja*

**Methylenblau**, $c = 2 \cdot 10^{-5}$ mol/L; Edukt/Produkt
　AGW: -

**Titandioxid (Anatas), Leukomethylenblau**; Zwischenprodukt
　AGW: -

**Stickstoff**
　AGW: -　　H280
　　　　　　P403
　　　　　　　　　　　　　　　　　　　　　　　ACHTUNG

**Sauerstoff**; Produkt/Edukt
　AGW: -　　H270, H280
　　　　　　P244, P220, P370+P376, P403
　　　　　　　　　　　　　　　　　　　　　　　GEFAHR

| Gefahren durch Einatmen: *Nein* | Brandgefahr: *Nein* | Sonstige Gefahren: *Nein* |
| Gefahren durch Hautkontakt: *Nein* | Explosionsgefahr: *Nein* | |

**Substitution möglich:** *Nein* (Vgl. Begründung auf Seite 4.)

## Ergebnis der Gefährdungsbeurteilung
Folgende Schutzmaßnahmen sind zu beachten:

| Mindeststandards (TRGS 500) | Schutzbrille | Schutzhandschuhe | Abzug | geschlossenes System | Lüftungsmaßnahmen | Brandschutzmaßnahmen | Weitere Maßnahmen: keine |
|---|---|---|---|---|---|---|---|
| ✓ | ✓ | ☐ | ☐ | ☐ | ☐ | ☐ | ☐ |

Stand der Gefährdungsbeurteilung: September 2014

## Gefährdungsbeurteilung
*Titandioxid als Photokatalysator II*

S. 270, V3

**Tätigkeitsbeschreibung**
In ein dünnwandiges Reagenzglas werden 30 mL Methylenblau-Lösung, $c = 2 \cdot 10^{-5}$ mol/L, gegeben und 30 mg Titandioxid hinzugefügt. In die Suspension wird Sauerstoff eingeleitet. Gleichzeitig wird die Suspension mit einer 200-Watt-Halogenlampe bestrahlt und mit einem wassergefüllten PE-Beutel gekühlt, der zwischen der Lampe und dem Reagenzglas platziert wird. Die Zeit bis zur vollständigen Entfärbung wird gemessen. Die Lampe wird ausgeschaltet und Wasserstoff eingeleitet.

**Tätigkeit mit Gefahrstoffen:** *Ja*

**Methylenblau**, $c = 2 \cdot 10^{-5}$ mol/L; Edukt
AGW: -

**Titandioxid (Anatas)**
AGW: -

**Sauerstoff**; Edukt
AGW: -   H270, H280
P244, P220, P370+P376, P403

**Wasserstoff**
AGW: -   H220, H280
P210, P377, P381, P403

**oxidative Abbauprodukte von Methylenblau**, $c < 2 \cdot 10^{-5}$ mol/L; Produkt
AGW: -   Es sind keine Gefahrstoffdaten verfügbar. Gefahren durch sehr geringe Konzentration sind unwahrscheinlich.

| Gefahren durch Einatmen: Nein<br>Gefahren durch Hautkontakt: Nein | Brandgefahr: Ja<br>Explosionsgefahr: Nein | Sonstige Gefahren: Nein |

**Substitution möglich:** *Nein* (Vgl. Begründung auf Seite 4.)

**Ergebnis der Gefährdungsbeurteilung**
Folgende Schutzmaßnahmen sind zu beachten:

| Mindest-standards (TRGS 500) | Schutzbrille | Schutzhandschuhe | Abzug | geschlossenes System | Lüftungsmaßnahmen | Brandschutzmaßnahmen | | Weitere Maßnahmen: keine |
|---|---|---|---|---|---|---|---|---|
| ☑ | ☑ | ☐ | ☐ | ☐ | ☐ | ☑ | ☐ | |

Stand der Gefährdungsbeurteilung: September 2014

# Gefährdungsbeurteilung
*Titandioxid als photoaktives Bleichmittel* S. 270, V4

### Tätigkeitsbeschreibung
Auf kleinen Baumwolltuchstücken werden Flecken aus Himbeersaft, Rotwein, Gras und anderen Naturfarbstoffen erzeugt. Die Flecken werden mit einer Suspension von ca. 0,5 g Titandioxid in ca. 50 mL Wasser beträufelt. Die Tücher werden a) in die Sonne, b) unter eine Ultravitalux-Lampe, c) unter eine Halogenlampe und d) ins Dunkle gelegt.
*Hinweis*: Die Exposition zur Ultravitalux-Lampe ist auf maximal 15 Minuten zu begrenzen. Das ausgesendete UV-Licht dieser Lampe kann sonst zu Sonnenbrand führen.

### Tätigkeit mit Gefahrstoffen: *Nein*

**Himbeersaft, Rotwein, Gras, bzw. andere Naturfarbstoffe**; Edukte
AGW: -

**Titandioxid (Anatas)**
AGW: -

**Abbauprodukte von Naturfarbstoffen**; Produkte
AGW: -   keine Gefahrstoffdaten verfügbar

| Gefahren durch Einatmen: *Nein* | Brandgefahr: *Nein* | Sonstige Gefahren: *Nein* |
| Gefahren durch Hautkontakt: *Nein* | Explosionsgefahr: *Nein* | |

Substitution möglich: *Nein*

### Ergebnis der Gefährdungsbeurteilung
Keine Gefährdungsbeurteilung nötig

Stand der Gefährdungsbeurteilung: September 2014

## 280
# Gefährdungsbeurteilung
*Anti-Graffiti-Oberfläche aus Nano-Kieselsäure* S. 272, V1

**Tätigkeitsbeschreibung**
5 mL Ethanol, 15 mL Tetraethoxysilan, 1 mL Salpetersäure, $c$ = 3 mol/L, 8 mL dest. Wasser, 4 g Kupfer(II)-nitrat-Trihydrat und 1 mL Essigsäure, $c$ = 4 mol/L, werden zu einer homogenen Lösung verrührt. Die Lösung lässt man einen Tag stehen, dann werden 30 mL Methanol und 10 Tropfen Klarspüler hinzugegeben. Mit der Lösung wird ein perfekt gereinigter Objektträger beschichtet, indem dieser an einer Wäscheklammer befestigt wird und an einem Faden mit 2 bis 3 mm/s über eine Metallstange aus der Lösung gezogen wird. Der Objektträger wird 1 Stunde lang auf 250 °C erhitzt. Die Schmutzbeständigkeit gegenüber einem unbehandelten Objektträger wird verglichen.

**Tätigkeit mit Gefahrstoffen:** *Ja*

**Ethanol**; Edukt
- AGW: 960 mg/m³
- H225
- P210
- GEFAHR

**Tetraethoxysilan**; Edukt
- AGW: 12 mg/m³
- H226, H332, H319, H335
- P210, P305+P351+P338
- ACHTUNG

**Salpetersäure**, 20 % < $w$ < 65 %; Edukt
- AGW: –
- H290, H314
- P280, P301+P330+P331, P305+P351+P338, P308+P310
- GEFAHR

**Kupfer(II)-nitrat-Trihydrat**; Edukt
- AGW: –
- H272, H302, H315, H319, H410
- P210, P301+P312, P273, P302+P352, P280, P305+P351+P338
- GEFAHR

**Ethansäure**, $c$ = 4 mol/L; Edukt    *Essigsäure*
- AGW: 25 mg/m³
- H314
- P280, P301+P330+P331, P302+P352, P305+P351+P338, P260, P308+P310
- GEFAHR

**Methanol**; Edukt
- AGW: –
- H225, H331, H311, H301, H370
- P210, P233, P280, P302+P352, P309+P310
- GEFAHR

| Gefahren durch Einatmen: *Ja* | Brandgefahr: *Ja* | Sonstige Gefahren: *Nein* |
| Gefahren durch Hautkontakt: *Ja* | Explosionsgefahr: *Nein* | |

**Substitution möglich:** *Nein* (Vgl. Begründung auf Seite 4.)

**Ergebnis der Gefährdungsbeurteilung**
Folgende Schutzmaßnahmen sind zu beachten:

| Mindeststandards (TRGS 500) | Schutzbrille | Schutzhandschuhe | Abzug | geschlossenes System | Lüftungsmaßnahmen | Brandschutzmaßnahmen | Weitere Maßnahmen: keine |
|---|---|---|---|---|---|---|---|
| ☑ | ☑ | ☐ | ☑ | ☐ | ☐ | ☑ | ☐ |

Stand der Gefährdungsbeurteilung: September 2014

# Globally Harmonized System of Classification and Labeling of Chemicals
*GHS - Das neue international gültige System zur Bezeichnung von Gefahrstoffen*

## Einleitung

Es gibt viele verschiedene Länder auf der Welt, die alle mit Gefahrstoffen arbeiten und mit diesen untereinander Handel treiben. Um weltweit sichere Handhabung, Transport und Entsorgung zu gewährleisten, wurde dieses neue System ins Leben gerufen.

Inzwischen sind die GHS-Angaben auf allen Reinstoffen Pflicht, Stoffgemische können bis 2015 weiterhin mit den R- und S-Sätzen versehen sein.

Einige der Chemikalien wurden mit Sternen versehen, da diese H-Sätze aufgrund von Inhaltsstoffen berechnet, aber nicht offiziell herausgegeben wurden.

## Kennzeichnungen

Die Gefahrstoffkennzeichnungen erfolgen über Piktogramme, ein Signalwort sowie über H- und P Sätze, die über die Gefahren (**H**azards) und Sicherheitsmaßnahmen (**P**recautions) Auskunft geben, wobei letztere ebenfalls über Piktogramme erfolgen können.

## Piktogramme

**GHS01**
Instabile explosive Stoffe und Gemische
Explosive Stoffe/Gemische und Erzeugnisse mit Explosivstoff
Selbstzersetzliche Stoffe und Gemische
Organische Peroxide

**GHS02**
Entzündbare Gase/Aerosole/Flüssigkeiten/Feststoffe
Selbstzersetzliche Stoffe und Gemische
Pyrophore Flüssigkeiten/Feststoffe
Selbsterhitzungsfähige Stoffe und Gemische
Stoffe und Gemische, die bei Berührung mit Wasser entzündbare Gase abgeben
Organische Peroxide

**GHS03**
Oxidierende Gase/Flüssigkeiten/Feststoffe

**GHS04**
Gase unter Druck: verdichtete Gase/verflüssigte Gase/tiefgekühlt verflüssigte Gase/gelöste Gase

**GHS05**
Auf Metalle korrosiv wirkend
Hautätzend
Schwere Augenschädigung

**GHS06**
Akute Toxizität (oral, dermal, inhalativ)

**GHS07**
Akute Toxizität (oral, dermal, inhalativ)
Reizung der Haut
Augenreizung
Sensibilisierung der Haut
Spezifische Zielorgan-Toxizität (einmalige Exposition)
Atemwegsreizung
Narkotisierende Wirkungen

**GHS08**
Sensibilisierung der Atemwege
Keimzellmutagenität
Karzinogenität
Reproduktionstoxizität
Spezifische Zielorgan-Toxizität (einmalige Exposition)
Spezifische Zielorgan-Toxizität (wiederholte Exposition)
Aspirationsgefahr

**GHS09**
Gewässergefährdend
— akut gewässergefährdend
— chronisch gewässergefährdend

### Signalwörter

Die oben angegebenen Piktogramme werden mit Signalwörtern unterstützt, die eine relative Abstufung der von dem Stoff/der Mixtur ausgehenden Gefahr angeben sollen. Diese Wörter können jedoch auch ohne Piktogramm auftauchen:

Achtung         warnt vor weniger schwerwiegenden Gefahrenkategorien, z.B.
                gesundheitsschädlich.
Gefahr          warnt vor schwerwiegenden Gefahrenkategorien, z.B. giftig.

### Hazard-Statements (Gefahrsätze)

Die Gefahrsätze besitzen einen Code, der bereits bei den R- und S-Sätzen Verwendung fand. So sind jegliche H-Sätze mit dem Buchstaben H und einer dreistelligen Nummer versehen, wobei die erste Ziffer den Typ der Gefahr angibt. Sätze, die mit H2 beginnen, beziehen sich somit auf physikalische Gefahren (Explosionen, Feuergefahr etc.), Sätze, die mit H3 beginnen, auf gesundheitliche Gefahren (giftig, krebserregend etc.) und Sätze, die mit H4 beginnen, bezeichnen Umweltgefahren.

### Precautionary-Statements (Sicherheitssätze)

Ähnlich wie bei den Hazard-Statements findet sich auch hier ein dreistelliger Code. Die erste Ziffer gibt dabei an, um was für einen Typ dieser Sicherheitssätze es sich handelt.
Beginnend mit P1(Allgemeines) sind generelle Angaben, beginnend mit P2(Prävention) sind Sätze, die Vorbeugung und Vermeidung von Gefahren beschreiben. P3(Reaktion)-Sätze beschreiben Vorgehensweisen, wie auf bestehende Gefahren zu reagieren ist (Metallbrände mit Sand löschen). P4(Aufbewahrung)-Sätze bezeichnen Maßnahmen zur sicheren Lagerung und P5(Entsorgung)-Sätze beschreiben Maßnahmen zur Entsorgung.

### Abschließende Infos

Kombinationen der H- bzw. P-Sätze werden durch ein Plus-Zeichen angegeben (z. B. P402 + P404).

# Liste der Hazard-Statements (Gefahrsätze)

H200  Instabil, explosiv.
H201  Explosiv, Gefahr der Massenexplosion.
H202  Explosiv, große Gefahr durch Splitter, Spreng- und Wurfstücke.
H203  Explosiv, Gefahr durch Feuer, Luftdruck oder Splitter, Spreng- und Wurfstücke.
H204  Gefahr durch Splitter, Spreng- und Wurfstücke.
H205  Gefahr der Massenexplosion bei Feuer.

H220  Extrem entzündbares Gas.
H221  Entzündbares Gas.
H222  Extrem entzündbares Aerosol.
H223  Entzündbares Aerosol.
H224  Flüssigkeit und Dampf extrem entzündbar.
H225  Flüssigkeit und Dampf leicht entzündbar.
H226  Flüssigkeit und Dampf entzündbar.
H228  Entzündbarer Feststoff.

H240  Erwärmung kann Explosion verursachen.
H241  Erwärmung kann Brand oder Explosion verursachen.
H242  Erwärmung kann Brand verursachen.
H250  Entzündet sich in Berührung mit Luft von selbst.
H251  Selbsterhitzungsfähig; kann in Brand geraten.
H252  In großen Mengen selbsterhitzungsfähig; kann in Brand geraten.

H260  In Berührung mit Wasser entstehen entzündbare Gase, die sich spontan entzünden können.
H261  In Berührung mit Wasser entstehen entzündbare Gase.

H270  Kann Brand verursachen oder verstärken; Oxidationsmittel.
H271  Kann Brand oder Explosion verursachen; starkes Oxidationsmittel.
H272  Kann Brand verstärken; Oxidationsmittel.

H280  Enthält Gas unter Druck; kann bei Erwärmung explodieren.
H281  Enthält tiefkaltes Gas; kann Kälteverbrennungen oder verletzungen verursachen.

H290  Kann gegenüber Metallen korrosiv sein.

H300  Lebensgefahr bei Verschlucken.
H301  Giftig bei Verschlucken.
H302  Gesundheitsschädlich bei Verschlucken.
H304  Kann bei Verschlucken und Eindringen in die Atemwege tödlich sein.

H310  Lebensgefahr bei Hautkontakt.
H311  Giftig bei Hautkontakt.
H312  Gesundheitsschädlich bei Hautkontakt.
H314  Verursacht schwere Verätzungen der Haut und schwere Augenschäden.
H315  Verursacht Hautreizungen.
H317  Kann allergische Hautreaktionen verursachen.
H318  Verursacht schwere Augenschäden.
H319  Verursacht schwere Augenreizung.

H330  Lebensgefahr bei Einatmen.
H331  Giftig bei Einatmen.
H332  Gesundheitsschädlich bei Einatmen.
H334  Kann bei Einatmen Allergie, asthmaartige Symptome oder Atembeschwerden verursachen.
H335  Kann die Atemwege reizen.

H336  Kann Schläfrigkeit und Benommenheit verursachen.

H340  Kann genetische Defekte verursachen <Expositionsweg angeben, sofern schlüssig belegt ist, dass diese Gefahr bei keinem anderen Expositionsweg besteht>.

H341  Kann vermutlich genetische Defekte verursachen <Expositionsweg angeben, sofern schlüssig belegt ist, dass diese Gefahr bei keinem anderen Expositionsweg besteht>.

H350  Kann Krebs erzeugen <Expositionsweg angeben, sofern schlüssig belegt ist, dass diese Gefahr bei keinem anderen Expositionsweg besteht>.

H351  Kann vermutlich Krebs erzeugen <Expositionsweg angeben, sofern schlüssig belegt ist, dass diese Gefahr bei keinem anderen Expositionsweg besteht>.

H360  Kann die Fruchtbarkeit beeinträchtigen oder das Kind im Mutterleib schädigen <konkrete Wirkung angeben, sofern bekannt> <Expositionsweg angeben, sofern schlüssig belegt ist, dass diese Gefahr bei keinem anderen Expositionsweg besteht>.

H361  Kann vermutlich die Fruchtbarkeit beeinträchtigen oder das Kind im Mutterleib schädigen <konkrete Wirkung angeben, sofern bekannt> <Expositionsweg angeben, sofern schlüssig belegt ist, dass diese Gefahr bei keinem anderen Expositionsweg besteht>.

H362  Kann Säuglinge über die Muttermilch schädigen.

H370  Schädigt die Organe <oder alle betroffenen Organe nennen, sofern bekannt> <Expositionsweg angeben, sofern schlüssig belegt ist, dass diese Gefahr bei keinem anderen Expositionsweg besteht>.

H371  Kann die Organe schädigen <oder alle betroffenen Organe nennen, sofern bekannt> <Expositionsweg angeben, sofern schlüssig belegt ist, dass diese Gefahr bei keinem anderen Expositionsweg besteht>.

H372  Schädigt die Organe <alle betroffenen Organe nennen, sofern bekannt> bei längerer oder wiederholter Exposition <Expositionsweg angeben, sofern schlüssig belegt ist, dass diese Gefahr bei keinem anderen Expositionsweg besteht>.

H373  Kann die Organe schädigen <alle betroffenen Organe nennen, sofern bekannt> bei längerer oder wiederholter Exposition <Expositionsweg angeben, sofern schlüssig belegt ist, dass diese Gefahr bei keinem anderen Expositionsweg besteht>.

H400  Sehr giftig für Wasserorganismen.

H410  Sehr giftig für Wasserorganismen, mit langfristiger Wirkung.
H411  Giftig für Wasserorganismen, mit langfristiger Wirkung.
H412  Schädlich für Wasserorganismen, mit langfristiger Wirkung.
H413  Kann für Wasserorganismen schädlich sein, mit langfristiger Wirkung.

**EUH-Sätze (Ergänzende Gefahrenmerkmale und Kennzeichnungselemente)**

| | |
|---|---|
| EUH001 | In trockenem Zustand explosiv. |
| EUH006 | Mit und ohne Luft explosionsfähig. |
| EUH014 | Reagiert heftig mit Wasser. |
| EUH018 | Kann bei Verwendung explosionsfähige / entzündbare Dampf /Luft-Gemische bilden. |
| EUH019 | Kann explosionsfähige Peroxide bilden. |
| EUH044 | Explosionsgefahr bei Erhitzen unter Einschluss. |
| EUH029 | Entwickelt bei Berührung mit Wasser giftige Gase. |
| EUH031 | Entwickelt bei Berührung mit Säure giftige Gase. |
| EUH032 | Entwickelt bei Berührung mit Säure sehr giftige Gase. |
| EUH066 | Wiederholter Kontakt kann zu spröder oder rissiger Haut führen. |
| EUH070 | Giftig bei Berührung mit den Augen. |
| EUH071 | Wirkt ätzend auf die Atemwege. |
| EUH059 | Die Ozonschicht schädigend. |
| EUH201 | Enthält Blei. Nicht für den Anstrich von Gegenständen verwenden, die von Kindern gekaut oder gelutscht werden könnten. |

| | |
|---|---|
| EUH201A | Achtung! Enthält Blei. |
| EUH202 | Cyanacrylat. Gefahr. Klebt innerhalb von Sekunden Haut und Augenlider zusammen. Darf nicht in die Hände von Kindern gelangen. |
| EUH203 | Enthält Chrom(VI). Kann allergische Reaktionen hervorrufen. |
| EUH204 | Enthält Isocyanate. Kann allergische Reaktionen hervorrufen. |
| EUH205 | Enthält epoxidhaltige Verbindungen. Kann allergische Reaktionen hervorrufen. |
| EUH206 | Achtung! Nicht zusammen mit anderen Produkten verwenden, da gefährliche Gase (Chlor) freigesetzt werden können. |
| EUH207 | Achtung! Enthält Cadmium. Bei der Verwendung entstehen gefährliche Dämpfe. Hinweise des Herstellers beachten. Sicherheitsanweisungen einhalten. |
| EUH208 | Enthält (Name des sensibilisierenden Stoffes). Kann allergische Reaktionen hervorrufen. |
| EUH209 | Kann bei Verwendung leicht entzündbar werden. |
| EUH209A | Kann bei Verwendung entzündbar werden. |
| EUH210 | Sicherheitsdatenblatt auf Anfrage erhältlich. |
| EUH401 | Zur Vermeidung von Risiken für Mensch und Umwelt die Gebrauchsanleitung einhalten. |

## Liste der Precautionary-Statements (Sicherheitssätze)

| | |
|---|---|
| P101 | Ist ärztlicher Rat erforderlich, Verpackung oder Kennzeichnungsettikett bereithalten. |
| P102 | Darf nicht in die Hände von Kindern gelangen. |
| P103 | Vor Gebrauch Kennzeichnungsetikett lesen. |
| P201 | Vor Gebrauch besondere Anweisungen einholen. |
| P202 | Vor Gebrauch alle Sicherheitshinweise lesen und verstehen. |
| P210 | Von Hitze/Funken/offener Flamme/heißen Oberflächen fernhalten. Nicht rauchen. |
| P211 | Nicht gegen offene Flamme oder andere Zündquelle sprühen. |
| P220 | Von Kleidung/.../brennbaren Materialien fernhalten/entfernt aufbewahren. |
| P221 | Mischen mit brennbaren Stoffen/... unbedingt vermeiden. |
| P222 | Kontakt mit Luft nicht zulassen. |
| P223 | Kontakt mit Wasser wegen heftiger Reaktion und möglichem Aufflammen unbedingt verhindern. |
| P230 | Feucht halten mit ... |
| P231 | Unter inertem Gas handhaben. |
| P232 | Vor Feuchtigkeit schützen. |
| P233 | Behälter dicht verschlossen halten. |
| P234 | Nur im Originalbehälter aufbewahren. |
| P235 | Kühl halten. |
| P240 | Behälter und zu befüllende Anlage erden. |
| P241 | Explosionsgeschützte elektrische Betriebsmittel/ Lüftungsanlagen/ Beleuchtung/... verwenden. |
| P242 | Nur funkenfreies Werkzeug verwenden. |
| P243 | Maßnahmen gegen elektrostatische Aufladung treffen. |
| P244 | Druckminderer frei von Fett und Öl halten. |
| P250 | Nicht schleifen/stoßen/.../reiben |
| P251 | Behälter steht unter Druck: Nicht durchstechen oder verbrennen, auch nicht nach der Verwendung. |
| P260 | Staub/Rauch/Gas/Dampf/Aerosol nicht einatmen. |

P261 Einatmen von Staub/Rauch/Gas/Dampf/ Aerosol vermeiden.
P262 Nicht in die Augen, auf die Haut oder auf die Kleidung gelangen lassen.
P263 Kontakt während der Schwangerschaft/und der Stillzeit vermeiden.
P264 Nach Gebrauch ... gründlich waschen.

P270 Bei Gebrauch nicht essen, trinken oder rauchen.
P271 Nur im Freien oder in gut belüfteten Räumen verwenden.
P272 Kontaminierte Arbeitskleidung nicht außerhalb des Arbeitsplatzes tragen.
P273 Freisetzung in die Umwelt vermeiden.

P280 Schutzhandschuhe/Schutzkleidung/Augenschutz/Gesichtsschutz tragen.
P281 Vorgeschriebene persönliche Schutzausrüstung verwenden.
P282 Schutzhandschuhe/Gesichtsschild/Augenschutz mit Kälteisolierung tragen.
P283 Schwer entflammbare/flammhemmende Kleidung tragen.
P284 Atemschutz tragen.
P285 Bei unzureichender Lüftung Atemschutz tragen.

P301 BEI VERSCHLUCKEN:
P302 BEI BERÜHRUNG MIT DER HAUT:
P303 BEI BERÜHRUNG MIT DER HAUT (oder dem Haar):
P304 BEI EINATMEN:
P305 BEI KONTAKT MIT DEN AUGEN:
P306 BEI KONTAMINIERTER KLEIDUNG:
P307 Bei Exposition:
P308 Bei Exposition oder falls betroffen:
P309 Bei Exposition oder Unwohlsein:
P310 Sofort GIFTINFORMATIONS-ZENTRUM oder Arzt anrufen.
P311 GIFTINFORMATIONS-ZENTRUM oder Arzt anrufen.
P312 Bei Unwohlsein GIFTINFORMATIONS-ZENTRUM oder Arzt anrufen.
P313 Ärztlichen Rat einholen/ärztliche Hilfe hinzuziehen.
P314 Bei Unwohlsein ärztlichen Rat einholen/ärztliche Hilfe hinzuziehen.
P315 Sofort ärztlichen Rat einholen/ärztliche Hilfe hinzuziehen.

P320 Besondere Behandlung dringend erforderlich (siehe ... auf diesem Kennzeichnungsetikett).
P321 Besondere Behandlung (siehe ... auf diesem Kennzeichnungsetikett).
P322 Gezielte Maßnahmen (siehe ... auf diesem Kennzeichnungsetikett).

P330 Mund ausspülen.
P331 KEIN Erbrechen herbeiführen.
P332 Bei Hautreizung:
P333 Bei Hautreizung oder -ausschlag:
P334 In kaltes Wasser tauchen/nassen Verband anlegen.
P335 Lose Partikel von der Haut abbürsten.
P336 Vereiste Bereiche mit lauwarmem Wasser auftauen. Betroffenen Bereich nicht reiben.
P337 Bei anhaltender Augenreizung:
P338 Eventuell vorhandene Kontaktlinsen nach Möglichkeit entfernen. Weiter ausspülen.

P340 Die betroffene Person an die frische Luft bringen und in einer Position ruhigstellen, die das Atmen erleichtert.
P341 Bei Atembeschwerden an die frische Luft bringen und in einer Position ruhigstellen, die das Atmen erleichtert.
P342 Bei Symptomen der Atemwege:

P350 Behutsam mit viel Wasser und Seife waschen.
P351 Einige Minuten lang behutsam mit Wasser ausspülen.
P352 Mit viel Wasser und Seife waschen.

P353 Haut mit Wasser abwaschen/duschen.

P360 Kontaminierte Kleidung und Haut sofort mit viel Wasser waschen und danach Kleidung ausziehen.
P361 Alle kontaminierten Kleidungsstücke sofort ausziehen.
P362 Kontaminierte Kleidung ausziehen und vor erneutem Tragen waschen.
P363 Kontaminierte Kleidung vor erneutem Tragen waschen.

P370 Bei Brand:
P371 Bei Großbrand und großen Mengen:
P372 Explosionsgefahr bei Brand.
P373 KEINE Brandbekämpfung, wenn das Feuer explosive Stoffe/ Gemische/Erzeugnisse erreicht.
P374 Brandbekämpfung mit üblichen Vorsichtsmaßnahmen aus angemessener Entfernung.
P375 Wegen Explosionsgefahr Brand aus der Entfernung bekämpfen.
P376 Undichtigkeit beseitigen, wenn gefahrlos möglich.
P377 Brand von ausströmendem Gas: Nicht löschen, bis Undichtigkeit gefahrlos beseitigt werden kann.
P378 ... zum Löschen verwenden.

P380 Umgebung räumen.
P381 Alle Zündquellen entfernen, wenn gefahrlos möglich.

P390 Verschüttete Mengen aufnehmen, um Materialschäden zu vermeiden.
P391 Verschüttete Mengen aufnehmen.

P401 ... aufbewahren.
P402 An einem trockenen Ort aufbewahren.
P403 An einem gut belüfteten Ort aufbewahren.
P404 In einem geschlossenen Behälter aufbewahren.
P405 Unter Verschluss aufbewahren.
P406 In korrosionsbeständigem/ ... Behälter mit korrosionsbeständiger Auskleidung aufbewahren.
P407 Luftspalt zwischen Stapeln/Paletten lassen.

P410 Vor Sonnenbestrahlung schützen.
P411 Bei Temperaturen von nicht mehr als ... °C/... aufbewahren.
P412 Nicht Temperaturen von mehr als 50 °C aussetzen.
P413 Schüttgut in Mengen von mehr als ... kg bei Temperaturen von nicht mehr als ... °C aufbewahren.

P420 Von anderen Materialien entfernt aufbewahren.
P422 Inhalt in/unter ... aufbewahren.

P 501 Inhalt/Behälter ... zuführen.